建筑防水技术系列丛书

建筑防水工程常用材料

沈春林◎主编

中国建材工业出版社

图书在版编目（CIP）数据

建筑防水工程常用材料 / 沈春林主编. —北京：
中国建材工业出版社，2019.7
（建筑防水技术系列丛书）
ISBN 978-7-5160-2534-5

Ⅰ. ①建… Ⅱ. ①沈… Ⅲ. ①建筑材料-防水材料
Ⅳ. ①TU57

中国版本图书馆 CIP 数据核字（2019）第 070635 号

内 容 简 介

《建筑防水工程常用材料》是《建筑防水技术系列丛书》中的一个分册。全书共6章，依据现行国家标准和行业标准编写，详细介绍了沥青材料、建筑防水卷材、建筑防水涂料、建筑防水密封材料、刚性防水材料、堵漏止水材料的术语和定义、产品的分类和标记、产品的技术性能要求。

本书可供从事建筑防水材料生产、建筑防水工程设计、施工、工程质量验收和监理的工程技术人员阅读，亦可供大中专院校相关专业的师生参考。

建筑防水工程常用材料
Jianzhu Fangshui Gongcheng Changyong Cailiao
沈春林 主编

出版发行：中国建材工业出版社
地 址：北京市海淀区三里河路1号
邮 编：100044
经 销：全国各地新华书店
印 刷：北京雁林吉兆印刷有限公司
开 本：787mm×1092mm 1/16
印 张：19.75
字 数：470千字
版 次：2019年7月第1版
印 次：2019年7月第1次
定 价：86.00元

本社网址：www.jccbs.com，微信公众号：zgjcgycbs

本书如有印装质量问题，由我社市场营销部负责调换，联系电话：（010）88386906

本书编委会名单

PREFACE

前言

建筑防水工程是建筑工程中的一项重要工程。“材料是基础、设计是前提、施工是关键、管理是保证”，如能在防水工程诸多方面做到科学先进、经济合理、确保质量，这对整个建筑工程意义重大。为了适应建筑防水事业发展的需要，满足防水界广大工程技术人员的需求，中国建材工业出版社建筑防水编辑部特组织相关人员编写了这套以简明、实用为特点的《建筑防水技术系列丛书》。丛书计划分辑出版，每辑为一个主题，并由若干分册组成。本系列丛书可供从事防水材料科研、开发和生产，建筑防水工程设计、施工、材料选购、工程质量验收、监理和工程造价等方面的工程技术人员阅读和使用，亦可供大中专院校相关专业的师生参考。

本系列丛书是以国家、行业颁布的现行防水材料基础标准、产品标准、方法标准、工程技术规范以及国家建筑标准设计图集为依据，结合工程实践和有关著述，以防水材料的工业生产技术、防水工程的设计、防水工程的施工应用技术和防水工程管理为重点，各分册内容互相补充、共为一体，又具有相对的独立性。丛书将全面系统地阐述建筑防水的各个要素，并尽可能将当前已成熟的新工艺、新材料、新技术、新方法作详尽的介绍。其宗旨是帮助广大读者迅速、及时、准确地解决各类技术问题，为建筑防水从业人员在材料生产、防水设计、防水施工、工程管理诸多方面提供实用性指导。

笔者在编写本系列丛书过程中，结合自己平时工作实际，参考和采用了众多专家和学者的专著、论述及相关的标准、标准设计图集、产品介绍、工具书等资料，并得到了许多单位和同仁的支持和帮助，在此对有关的作者、编者致以诚挚的谢意，并衷心希望能继续得到各位同仁的帮助和指正。本系列丛书由中国硅酸盐学会房建材料分会防水保温材料专业委员会主任、苏州中材非金属矿工业设计研究院有限公司防水材料设计研究所所长、教授级高级工程师沈春林同志任主编并定稿总成。由于编者在本系列丛书的编写过程中，所掌握的资料和信息不够全面，加之水平有限，书中难免存在不足之处，敬请读者批评指正。

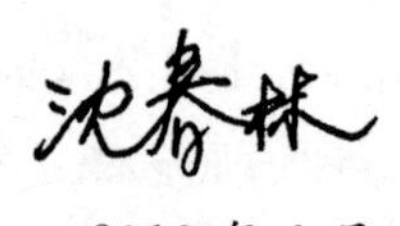

2019 年 6 月

CONTENTS

目 录

第 1 章　概　　论

建筑防水是指为了避免水对建筑物、构筑物造成的危险，采用建筑防水构造或建筑防水材料，在建（构）筑物的地下室、外围护结构和室内等部位进行设防和治理，从而保证建（构）筑物不受外界水侵袭、内部空间不受水危害的一项防御性措施。具体而言，建筑防水是指为了防止雨雪水、地下水、生产或生活用水、滞水、毛细管水以及因人为因素引起的水文地质改变而产生的水渗入建（构）筑物内部或者防止蓄水工程向外渗漏所采取的一系列结构和构造措施。概括地讲，建筑防水包括防止外水向建（构）筑物内部渗水、防止蓄水结构内的水向外渗漏以及防止建（构）筑物内部相互渗水漏水三大内容。建筑防水技术常用的方法是构造防水和材料防水。构造防水是利用构件自身的形状及相互之间的搭接来达到防水的目的。材料防水是指利用材料的特性来覆盖和密闭建筑构件和接缝从而达到防水的目的。材料防水常应用于屋面、外墙、地下室等部位。在建筑工程中起到防水作用的功能性材料称为建筑防水材料。

1.1　建筑材料和建筑防水材料

建筑材料是指应用于建筑工程领域中的各种材料及其制品的总称。建筑材料品种繁多，有多种分类方法，最常用的是按其化学成分和使用功能的分类方法，如图 1-1 所示。建筑材料按

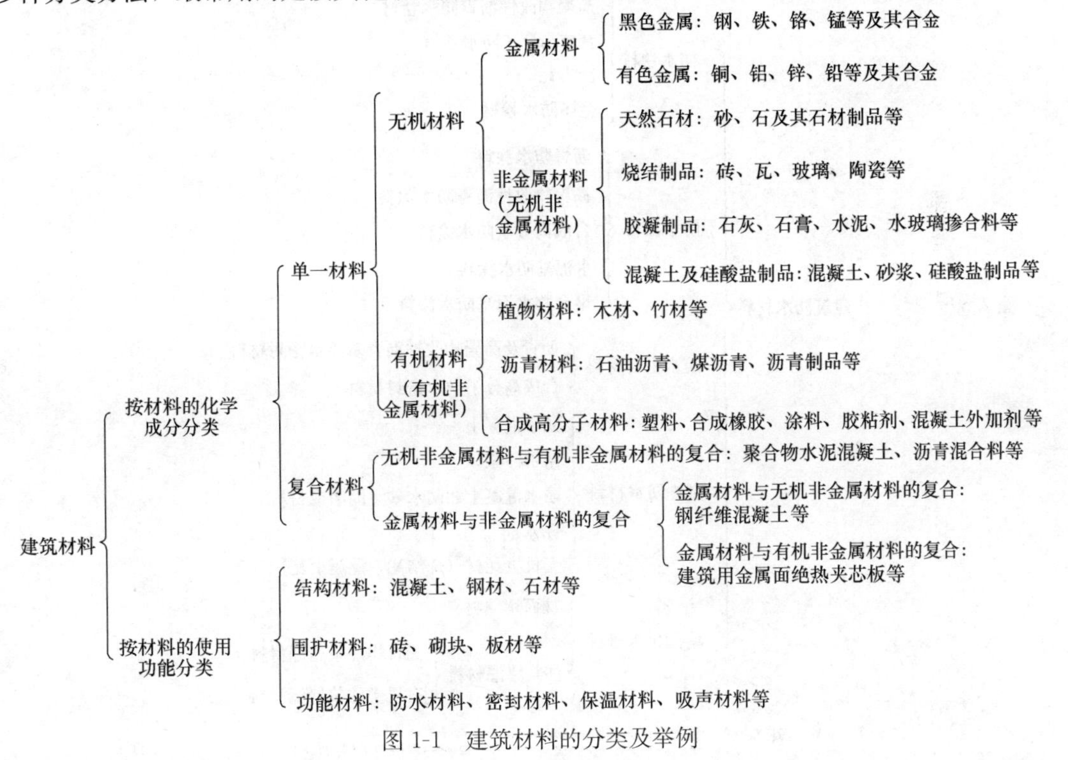

图 1-1　建筑材料的分类及举例

其化学成分的不同，可分为无机材料、有机材料和复合材料；按其使用功能的不同，可分为结构材料、围护材料和功能材料等类别。建筑功能材料是指其具有的特殊的物理性能可以担负某些建筑功能的非承重用材料，如建筑防水材料、建筑保温隔热材料、建筑吸声隔声材料等。

建筑防水材料是指应用于建筑物、构筑物中，起着防潮、防渗、防漏，防止雨雪水、地下水以及其他水分渗透的作用，保护建筑物和构筑物不受水侵蚀破坏作用的一类建筑功能性材料。建筑防水材料的主要特征是材料自身致密，孔隙率小，或具有很强的憎水性能，或能起到密封、填塞及切断其他材料内部孔隙的作用，从而达到建筑物、构筑物的防潮、防渗、防漏的目的。建筑防水材料不仅是建筑防水工程中不可缺少的主要功能性建筑材料，而且已经广泛地应用于市政、公路、桥梁、铁路、水利等工程领域。

1.2　建筑防水材料的类别

建筑物和构筑物的防水是依靠具有防水性能的材料来实现的，防水材料质量的优劣直接关系到防水层的耐久年限。随着石油、化工、建材工业的快速发展和科学技术的进步，防水材料已从少数材料品种迈向多类型、多品种的阶段，防水材料的品种越来越多，性能各异。

依据建筑防水材料的性能特性，一般可分为柔性防水材料和刚性防水材料两大类；依据建筑防水材料的外观形态以及性能特性，一般可分为防水卷材、防水涂料、防水密封材料、刚性防水材料、堵漏止水材料五大系列，这五大类材料又根据其组成的不同分为上百个品种。建筑防水材料按外观形态及性能特性分类如图 1-2 所示。

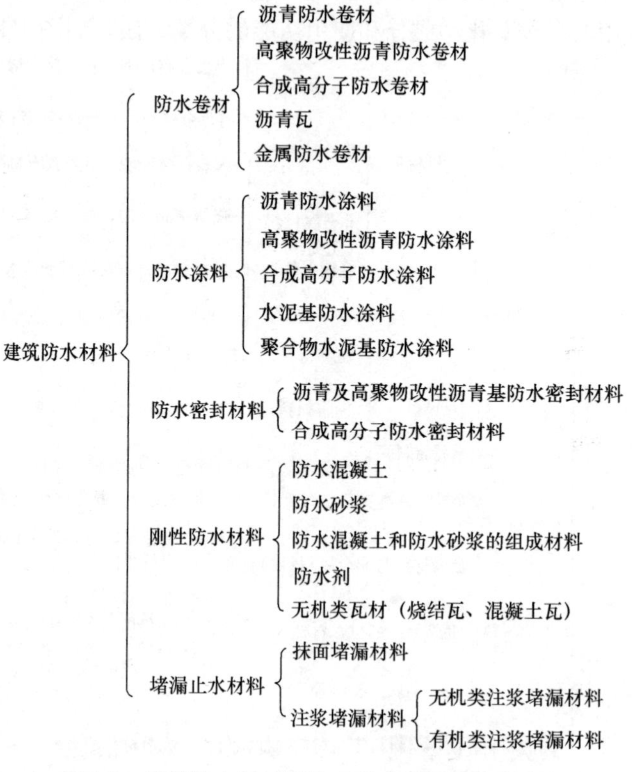

图 1-2　建筑防水材料按外观形态及性能特性分类

在建筑物基层上铺贴防水卷材或涂刷沥青、聚合物改性沥青防水涂料、合成高分子防水涂料，使之形成的防水层称为柔性防水；依靠结构构件自身的密实性或采用刚性防水材料形成的防水层称为刚性防水。

1.3　防水与密封材料的绿色产品评价

绿色产品是指在全生命周期过程中，符合环境保护要求，对生态环境和人体健康无害或危害小、资源能源消耗少、品质高的产品。

防水与密封材料的绿色产品评价，已发布适用于建筑防水卷材、防水涂料和密封胶绿色产品评价的国家标准《绿色产品评价 防水与密封材料》（GB/T 35609—2017）。

1. 产品分类

建筑防水卷材是指可卷曲成卷状的一类柔性防水材料。建筑防水涂料是指涂覆于基层上的液态材料，能形成一定厚度连续防水层的一类柔性防水材料。参评绿色产品的建筑防水材料分为防水卷材和防水涂料两大类。其中，防水卷材分为沥青基防水卷材和高分子防水卷材，防水涂料分为水性防水涂料和高固含量型防水涂料。

建筑密封胶是指以非成型状态嵌入接缝中，固化后通过与建筑接缝表面粘结而密封接缝的一类建筑材料。参评绿色产品的建筑密封胶，按主要成分分为硅酮（SR）、硅烷封端聚醚（MS）、聚氨酯（PU）、聚硫（PS）、丙烯酸（AC）、丁基（BU）。

2. 基本要求

（1）生产企业的基本要求

① 应符合《建设项目环境保护管理条例》、环境影响评价制度、环保“三同时”制度、排污许可制度等环保法律法规的要求。企业污染物排放应符合国家和地方规定的污染物排放标准和污染物排放总量控制要求。近3年无重大环境事故。

② 一般固体废弃物的收集、贮存、处置应符合 GB 18599 的相关规定，危险废物的贮存应符合 GB 18597 的相关规定，后续应交付持有危险废物经营许可证的单位处置。

③ 安全生产管理应符合 GB/T 33000 的要求，评定等级达到三级。近 3 年无重大安全事故。

④ 应按 GB/T 24851 的要求配备能源计量器具。

⑤ 耗能设备应符合相关能效标准规定的节能要求。

⑥ 工作场所有害因素职业接触限值，应满足 GBZ 2.1 和 GBZ 2.2 的要求。

⑦ 应采用国家鼓励的先进技术工艺，不应使用国家或有关部门发布的淘汰或禁止的技术、工艺、装备及材料。

⑧ 防水涂料和密封胶产品生产全过程应密闭，无敞开流程。

⑨ 应按照 GB/T 24001、GB/T 19001 和 GB/T 28001 建立并运行环境管理体系、质量管理体系、职业健康安全管理体系。防水卷材生产企业还需按 GB/T 23331 建立能源管理体系。

（2）产品的基本要求

① 对于参评绿色产品的防水与密封材料，其质量水平需满足现行产品标准的全部要求。若相关现行国家和行业产品标准中有等级/级别区分，应达到其中最高的等级/级别。防水卷

材所涉及产品对应标准及具体要求详见表 1-1；防水涂料所涉及产品对应标准及具体要求详见表 1-2；密封胶所涉及产品对应标准及具体要求详见表 1-3。

表 1-1 防水卷材产品对应标准及具体要求 GB/T 35609—2017

序号	类别			产品标准	需满足等级/级别	备注
1	防水卷材	沥青基防水卷材	有胎改性沥青类	GB 18242《弹性体改性沥青防水卷材》	Ⅱ型	—
2				GB 18243《塑性体改性沥青防水卷材》	Ⅱ型	—
3				GB 23441《自粘聚合物改性沥青防水卷材》（聚酯胎）	Ⅱ型	—
4				GB/T 23457《预铺防水卷材》（聚酯胎沥青类）	湿铺类Ⅱ型	预铺类无等级区分
5				GB/T 23260《带自粘层的防水卷材》（有胎沥青类）	—	—
6				JC/T 974《道桥用改性沥青防水卷材》	APP：Ⅱ型	其他类无等级区分
7				JC/T 1067《坡屋面用防水材料 聚合物改性沥青防水垫层》	—	—
8				JC/T 1075《种植屋面用耐根穿刺防水卷材》（改性沥青类）	—	—
9			无胎改性沥青类	GB 18967《改性沥青聚乙烯胎防水卷材》	—	—
10				GB 23441《自粘聚合物改性沥青防水卷材》（高分子膜基或无胎）	Ⅱ型	
11				GB/T 23457《预铺防水卷材》（湿铺高分子膜基）	Ⅱ型	—
12				GB/T 23260《带自粘层的防水卷材》（高分子膜基沥青类）	—	—
13				JC/T 1068《坡屋面用防水材料 自粘聚合物沥青防水垫层》	—	—
14			玻纤胎沥青瓦	GB/T 20474《玻纤胎沥青瓦》	无	抗风揭性能：风速等级 A 类通过
15		高分子防水卷材	橡胶类	GB 18173.1《高分子防水材料 第 1 部分：片材》（橡胶类）	—	—
16				GB/T 23260《带自粘层的防水卷材》（橡胶类）	—	—
17				JC/T 1075《种植屋面用耐根穿刺防水卷材》（橡胶类）	—	—
18			塑料类	GB 12952《聚氯乙烯（PVC）防水卷材》	—	—
19				GB 18173.1《高分子防水材料 第 1 部分：片材》（塑料类）	—	—
20				GB/T 23457《预铺防水卷材》（预铺 P 类）	—	—
21				GB/T 23260《带自粘层的防水卷材》（塑料类）	—	—
22				GB 27789《热塑性聚烯烃（TPO）防水卷材》	—	—
23				JC/T 1075《种植屋面用耐根穿刺防水卷材》（塑料类）	—	—

表1-2　防水涂料产品对应标准及具体要求　　GB/T 35609—2017

序号	类别		产品标准	需满足等级/级别	备注
1	防水涂料	水性	GB/T 23445《聚合物水泥防水涂料》	—	—
2			JC/T 408《水乳型沥青防水涂料》	—	—
3			JC/T 864《聚合物乳液建筑防水涂料》	—	—
4			JC/T 975《道桥用防水涂料》（PB型）	Ⅱ型	—
5			JC/T 975《道桥用防水涂料》（JS型）	—	—
6			JG/T 375《金属屋面丙烯酸高弹防水涂料》	—	—
7		高固含量型	GB/T 19250《聚氨酯防水涂料》	—	—
8			GB/T 23446《喷涂聚脲防水涂料》	—	—
9			JC/T 975《道桥用防水涂料》（PU型）	—	—
10			JC/T 2251《聚甲基丙烯酸甲酯（PMMA）防水涂料》	—	—

表1-3　密封胶产品对应标准及具体要求　　GB/T 35609—2017

序号	类别	产品标准	需满足等级/级别	备注
1	硅酮类	GB/T 14683《硅酮和改性硅酮建筑密封胶》（SR类）	—	—
2		GB 16776《建筑用硅酮结构密封胶》 GB 24266《中空玻璃用硅酮结构密封胶》 JG/T 475《建筑幕墙用硅酮结构密封胶》	—	建筑用硅酮结构密封胶需满足GB 16776和JG/T 475（含“弹性恢复率”和“耐紫外线拉伸强度保持率”两个项目）的要求； 中空玻璃用硅酮结构密封胶需满足GB 24266和JG/T 475（含“弹性恢复率”和“耐紫外线拉伸强度保持率”两个项目）的要求
3		GB/T 23261《石材用建筑密封胶》（SR类）	—	—
4		GB/T 24267《建筑用阻燃密封胶》（SR类）	—	—
5		GB/T 29755《中空玻璃用弹性密封胶》（SR类）	—	—
6		JG/T 471《建筑门窗幕墙用中空玻璃弹性密封胶》	—	—
7		JC/T 881《混凝土接缝用建筑密封胶》	—	—
8		JC/T 882《幕墙玻璃接缝用密封胶》	—	—
9		JC/T 884《金属板用建筑密封胶》（SR类）	—	—
10		JC/T 885《建筑用防霉密封胶》（SR类）	—	—
11		JC/T 976《道桥嵌缝用密封胶》（SR类）	—	—

续表

序号	类别	产品标准	需满足等级/级别	备注
12	硅烷封端聚醚类	GB/T 14683《硅酮和改性硅酮建筑密封胶》（MS类）	—	—
13		GB/T 23261《石材用建筑密封胶》（MS类）	—	—
14		GB/T 24267《建筑用阻燃密封胶》（MS类）	—	—
15		JC/T 881《混凝土接缝用建筑密封胶》	—	—
16		JC/T 884《金属板用建筑密封胶》（MS类）	—	—
17		JC/T 885《建筑用防霉密封胶》（MS类）	—	—
18	聚氨酯类	GB/T 23261《石材用建筑密封胶》（PU类）	—	—
19		GB/T 24267《建筑用阻燃密封胶》（PU类）	—	—
20		GB/T 29755《中空玻璃用弹性密封胶》（PU类）	—	—
21		JC/T 482《聚氨酯建筑密封胶》	—	—
22		JC/T 881《混凝土接缝用建筑密封胶》	—	—
23		JC/T 884《金属板用建筑密封胶》（PU类）	—	—
24		JC/T 885《建筑用防霉密封胶》（PU类）	—	—
25		JC/T 976《道桥接缝用密封胶》（PU类）	—	—
26	聚硫类	GB/T 24267《建筑用阻燃密封胶》（PS类）	—	—
27		GB/T 29755《中空玻璃用弹性密封胶》（PS类）	—	—
28		JC/T 483《聚硫建筑密封胶》	—	—
29		JC/T 881《混凝土接缝用建筑密封胶》	—	—
30		JC/T 884《金属板用建筑密封胶》（PS类）	—	—
31		JC/T 885《建筑用防霉密封胶》（PS类）	—	—
32		JC/T 976《道桥嵌缝用密封胶》（PS类）	—	—
33	丙烯酸类	GB/T 24267《建筑用阻燃密封胶》（AC类）	—	—
34		JC/T 484《丙烯酸酯建筑密封胶》	—	—
35	丁基类	GB/T 24267《建筑用阻燃密封胶》（BU类）	—	—
36		JC/T 914《中空玻璃用丁基热熔密封胶》	—	—

② 对于有外露使用要求的防水材料产品，其燃烧性能应符合 GB 8624 规定的 B_2（E）级要求。

③ 产品中不得人为添加的有害物质见表 1-4。

3. 评价指标的要求

（1）沥青基防水卷材评价指标应符合表 1-5 的规定。

（2）高分子防水卷材评价指标应符合表 1-6 的规定。

（3）防水涂料评价指标应符合表 1-7 的规定。

（4）密封胶评价指标要求应符合表 1-8 的规定。

4. 检验方法和指标计算方法

检验方法和指标计算方法详见 GB/T 35609—2017 附录 B。

表 1-4　不得人为添加的有害物质　　GB/T 35609—2017

序号	类别	品种说明
1	苯	—
2	乙二醇醚及其酯类	乙二醇甲醚、乙二醇甲醚醋酸酯、乙二醇乙醚、乙二醇乙醚醋酸酯、二乙二醇丁醚醋酸酯
3	二元胺	乙二胺、丙二胺、丁二胺、己二胺
4	有机溶剂	二氯甲烷、二氯乙烷、三氯甲烷、三氯乙烷、三氯丙烷、三氯乙烯、四氯化碳、正己烷、溴丙烷、溴丁烷
5	酮类	3,5,5-三甲基-2-环己烯基-1-酮（异佛尔酮）
6	持续性有机污染物	多溴联苯（PBB）、多溴联苯醚（PBDE）
7	消耗臭氧层物质	《中国受控消耗臭氧层物质清单》（环保部公告 2010 年第 72 号）列举的消耗臭氧层物质
8	邻苯二甲酸酯类	邻苯二甲酸二(2-乙基己)酯(DOP、DEHP)、邻苯二甲酸二正丁酯（DBP）、邻苯二甲酸丁苄酯（BBP）、邻苯二甲酸二异辛酯（DIOP）、邻苯二甲酸二正辛酯（DNOP）
9	表面活性剂	烷基酚聚氧乙烯醚（APEO）、支链十二烷基苯磺酸钠（ABS）、壬基酚、壬基酚聚氧乙烯醚（NPEO）、辛基酚、辛基酚聚氧乙烯醚（OPEO）
10	多氯萘	一类基于萘环上的氢原子被氯原子所取代的化合物的总称，共有 75 种同类物
11	多氯联苯	三氯联苯（PBC3）、四氯联苯（PBC4）、五氯联苯（PBC5）、六氯联苯（PBC6）、七氯联苯（PBC7）、八氯联苯（PBC8）、九氯联苯（PBC9）、十氯联苯（PBC10）
12	全氟烷基化合物	全氟己酸、全氟辛酸、全氟壬酸、全氟癸酸、全氟十一酸

表 1-5　沥青基防水卷材评价指标　　摘自 GB/T 35609—2017

<table>
<tr><th>一级指标</th><th colspan="3">二级指标</th><th>单位</th><th>基准值</th></tr>
<tr><td>资源属性</td><td colspan="3">新鲜水消耗量</td><td>kg/m^2</td><td>≤0.25</td></tr>
<tr><td rowspan="2">能源属性</td><td colspan="2" rowspan="2">单位产品综合能耗</td><td>有胎卷材</td><td rowspan="2">kgce/km^2</td><td>≤180</td></tr>
<tr><td>无胎卷材</td><td>≤90</td></tr>
<tr><td>环境属性</td><td colspan="2">总悬浮颗粒物浓度</td><td>车间内部</td><td>mg/m^3</td><td>≤8</td></tr>
<tr><td rowspan="5">品质属性</td><td colspan="2" rowspan="2">沥青软化点[a]</td><td>弹性体改性沥青</td><td rowspan="2">℃</td><td>≤125</td></tr>
<tr><td>塑性体改性沥青</td><td>≤140</td></tr>
<tr><td rowspan="2">耐久性能</td><td rowspan="2">热空气老化</td><td>拉伸性能保持率</td><td>%</td><td>≥80</td></tr>
<tr><td>低温柔度</td><td>℃</td><td>无裂纹</td></tr>
<tr><td colspan="2">耐水性能</td><td>拉伸强度保持率</td><td>%</td><td>≥80</td></tr>
</table>

a　道桥等特殊用途不适用。

表 1-6　高分子防水卷材评价指标　　　　摘自 GB/T 35609—2017

<table>
<tr><th>一级指标</th><th colspan="3">二级指标</th><th>单位</th><th>基准值</th></tr>
<tr><td>资源属性</td><td colspan="3">新鲜水消耗量</td><td>kg/m²</td><td>≤0.25</td></tr>
<tr><td rowspan="2">能源属性</td><td colspan="2" rowspan="2">单位产品综合能耗</td><td>硫化橡胶类</td><td rowspan="2">kgce/km²</td><td>≤400</td></tr>
<tr><td>其他高分子类</td><td>≤180</td></tr>
<tr><td>环境属性</td><td colspan="2">总悬浮颗粒物浓度</td><td>车间内部</td><td>mg/m³</td><td>≤8</td></tr>
<tr><td rowspan="5">品质属性</td><td rowspan="4">耐久性能</td><td rowspan="2">热空气老化</td><td>拉伸性能保持率</td><td>%</td><td>≥80</td></tr>
<tr><td>低温弯折性</td><td>℃</td><td>无裂纹</td></tr>
<tr><td rowspan="2">人工气候加速老化[a]</td><td>拉伸性能保持率</td><td>%</td><td>≥80</td></tr>
<tr><td>低温弯折性</td><td>℃</td><td>无裂纹</td></tr>
<tr><td colspan="2">耐水性能[b]</td><td>拉伸强度保持率</td><td>%</td><td>≥80</td></tr>
</table>

a　适用于外露使用的产品。

b　执行 GB 12952 和 GB 27789 两项标准的产品不测本项目。

表 1-7　防水涂料评价指标　　　　摘自 GB/T 35609—2017

<table>
<tr><th rowspan="2">一级指标</th><th colspan="2" rowspan="2">二级指标</th><th rowspan="2">单位</th><th colspan="2">基准值</th></tr>
<tr><th>水性</th><th>高固含量型</th></tr>
<tr><td>资源属性</td><td colspan="2">新鲜水消耗量</td><td>t/t</td><td>≤0.015</td><td>≤0.010</td></tr>
<tr><td>能源属性</td><td colspan="2">单位产品综合能耗</td><td>kgce/t</td><td>≤2.5</td><td>≤11.5</td></tr>
<tr><td rowspan="2">环境属性</td><td colspan="2">空气中粉尘容许浓度（限工作场所，配料工序除外）[a]</td><td>mg/m³</td><td>≤8</td><td>—</td></tr>
<tr><td colspan="2">产品废水排放量</td><td>t/t</td><td colspan="2">≤0.010</td></tr>
<tr><td rowspan="9">品质属性</td><td colspan="2">固体含量</td><td>%</td><td>—</td><td>单组分≥90
多组分≥95</td></tr>
<tr><td rowspan="2">耐久性能</td><td>热空气老化</td><td rowspan="2">—</td><td colspan="2" rowspan="2">通过</td></tr>
<tr><td>人工气候加速老化[b]</td></tr>
<tr><td rowspan="3">耐水性能</td><td>地下用</td><td rowspan="3">%</td><td>≥80</td><td rowspan="3">≥80</td></tr>
<tr><td>屋面和室外用</td><td>≥80</td></tr>
<tr><td>室内用</td><td>≥50</td></tr>
<tr><td rowspan="3">有害物质[c]</td><td>VOC</td><td>g/L</td><td>≤10</td><td>单组分≤100
多组分≤50</td></tr>
<tr><td>游离甲醛</td><td>mg/kg</td><td>≤50</td><td>—</td></tr>
<tr><td>氨</td><td>mg/kg</td><td>≤500</td><td>—</td></tr>
</table>

续表

<table>
<tr><td rowspan="2">一级指标</td><td colspan="3" rowspan="2">二级指标</td><td rowspan="2">单位</td><td colspan="2">基准值</td></tr>
<tr><td>水性</td><td>高固含量型</td></tr>
<tr><td rowspan="10">品质属性</td><td rowspan="10">有害物质[c]</td><td colspan="2">苯</td><td>mg/kg</td><td>≤20</td><td>≤20</td></tr>
<tr><td colspan="2">甲苯+乙苯+二甲苯</td><td>mg/kg</td><td>≤300</td><td>≤1000</td></tr>
<tr><td colspan="2">苯酚[d]</td><td>mg/kg</td><td>—</td><td>≤100</td></tr>
<tr><td colspan="2">蒽[d]</td><td>mg/kg</td><td>—</td><td>≤10</td></tr>
<tr><td colspan="2">萘[d]</td><td>mg/kg</td><td>—</td><td>≤200</td></tr>
<tr><td colspan="2">游离 TDI[d]</td><td>g/kg</td><td>—</td><td>≤3</td></tr>
<tr><td rowspan="4">可溶性重金属</td><td>铅 Pb</td><td>mg/kg</td><td colspan="2">10</td></tr>
<tr><td>镉 Cd</td><td>mg/kg</td><td colspan="2">10</td></tr>
<tr><td>铬 Cr</td><td>mg/kg</td><td colspan="2">20</td></tr>
<tr><td>汞 Hg</td><td>mg/kg</td><td colspan="2">10</td></tr>
</table>

a 仅针对粉料组分。

b 适用于外露使用的产品。

c 水性涂料仅针对液料，结果按液体组分计算（除可溶性重金属）。

d 仅适用于聚氨酯类防水涂料。

表1-8 密封胶评价指标要求 摘自 GB/T 35609—2017

<table>
<tr><td rowspan="2">一级指标</td><td colspan="2" rowspan="2">二级指标</td><td rowspan="2">单位</td><td colspan="6">基准值</td></tr>
<tr><td>丙烯酸</td><td>硅酮</td><td>硅烷封端聚醚</td><td>聚氨酯</td><td>聚硫</td><td>丁基</td></tr>
<tr><td>资源属性</td><td colspan="2">新鲜水消耗量</td><td>t/t</td><td colspan="6">≤0.015</td></tr>
<tr><td>能源属性</td><td colspan="2">单位产品综合能耗</td><td>kgce/t</td><td colspan="6">≤40</td></tr>
<tr><td>环境属性</td><td colspan="2">产品废水排放量</td><td>t/t</td><td colspan="6">≤0.015</td></tr>
<tr><td rowspan="4">品质属性</td><td colspan="2">质量损失率</td><td>%</td><td>≤20</td><td>≤5</td><td>≤5</td><td>≤5</td><td>≤5</td><td>≤0.5</td></tr>
<tr><td colspan="2">紫外线处理后剪切强度变化率(336h)</td><td>%</td><td colspan="5">—</td><td>≤20</td></tr>
<tr><td colspan="2">23℃拉伸粘结强度性能标准值[a]</td><td>MPa</td><td>—</td><td>≥0.84</td><td>—</td><td>—</td><td>—</td><td>—</td></tr>
<tr><td>耐久性能</td><td>拉压循环[b]</td><td>—</td><td colspan="5">无破坏</td><td>—</td></tr>
</table>

续表

一级指标	二级指标		单位	基准值					
				丙烯酸	硅酮	硅烷封端聚醚	聚氨酯	聚硫	丁基
品质属性	有害物质	VOC	丙烯酸 g/L 其他类 g/kg	≤50	≤50	≤50	≤50	≤50	—
		游离甲醛	mg/kg	≤50	—	—	—	—	—
		苯	g/kg	—	—	—	≤1	—	—
		甲苯	g/kg	—	—	—	≤1	—	—
		甲苯二异氰酸酯	g/kg	—	—	—	≤3	—	—

a 仅适用于硅酮结构密封胶。

b 仅适用于接缝密封胶。

5. 评价方法

GB/T 35609—2017 标准采用符合性评价的方法，符合 GB/T 35609—2017 第 4 章要求的产品称为绿色防水或密封材料。

第2章　沥青材料

沥青是由一些极其复杂的高分子碳氢化合物及其非金属衍生物所组成的，在常温下呈黑色或深褐色固体、半固体或黏稠状的，不溶于水而几乎全溶于二硫化碳的一种非晶态有机胶凝材料。

沥青材料具有良好的胶结性、塑性、憎水性、不透水性、不导电性、耐腐蚀、抗风化等性能，与钢、木、砖石、混凝土等有着良好的粘结性，其在建筑工程中主要作为防水、防潮、防腐和胶凝材料使用，广泛应用于铁路、道路、涵洞、建筑屋面、地下室的防水工程以及防腐工程中，其还可以用来制造防水卷材、防水涂料、防水油膏、胶结材料、防腐涂料等。

2.1　沥青材料的分类

沥青材料的分类如图2-1所示。

沥青材料按其来源的不同，可分为地沥青和焦油沥青两大类。

地沥青是指由地下原油演变或加工而得到的沥青。其又可进一步分为天然沥青和石油沥青。天然沥青是指由于地壳运动使地下石油上升到地壳表层聚集或渗入岩石空隙，再经过一定的地质年代，轻质成分挥发后的残留物经氧化而形成的产物，是由地表或岩石中直接采集、提炼加工后得到的沥青。石油沥青是指将石油原油分馏出各种产品后的残渣再经过加工而得到的副产品，其中包含石油中所有的重组分。

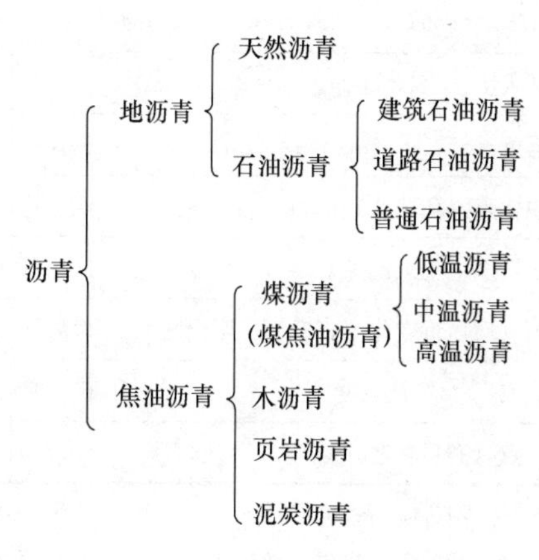

图2-1　沥青材料的分类

焦油沥青俗称柏油，是指干馏有机原料（煤、页岩、木材等）所收集到的焦油，再经过分馏加工，提炼轻质物质后而得到的副产品，其芳香烃含量多于地沥青，常温下呈固态或半固态。焦油沥青按其干馏原料的不同，可分为煤沥青、木沥青、页岩沥青和泥炭沥青等。

目前常用于建筑工程的沥青材料是石油沥青和煤沥青。通常石油沥青又可进一步分为建筑石油沥青、道路石油沥青以及普通石油沥青三种。在建筑工程领域中，主要使用建筑石油沥青和道路石油沥青制成的各种防水材料或在施工现场直接配制。煤沥青又称为煤焦油沥青，是煤焦油经蒸馏加工提炼出各种油质后的残留物制取的一类焦油沥青。根据其蒸馏程度的不同，煤沥青又可分为低温沥青、中温沥青和高温沥青三种类型。

2.2 石油沥青和煤沥青

2.2.1 建筑石油沥青

以天然原油的减压渣油经氧化或其他工艺而制得的，适用于建筑屋面和地下防水的胶结料，制造涂料、油毡和防腐材料等产品的石油沥青，已发布国家标准《建筑石油沥青》(GB/T 494—2010)。

1. 产品的分类

建筑石油沥青产品按其针入度不同，可分为10号、30号和40号三个牌号。

2. 产品的技术要求及试验方法

建筑石油沥青产品的技术要求及试验方法见表2-1。

表2-1 建筑石油沥青技术要求 GB/T 494—2010

项目		质量指标			试验方法
		10号	30号	40号	
针入度（25℃，100g，5s）(1/10mm)		10～25	26～35	36～50	GB/T 4509
针入度（46℃，100g，5s）(1/10mm)		报告[a]	报告[a]	报告[a]	
针入度（0℃，200g，5s）(1/10mm)	不小于	3	6	6	
延度（25℃，5cm/min）(cm)	不小于	1.5	2.5	3.5	GB/T 4508
软化点（环球法）(℃)	不低于	95	75	60	GB/T 4507
溶解度（三氯乙烯）(%)	不小于	99.0			GB/T 11148
蒸发后质量变化（163℃，5h）(%)	不大于	1			GB/T 11964
蒸发后25℃针入度比[b] (%)	不小于	65			GB/T 4509
闪点（开口杯法）(℃)	不低于	260			GB 267

a 报告应为实测值。

b 测定蒸发损失后样品的25℃针入度与原25℃针入度之比乘以100后所得的百分比，称为蒸发后针入度比。

2.2.2 重交通道路石油沥青

以石油为原料，经适当工艺生产的适用于修筑重交通道路的石油沥青，已发布适用于修筑高速公路、一级公路和城市快速路、主干路等重交通道路石油沥青，也适用于其他各等级公路、城市道路、机场道面等，以及作为乳化沥青、稀释沥青和改性沥青原料的石油沥青的国家标准《重交通道路石油沥青》(GB/T 15180—2010)。

1. 产品的分类

重交通道路石油沥青按针入度范围分为AH-130、AH-110、AH-90、AH-70、AH-50、AH-30六个牌号。

2. 产品的技术要求及试验方法

产品的技术要求及试验方法见表2-2。

表 2-2　重交通道路石油沥青技术要求　　GB/T 15180—2010

项目		质量指标						试验方法
		AH-130	AH-110	AH-90	AH-70	AH-50	AH-30	
针入度（25℃，100g，5s）（1/10mm）		120～140	100～120	80～100	60～80	40～60	20～40	GB/T 4509
延度（15℃）（cm）	不小于	100	100	100	100	80	报告[a]	GB/T 4508
软化点（℃）		38～51	40～53	42～55	44～57	45～58	50～65	GB/T 4507
溶解度（%）	不小于	99.0	99.0	99.0	99.0	99.0	99.0	GB/T 11148
闪点（开口杯法）（℃）	不小于	230					260	GB 267
密度（25℃）（kg/m³）		报告						GB/T 8928
蜡含量（质量分数）（%）	不大于	3.0	3.0	3.0	3.0	3.0	3.0	SH/T 0425
薄膜烘箱试验（163℃，5h）								GB/T 5304
质量变化（%）	不大于	1.3	1.2	1.0	0.8	0.6	0.5	GB/T 5304
针入度比（%）	不小于	45	48	50	55	58	60	GB/T 4509
延度（15℃）（cm）	不小于	100	50	40	30	报告[a]	报告[a]	GB/T 4508

a　报告应为实测值。

2.2.3　道路石油沥青

以石油为原料，经各种工艺生产的适用于修建中、低等级道路及城市道路非主干道路面的道路石油沥青，已发布适用于中、低等级道路及城市道路非主干道的道路沥青路面，也可作为乳化沥青和稀释沥青的原料的石油化工行业标准《道路石油沥青》（NB/SH/T 0522—2010）。

1. 产品的分类

产品按其针入度范围分为 200 号、180 号、140 号、100 号、60 号五个牌号。

2. 技术性能要求和试验方法

道路石油沥青的技术要求和试验方法见表 2-3。

表 2-3　道路石油沥青技术要求　　NB/SH/T 0522—2010

项目		质量指标					试验方法
		200 号	180 号	140 号	100 号	60 号	
针入度（25℃，100g，5s）（1/10mm）		200～300	150～200	110～150	80～110	50～80	GB/T 4509
延度[a]（25℃）（cm）	不小于	20	100	100	90	70	GB/T 4508
软化点（℃）		30～48	35～48	38～51	42～55	45～58	GB/T 4507
溶解度（%）	不小于	99.0					GB/T 11148
闪点（开口）（℃）	不低于	180	200	230			GB 267
密度（25℃）（g/cm³）		报告					GB/T 8928
蜡含量（%）	不大于	4.5					SH/T 0425

续表

项目			质量指标					试验方法
			200号	180号	140号	100号	60号	
薄膜烘箱试验（163℃，5h）	质量变化（%）	不大于	1.3	1.3	1.3	1.2	1.0	GB/T 5304
	针入度比（%）		报告					GB/T 4509
	延度（25℃）（cm）		报告					GB/T 4508

a 如25℃延度达不到，15℃延度达到时，也认为是合格的，指标要求与25℃延度一致。

2.2.4 防水防潮石油沥青

由不同原油的减压渣油经加工制得的防水防潮石油沥青，已发布适用于做油毡的涂覆材料及建筑屋面和地下防水的粘结材料的石油化工行业标准《防水防潮石油沥青》（SH/T 0002—1990）。

1. 产品的分类

产品按其针入度指数分为4个牌号。

3号，感温性一般，质地较软，用于一般温度下室内及地下结构部分的防水。

4号，感温性较小，用于一般地区可行走的缓坡屋顶防水。

5号，感温性小，用于一般地区暴露屋顶或气温较高地区的屋顶。

6号，感温性最小，并且质地较软，除一般地区外，主要用于寒冷地区的屋顶及其他防水防潮工程。

2. 产品的技术性能要求

产品的技术性能要求见表2-4。

表2-4 防水防潮石油沥青技术要求 SH/T 0002—1990

项目		质量指标				试验方法
牌号		3号	4号	5号	6号	
软化点（℃）	不低于	85	90	100	95	GB/T 4507
针入度（1/10mm）		25～45	20～40	20～40	30～50	GB/T 4509
针入度指数	不小于	3	4	5	6	SH/T 0002附录A
蒸发损失（%）	不大于	1	1	1	1	GB/T 11964
闪点（开口）（℃）	不低于	250	270	270	270	GB 267
溶解度（%）	不小于	98	98	95	92	GB/T 11148
脆点（℃）	不高于	−5	−10	−15	−20	GB/T 4510
垂度（mm）	不大于	—	—	8	10	SH/T 0424
加热安定性（℃）	不大于	5	5	5	5	SH/T 0002附录B

2.2.5 煤沥青

适用于高温煤焦油经加工所得的低温、中温及高温煤沥青，已发布国家标准《煤沥青》（GB/T 2290—2012）。

煤沥青的技术要求应符合表2-5的规定。

表 2-5 煤沥青技术要求 GB/T 2290—2012

指标名称	低温沥青		中温沥青		高温沥青	
	1号	2号	1号	2号	1号	2号
软化点（℃）	30～45	45～75	80～90	75～95	90～100	95～120
甲苯不溶物含量（%）	—	—	15～25	≤25	≥24	—
灰分（%）	—	—	≤0.3	≤0.5	≤0.3	—
水分（%）	—	—	≤5.0	≤5.0	≤4.0	≤5.0
喹啉不溶物（%）	—	—	≤10	—	—	—
结焦值（%）	—	—	≥45	—	≥52	—

注：1. 水分只作为生产操作中的控制指标，不作质量考核依据。
2. 沥青喹啉不溶物含量每月至少测定一次。

2.3 聚合物改性沥青

应用于建筑防水材料中的沥青，应具备较好的综合性能，如在高温的环境中要有足够的强度和热稳定性，在低温的环境中则应具有良好的柔韧性，在加工和使用条件下应具有抗老化能力，并应与各种矿物质材料具有良好的粘结性。但沥青自身并不能完全满足这些要求，因此，常采用多种方法来对沥青进行改性，以满足沥青基防水材料产品的使用要求。

2.3.1 防水用塑性体改性沥青

防水用塑性体改性沥青，已发布适用于以无规聚丙烯（APP）或非晶态聚α-烯烃（APAO、APO）为改性剂制作的改性沥青国家标准《防水用塑性体改性沥青》（GB/T 26510—2011）。此标准不适用于其他改性沥青。

塑性体改性沥青是指沥青与APP、APAO或APO类塑性体材料融混而得到的混合物。

1. 产品的分类

防水用塑性体改性沥青分为Ⅰ型和Ⅱ型。

2. 产品的技术性能要求

产品的技术性能要求见表2-6。

表 2-6 防水用塑性体改性沥青技术要求 GB/T 26510—2011

序号	项目			技术指标	
				Ⅰ型	Ⅱ型
1	软化点（℃）		≥	125	145
2	低温柔度（无裂纹）（℃）			−7 通过	−15 通过
3	渗油性	渗出张数	≤	2	
4	可溶物含量（%）		≥	97	
5	闪点（℃）		≥	230	

2.3.2 防水用弹性体（SBS）改性沥青

防水用弹性体（SBS）改性沥青，已发布适用于以苯乙烯-丁二烯-苯乙烯（SBS）热塑性弹性体为改性剂制作的用于防水卷材和涂料的改性沥青（简称SBS改性沥青）国家标准《防水用弹性体（SBS）改性沥青》（GB/T 26528—2011）。此标准不适用于其他改性沥青。

1. 产品的分类

按软化点、低温柔度和弹性恢复率的不同，SBS改性沥青分为Ⅰ型和Ⅱ型。

2. 产品的技术性能要求

产品的技术性能要求见表2-7。

表2-7 防水用弹性体（SBS）改性沥青 GB/T 26528—2011

序号	项目			技术指标	
				Ⅰ型	Ⅱ型
1	软化点（℃）		≥	105	115
2	低温柔度（无裂纹）（℃）			−20 通过	−25 通过
3	弹性恢复率（%）		≥	85	90
4	渗油性	渗出张数	≤	2	
5	离析	软化点变化率（%）	≤	20	
6	可溶物含量（%）		≥	97	
7	闪点（℃）		≥	230	

2.3.3 防水卷材用沥青

用于防水卷材用沥青，已发布适用于以天然石油经蒸馏、氧化或调配等工艺制得的，用于生产改性沥青防水卷材、自粘改性沥青防水卷材的石油沥青的建材行业标准《防水卷材沥青技术要求》（JC/T 2218—2014）。

1. 产品的分类

产品按其性能分为Ⅰ型、Ⅱ型。Ⅰ型宜用于改性沥青卷材，Ⅱ型宜用于自粘改性沥青卷材。

2. 产品的技术性能要求和试验方法

产品的技术性能要求和试验方法见表2-8。

表2-8 防水卷材沥青技术要求 JC/T 2218—2014

序号	项目		指标		试验方法
			Ⅰ型	Ⅱ型	
1	针入度（25℃，100g，5s）（0.1mm）		25～120		GB/T 4509
2	软化点（环球法）（℃）	≥	43		GB/T 4507
3	延度（25℃）（cm）	≥	10	50	GB/T 4508
4	闪点（℃）	≥	230		GB 267
5	密度（15℃或25℃）（g/cm^3）	≤	1.08		GB/T 8928
6	柔性（℃）	≤	8	10	JC/T 2218 附录A
7	溶解度（%）	≥	99.0		GB/T 11148

续表

<table>
<tr><th rowspan="2">序号</th><th rowspan="2" colspan="2">项目</th><th colspan="2">指标</th><th rowspan="2">试验方法</th></tr>
<tr><th>Ⅰ型</th><th>Ⅱ型</th></tr>
<tr><td>8</td><td colspan="2">蜡含量（%）　　≤</td><td colspan="2">4.5</td><td>SH/T 0425</td></tr>
<tr><td>9</td><td colspan="2">黏附性（N/mm）　　≥</td><td>0.5</td><td>1.5</td><td>JC/T 2218 附录 B</td></tr>
<tr><td rowspan="4">10</td><td rowspan="4">沥青组分
（四组分法）</td><td>饱和分（%）</td><td rowspan="4" colspan="2">报告[a]</td><td rowspan="4">SH/T 0509</td></tr>
<tr><td>芳香分（%）</td></tr>
<tr><td>胶质（%）</td></tr>
<tr><td>沥青质（%）</td></tr>
</table>

a　改性沥青卷材宜选用沥青质和饱和分含量相对高的沥青原料，自粘改性沥青卷材宜选用胶质和芳香分含量相对高的沥青原料。

第3章　建筑防水卷材

以原纸、玻纤毡、聚酯毡、聚乙烯膜或纺织物等材料中的一种或数种复合为胎基材料，浸涂石油沥青、煤沥青、高分子聚合物改性沥青制成的，或以合成高分子材料为基料加入助剂、填充剂经过多种工艺加工制成的，或采用金属等材料制成的长条片状成卷供应并起防水作用的一类产品称为防水卷材。

3.1　建筑防水卷材的分类、性能特点和环保要求

3.1.1　建筑防水卷材的分类

常见的建筑防水卷材按其材料的组成不同，一般可分为沥青基防水卷材（普通沥青防水卷材和高聚物改性沥青防水卷材）、合成高分子防水卷材、金属防水卷材等大类。建筑防水卷材的分类如图3-1所示。

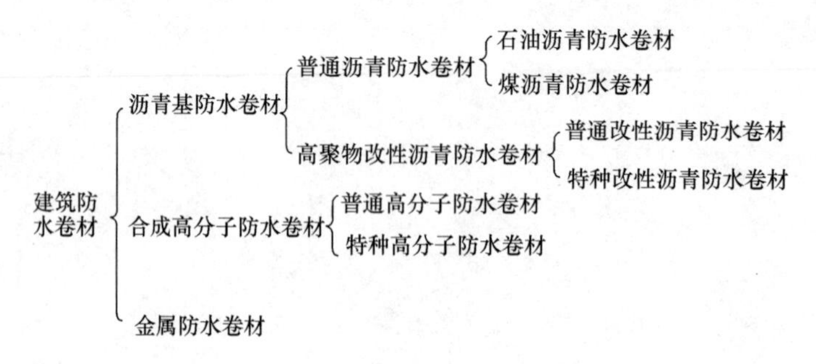

图3-1　建筑防水卷材的分类

建筑防水卷材按其施工方法的不同，可分为热施工法和冷施工法两大类。热施工法包括热风焊接法、热熔法、热玛琋脂粘结法等；冷施工法包括冷粘法（冷玛琋脂粘结法、冷胶粘剂粘结法）、自粘法、机械固定法、空铺法、湿铺法、预铺法等。热玛琋脂粘结法和冷粘法（包括冷玛琋脂粘结法和冷胶粘剂粘结法）则可统称为胶粘剂粘结法。

采用胶粘剂粘贴建筑防水卷材，根据防水卷材与基层的粘贴面积和形式的不同，则可分为满粘法、点粘法和条粘法。满粘法的涂油工艺可采用浇油法、刷油法和刮油法，点粘法和条粘法的涂油工艺则可采用撒油法。

建筑防水卷材的施工工艺分类如图3-2所示。

3.1.2　建筑防水卷材的性能特点

建筑防水卷材在我国建筑防水材料的应用中占主导地位，其广泛应用于建筑物以及构筑物的防水，是一种面广量大的防水材料。

为了满足防水设防的要求，建筑防水卷材必须具备以下性能：

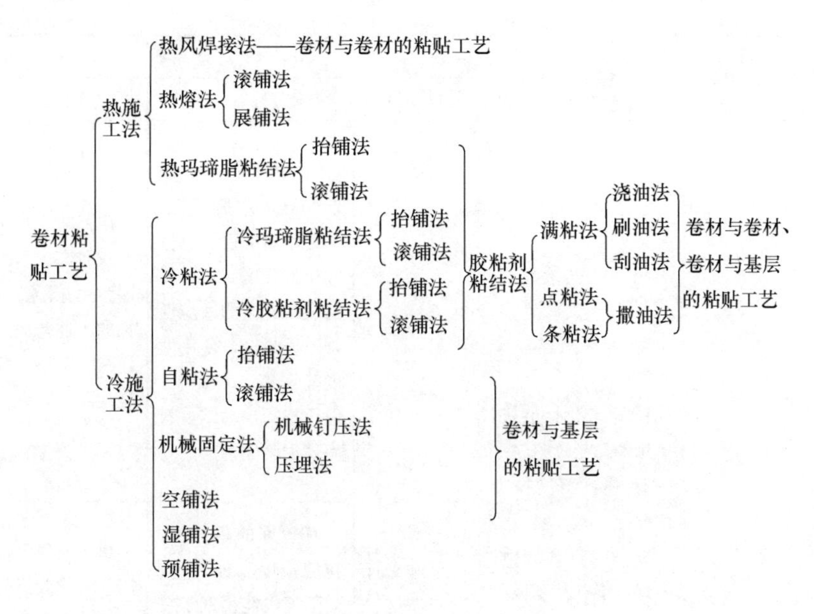

图 3-2　防水卷材铺贴工艺的分类

（1）建筑防水卷材应在水的作用下和被水浸润后，其耐水性能基本不变，在水的压力下应具有不透水性。

（2）建筑防水卷材应具有在高温下不流淌、不起泡、不滑动，在低温下不脆裂的温度稳定性。

（3）建筑防水卷材应具有在承受建筑结构允许范围内的荷载应力和变形条件下不发生断裂的机械强度、延伸性和抗断裂性能。

（4）建筑防水卷材应具有较好的低温柔韧性，以保证易于施工、不发生脆裂。

（5）建筑防水卷材应具有在阳光、热、氧气及其他化学侵蚀介质、微生物侵蚀介质等因素的长期综合作用下的抵抗老化、抵抗侵蚀的能力。

建筑防水卷材的类型及适用范围见表 3-1。

表 3-1　防水卷材的类型及部分产品的特点和适用范围

类型	组成	特点	产品举例			
			卷材名称	特点	适用范围	施工工艺
高聚物改性沥青防水卷材	主要是以合成高分子聚合物改性沥青为涂盖层，纤维毡、纤维织物或其他材料为胎体制成的	具有优良的耐高、低温性能，一年四季均能使用；可形成高强度防水层，并耐穿刺、耐硌伤、耐疲劳；有优良的延伸性和较强的基层变形能力	SBS 改性沥青防水卷材	耐高、低温性能有明显提高，卷材的弹性和耐疲劳性明显改善	单层铺设的屋面防水工程或复合使用	冷施工或热熔铺贴
			APP 改性沥青防水卷材	具有良好的强度、延伸性、耐热性、耐紫外线照射及耐老化性能，耐低温性能稍低于 SBS 改性沥青防水卷材	单层铺设，适合于紫外线辐射强烈及炎热地区屋面使用	热熔法或冷粘法铺设

续表

类型	组成	特点	产品举例			
			卷材名称	特点	适用范围	施工工艺
高分子防水卷材	也称为高分子防水片材，是以合成橡胶、合成树脂或两者共混体系为基料制成的	1. 耐老化性能好，使用寿命长； 2. 弹性好，拉伸性能优异； 3. 耐高、低温性能好，能在严寒或酷热环境中长期使用； 4. 卷材幅面宽，可焊接性好； 5. 良好的水蒸气扩散性，冷凝物易排释，留在基层的潮气易于排出； 6. 冷施工，机械化程度高，操作方便； 7. 耐穿透，耐化学腐蚀	三元乙丙橡胶防水卷材	防水性能优异、耐候性好、耐臭氧性、耐化学腐蚀性、弹性和拉伸强度大，对基层变形开裂的适应性强，质量轻，使用温度范围宽，寿命长，但价格高，粘结材料尚需配套完善	屋面防水技术要求较高、防水层耐用年限要求长的工业与民用建筑，单层或复合使用	冷粘法或自粘法
			丁基橡胶防水卷材	有较好的耐候性、拉伸强度和伸长率，耐低温性能稍低于三元乙丙防水卷材	单层或复合使用于要求较高的屋面防水工程	冷粘法施工
			氯化聚乙烯防水卷材	具有良好的耐候、耐臭氧、耐热老化、耐油、耐化学腐蚀及抗撕裂的性能	单层或复合使用，宜用于紫外线强的炎热地区	冷粘法施工
			氯磺化聚乙烯防水卷材	伸长率较大、弹性较好、对基层变形开裂的适应性较强，耐高、低温性能好，耐腐蚀性能优良，有很好的难燃性	适合于有腐蚀介质影响及在寒冷地区的屋面工程	冷粘法施工
			聚氯乙烯防水卷材	具有较高的拉伸强度和撕裂强度，伸长率较大，耐老化性能好，原材料丰富，价格便宜，容易粘结	单层或复合使用于外露或有保护层的屋面防水	冷粘法或热风焊接法施工

3.1.3 建筑防水卷材的环境标志产品技术要求

国家环境保护标准《环境标志产品技术要求　防水卷材》（HJ 455—2009）对防水卷材提出了技术要求。

1. 基本要求

（1）产品质量应符合各自产品质量标准的要求。

（2）产品生产企业污染物排放应符合国家或地方规定的污染物排放标准的要求。

2. 技术内容

（1）产品中不得人为添加表3-2中所列的物质。

表3-2 防水卷材产品中不得人为添加的物质 HJ 455—2009

类别	物质
持续性有机污染物	多溴联苯（PBB）、多溴联苯醚（PBDE）
邻苯二甲酸酯类	邻苯二甲酸二辛酯（DOP）、邻苯二甲酸二正丁酯（DBP）

（2）改性沥青类防水卷材中不应使用煤沥青作原材料。

（3）产品使用的矿物油中芳香烃的质量分数应小于3%。

（4）产品中可溶性重金属的含量应符合表3-3的要求。

表3-3 防水卷材产品中可溶性重金属的限值 HJ 455—2009

重金属种类		限值（mg/kg）
可溶性铅（Pb）	≤	10
可溶性镉（Cb）	≤	10
可溶性铬（Cr）	≤	10
可溶性汞（Hg）	≤	10

（5）产品说明书中应注明以下内容：

① 产品使用过程中宜使用液化气、乙醇为燃料或电加热进行焊接。

② 改性沥青类防水卷材使用热熔法施工时材料表面温度不宜高于200℃。

（6）企业应建立符合国家标准《化学品安全技术说明书编写规定》（GB 16483）要求的原料安全数据单（MSDS），并可向使用方提供。

《环境标志产品技术要求 防水卷材》（HJ 455—2009）标准适用于改性沥青类防水卷材、高分子防水卷材、膨润土防水毯；不适用于石油沥青纸胎油毡、沥青复合胎柔性防水卷材、聚氯乙烯防水卷材。

3.2 普通沥青防水卷材

采用沥青材料作浸涂材料的沥青基防水卷材根据所采用的沥青材料不同，可进一步分为普通沥青防水卷材和高分子聚合物改性沥青防水卷材两大类。

普通沥青防水卷材是以原纸、玻璃纤维薄毡、高密度聚乙烯膜等为主要胎基材料，以石油沥青、煤沥青或者非高分子聚合物材料改性的沥青为基料，以滑石粉、板岩粉、碳酸钙等为填充料进行浸涂或辊压，并在其表面撒布粉状、片状、粒状矿质材料或合成高分子薄膜金属膜等材料制成的可卷曲的一类片状沥青基防水材料。普通沥青防水卷材的分类如图3-3所示。

3.2.1 石油沥青纸胎油毡

石油沥青纸胎油毡是指以石油沥青浸渍原纸，再涂盖其两面，表面涂或撒隔离材料所制成的一类防水卷材。其产品已发布国家标准《石油沥青纸胎油毡》（GB 326—2007）。

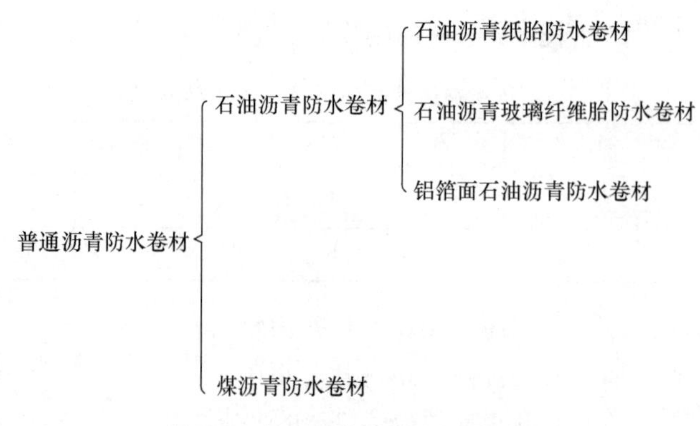

图 3-3　普通沥青防水卷材的分类

1. 分类和标记

油毡按卷重和物理性能分为Ⅰ型、Ⅱ型和Ⅲ型。Ⅰ型和Ⅱ型油毡适用于辅助防水、保护隔离层、临时性建筑防水、防潮及包装等，Ⅲ类油毡适用于屋面工程的多层防水。油毡幅宽为 1000mm，其他规格可由供需双方商定。

产品按其产品名称、类型和标准号顺序进行标记。例如，Ⅲ型石油沥青纸胎油毡的标记为：油毡Ⅲ型 GB 326—2007。

2. 技术要求

（1）卷重

每卷油毡的卷重应符合表 3-4 的规定。

表 3-4　石油沥青纸胎油毡的卷重　　GB 326—2007

类型	Ⅰ型	Ⅱ型	Ⅲ型
卷重（kg/卷）　≥	17.5	22.5	28.5

（2）面积

每卷油毡的总面积为（20±0.3）m^2。

（3）外观

① 成卷油毡应卷紧、卷齐，端面里进外出不得超过 10mm。

② 成卷油毡在 10～45℃任一产品温度下展开，在距卷芯 1000mm 长度外不应有 10mm 以上的裂纹或粘结。

③ 纸胎必须浸透，不应有未被浸透的浅色斑点，不应有胎基外露和涂油不均。

④ 毡面不应有孔洞、硌伤、长度 20mm 以上的疙瘩、糨糊状粉浆、水迹，不应有距卷芯 1000mm 以外长度 100mm 以上的折纹、皱褶；20mm 以内的边缘裂口或长 20mm、深 20mm 以内的缺边不应超过 4 处。

⑤ 每卷油毡中允许有 1 处接头，其中较短的一段长度不应少于 250mm，接头处应剪切整齐，并加长 150mm，每批卷材中接头不应超过 5%。

（4）物理性能

油毡的物理性能应符合表 3-5 的规定。

表 3-5　石油沥青纸胎油毡的物理性能　　GB 326—2007

项目			指标		
			Ⅰ型	Ⅱ型	Ⅲ型
单位面积浸涂材料总量（g/m^2）		≥	600	750	1000
不透水性	压力（MPa）	≥	0.02	0.02	0.10
	保持时间（min）	≥	20	30	30
吸水率（%）		≤	3.0	2.0	1.0
耐热度			(85±2)℃，2h 涂盖层无滑动、流淌和集中性气泡		
拉力（纵向）（N/50mm）		≥	240	270	340
柔度			(18±2)℃，绕 ϕ20mm 棒或弯板无裂纹		

注：本标准Ⅲ型产品的物理性能要求为强制性的，其余为推荐性的。

3.2.2　石油沥青玻璃纤维胎防水卷材

石油沥青玻璃纤维胎防水卷材是以玻纤毡为胎基，浸涂石油沥青，两面覆以隔离材料制成的一类防水卷材，简称沥青玻纤胎卷材。其产品已发布国家标准《石油沥青玻璃纤维胎防水卷材》(GB/T 14686—2008)。

1. 产品的分类和标记

该产品按其单位面积质量可分为 15 号、25 号；按其上表面材料可分为 PE 膜、砂面；按其力学性能可分为Ⅰ型、Ⅱ型。

该产品规格：卷材公称宽度为 1m；卷材公称面积为 $10m^2$、$20m^2$。

该产品按其名称、型号、单位面积质量、上表面材料、面积和标准编号顺序标记。面积 $20m^2$、砂面、25 号Ⅰ型石油沥青玻纤胎防水卷材标记为：沥青玻纤胎卷材Ⅰ 25 号砂面 $20m^2$-GB/T 14686—2008。

2. 产品要求

(1) 尺寸偏差

宽度允许偏差：宽度标称值±3%。

面积允许偏差：不小于面积标称值的－1%。

(2) 外观

① 成卷卷材应卷紧、卷齐，端面里进外出不得超过 10mm。

② 胎基必须浸透，不应有未被浸透的浅色斑点，不应有胎基外露和涂油不均。

③ 卷材表面应平整，无机械损伤、疙瘩、气泡、孔洞、黏着等可见缺陷。

④ 20mm 以内的边缘裂口或长 50mm、深 20mm 以内的缺边不超过 4 处。

⑤ 成卷卷材在 10～45℃的任一产品温度下，应易于展开，无裂纹或粘结，在距卷芯 1000mm 长度外不应有 10mm 以上的裂纹或粘结。

⑥ 每卷接头处不应超过 1 个，接头应剪切整齐，并加长 150mm 作为搭接。

(3) 单位面积质量

单位面积质量应符合表 3-6 的规定。

表 3-6　石油沥青玻璃纤维胎防水卷材的单位面积质量　GB/T 14686—2008

标号	15 号		25 号	
上表面材料	PE 膜面	砂面	PE 膜面	砂面
单位面积质量（kg/m²）　≥	1.2	1.5	2.1	2.4

（4）材料性能

材料性能应符合表 3-7 的规定。

表 3-7　石油沥青玻璃纤维胎防水卷材的材料性能　GB/T 14686—2008

序号	项目		指标	
			Ⅰ型	Ⅱ型
1	可溶物含量（g/m²）　≥	15 号	700	
		25 号	1200	
		试验现象	胎基不燃	
2	拉力（N/50mm）　≥	纵向	350	500
		横向	250	400
3	耐热性		85℃	
			无滑动、流淌、滴落	
4	低温柔性		10℃	5℃
			无裂缝	
5	不透水性		0.1MPa，30min 不透水	
6	钉杆撕裂强度（N）　≥		40	50
7	热老化	外观	无裂纹、无起泡	
		拉力保持率（%）　≥	85	
		质量损失率（%）　≤	2.0	
		低温柔性	15℃	10℃
			无裂缝	

3.2.3　铝箔面石油沥青防水卷材

铝箔面石油沥青防水卷材是以玻纤毡为胎基，浸涂石油沥青，其上表面用压纹铝箔、下表面采用细砂或聚乙烯膜作为隔离处理的一类防水卷材。其产品已发布行业标准《铝箔面石油沥青防水卷材》（JC/T 504—2007）。

1. 产品的分类和标记

产品分为 30、40 两个标号；其卷材幅宽规格为 1000mm。

铝箔面石油沥青防水卷材按其产品名称、标号和标准号的顺序标记。30 号铝箔面石油沥青防水卷材标记为：铝箔面卷材 30 JC/T 504—2007。

2. 产品要求

（1）卷重

卷材的单位面积质量应符合表 3-8 的规定。卷重为单位面积质量乘以面积。

表 3-8 铝箔面石油沥青防水卷材的单位面积质量 JC/T 504—2007

标号	30 号	40 号
单位面积质量（kg/m²） ≥	2.85	3.80

（2）厚度

30 号铝箔面卷材的厚度不小于 2.4mm，40 号铝箔面卷材的厚度不小于 3.2mm。

（3）面积

卷材的面积偏差不超过标称面积的 1%。

（4）外观

① 成卷卷材应卷紧卷齐，卷筒两端厚度差不得超过 5mm，端面里进外出不超过 10mm。

② 成卷卷材在 10～45℃任一产品温度下展开，在距卷芯 100mm 长度外不应有 10mm 以上的裂纹或粘结。

③ 胎基应浸透，不应有未被浸渍的条纹，铝箔应与涂盖材料粘结牢固，不允许有分层和气泡现象，铝箔表面应花纹整齐，无污迹、皱褶、裂纹等缺陷，铝箔应为轧制铝，不得采用塑料镀铝膜。

④ 在卷材覆铝箔的一面沿纵向留 70～100mm 无铝箔的搭接边，在搭接边上可撒细砂或覆聚乙烯膜。

⑤ 卷材表面平整，不允许有孔洞、缺边和裂口。

⑥ 每卷卷材接头不多于 1 处，其中较短的一段不应少于 2500mm，接头应剪切整齐，并加长 150mm。

（5）物理性能

卷材的物理性能应符合表 3-9 的要求。

表 3-9 物理性能 JC/T 504—2007

项目	指标	
	30 号	40 号
可溶物含量（g/m²） ≥	1550	2050
拉力（N/50mm） ≥	450	500
柔度（℃）	5	
	绕半径 35mm 圆弧无裂纹	
耐热度	(90±2)℃，2h 涂盖层无滑动，无起泡、流淌	
分层	(50±2)℃，7d 无分层现象	

3.2.4 煤沥青纸胎油毡

煤沥青纸胎油毡（简称油毡），是采用低软化点煤沥青浸渍原纸，然后用高软化点煤沥青涂盖油纸两面，再涂或撒布隔离材料所制成的一种纸胎可卷曲的片状防水材料。该产品已发布建材行业标准《煤沥青纸胎油毡》[JC 505—1992（1996）]。

1. 产品的分类和标记

煤沥青纸胎油毡按可溶物含量和物理性能分为一等品和合格品两个等级。

煤沥青纸胎油毡其品种、规格按所用隔离材料分为粉状面和片状面两个品种。

煤沥青纸胎油毡幅宽分为 915mm 和 1000mm 两种规格，按原纸质量［每 $1m^2$ 质量(g)］分为 200 号、270 号和 350 号三种标号。

200 号煤沥青纸胎油毡适用于简易建筑防水、建筑防潮及包装防潮等；270 号煤沥青纸胎油毡和 350 号煤沥青纸胎油毡适用于建筑工程防水、建筑防潮和包装防潮等；与聚氯乙烯改性煤焦油防水涂料复合，也可用于屋面多层防水；350 号油毡还可用于一般地下防水。

产品按下列顺序标记：产品名称、品种、标号、质量等级、标准号。标记示例如下：

① 一等品（B）350 号粉状面（F）煤沥青纸胎油毡：

煤沥青纸胎油毡　F 350B JC 505。

② 合格品（C）270 号片状面（P）煤沥青纸胎油毡：

煤沥青纸胎油毡　P 270C JC 505。

2. 技术要求

（1）每卷油毡的质量应符合表 3-10 的规定。

表 3-10　煤沥青纸胎油毡的质量要求（kg）　　JC 505—1992（1996）

标号	200 号		270 号		350 号	
品种	粉毡	片毡	粉毡	片毡	粉毡	片毡
质量　≥	16.5	19.0	19.5	22.0	23.0	25.5

（2）外观质量要求如下：

① 成卷油毡应卷紧、卷齐。卷筒的两端厚度差不得超过 5mm，端面里进外出不得超过 10mm。

② 成卷油毡在环境温度 10～45℃时，应易于展开。不应有破坏毡面长度 10mm 以上的粘结和距卷芯 1000mm 以外长度在 10mm 以上的裂纹。

③ 纸胎必须浸透，不应有未浸透的浅色斑点；涂盖材料应均匀致密地涂盖油纸两面，不应有油纸外露和涂油不均的现象。

④ 毡面不应有孔洞、硌（楞）伤，长度 20mm 以上的疙瘩或水渍，距卷芯 1000mm 以外长度 100mm 以上的折纹和折皱；20mm 以内的边缘裂口或长 50mm、深 20mm 以内的缺边不应超过 4 处。

⑤ 每卷油毡的接头不应超过 1 处，其中较短的一段长度不应小于 2500mm，接头处应剪切整齐，并加长 150mm 备作搭接。合格品中有接头的油毡卷数不得超过批量的 10%，一等品中有接头的油毡卷数不得超过批量的 5%。

⑥ 每卷油毡总面积为（20±0.3）m^2。

（3）物理性能。油毡的物理性能应符合表 3-11 的规定。

表 3-11　煤沥青纸胎油毡的物理性能　　JC 505—1992（1996）

指标名称 ＼ 标号 / 等级		200 号	270 号		350 号	
		合格品	一等品	合格品	一等品	合格品
可溶物含量（g/m^2）	≥	450	560	510	660	600

续表

指标名称		标号	200号	270号		350号	
		等级	合格品	一等品	合格品	一等品	合格品
不透水性	压力（MPa）	≥	0.05	0.05		0.10	
	保持时间（min）	≥	15	30	20	30	15
			不渗漏				
吸水率（常压法）（%）　不大于	粉毡		3.0				
	片毡		5.0				
耐热度（℃）			70±2	75±2	70±2	75±2	70±2
			受热2h涂盖层应无滑动和集中性气泡				
拉力（25℃±2℃时，纵向）（N）		≥	250	330	300	380	350
柔度（℃）		≤	18	16	18	16	18
			绕 ϕ20mm圆棒或弯板无裂纹				

3.3　高聚物改性沥青防水卷材

合成高分子聚合物改性沥青防水卷材简称高聚物改性沥青防水卷材，俗称改性沥青油毡。高聚物改性沥青防水卷材是以玻纤毡、聚酯毡、高密度聚乙烯膜等或两种材料组成的复合毡为胎基，以掺量不少于10%的合成高分子聚合物改性沥青为浸涂材料，以粉状、片状、粒状矿质材料、合成高分子薄膜、金属膜为覆面材料制成的可卷曲的一类片状沥青基防水材料。

高聚物改性沥青防水卷材，其特点主要是利用高聚物的优良特性，改善了石油沥青热淌冷脆的性能特点，从而提高了沥青防水卷材的技术性能。

高聚物改性沥青防水卷材一般可分为弹性体聚合物改性沥青防水卷材、塑性体聚合物改性沥青防水卷材、橡塑共混体聚合物改性沥青防水卷材三大类，各类可再按聚合物改性体做进一步的分类，例如弹性体聚合物改性沥青防水卷材可进一步分为SBS改性沥青防水卷材、SBR改性沥青防水卷材等各类型改性沥青防水卷材等。此外还可以根据卷材有无胎体材料分为有胎防水卷材、无胎防水卷材两大类。高聚物改性沥青防水卷材的主要品种和分类如图3-4所示。

高聚物改性沥青防水卷材根据其应用范围的不同，可分为普通改性沥青防水卷材和特种改性沥青防水卷材。普通改性沥青防水卷材根据其是否具有自粘功能可分为常规型防水卷材和自粘型防水卷材。常规型防水卷材根据其所采用的改性剂材质的不同，可分为SBS改性沥青防水卷材、APP改性沥青防水卷材、SBR改性沥青防水卷材、胶粉改性沥青防水卷材等多个改性沥青防水卷材品种。各大类品种还可依据其采用的胎基材料的不同，进一步分为聚酯胎防水卷材、玻纤胎防水卷材、玻纤增强聚酯胎防水卷材、聚乙烯胎防水卷材等品种。自粘型防水卷材根据其采用的自粘材料的不同，可分为带自粘层的防水卷材、自粘聚合物改性沥青防水卷材等，然后根据胎基材质的不同，进一步分为无胎防水卷材、聚酯胎防水卷

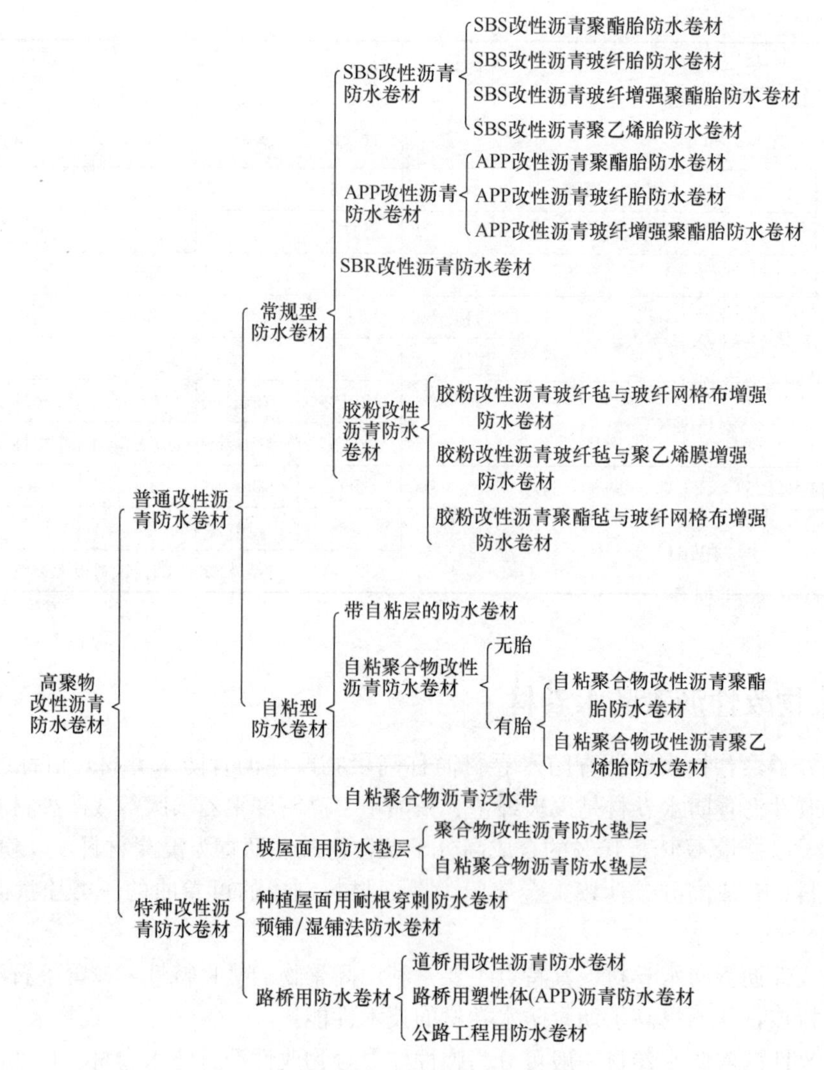

图 3-4　高聚物改性沥青防水卷材的分类

材、聚乙烯胎防水卷材等类别。特种改性沥青防水卷材可根据其特殊的使用功能做进一步的分类，例如坡屋面用防水垫层、路桥用防水卷材、预铺法防水卷材、湿铺法防水卷材等。

3.3.1　弹性体改性沥青防水卷材

弹性体改性沥青防水卷材简称 SBS 防水卷材，适用于以聚酯毡、玻纤毡、玻纤增强聚酯毡为胎基，以苯乙烯-丁二烯-苯乙烯（SBS）热塑性弹性体作石油沥青改性剂，两面覆以隔离材料所制成的防水卷材，已发布国家标准《弹性体改性沥青防水卷材》（GB 18242—2008）。

弹性体改性沥青防水卷材主要适用于工业和民用建筑的屋面和地下防水工程。玻纤增强聚酯毡防水卷材可应用于机械固定单层防水，但其需通过抗风荷载试验。玻纤毡防水卷材适用于多层防水中的底层防水，外露使用时可采用上表面隔离材料为不透明的矿物粒料的防水卷材，地下工程防水可采用表面隔离材料为细砂的防水卷材。

1. 产品的分类和标记

产品按其胎基可分为聚酯毡（PY）、玻纤毡（G）、玻纤增强聚酯毡（PYG）；按其上表面隔离材料可分为聚乙烯膜（PE）、细砂（S）、矿物粒料（M）；按其下表面隔离材料可分为细砂（S）、聚乙烯膜（PE）；按其材料性能可分为Ⅰ型和Ⅱ型。细砂为粒径不超过0.60mm的矿物颗粒。

产品规格为：

（1）卷材公称宽度为1000mm。

（2）聚酯毡卷材公称厚度为3mm、4mm、5mm。

（3）玻纤毡卷材公称厚度为3mm、4mm。

（4）玻纤增强聚酯毡卷材公称厚度为5mm。

（5）每卷卷材公称面积为7.5m^2、10m^2、15m^2。

产品按其名称、型号、胎基、上表面材料、下表面材料、厚度、面积和标准编号顺序标记。

面积10m^2、厚3mm、上表面材料为矿物粒料、下表面材料为聚乙烯膜、聚酯毡Ⅰ型弹性体改性沥青防水卷材标记为：SBS 1 PY M PE 3 10 GB 18242—2008。

2. 原材料要求

（1）改性沥青

改性沥青宜符合JC/T 905的规定。

（2）胎基

① 胎基仅采用聚酯毡、玻纤毡、玻纤增强聚酯毡。

② 采用聚酯毡与玻纤毡作胎基应符合GB/T 18840的规定。玻纤增强聚酯毡的规格与性能应满足按GB 18242生产防水卷材的要求。

（3）表面隔离材料

表面隔离材料不得采用聚酯膜（PET）和耐高温聚乙烯膜。

3. 产品要求

（1）单位面积质量、面积及厚度

单位面积质量、面积及厚度应符合表3-12的规定。

表3-12　弹性体改性沥青防水卷材的单位面积质量、面积及厚度　　GB 18242—2008

规格（公称厚度）（mm）		3			4			5		
上表面材料		PE	S	M	PE	S	M	PE	S	M
下表面材料		PE	PE、S		PE	PE、S		PE	PE、S	
面积（m^2/卷）	公称面积	10、15			10、7.5			7.5		
	偏差	±0.10			±0.10			±0.10		
单位面积质量（kg/m^2）　≥		3.3	3.5	4.0	4.3	4.5	5.0	5.3	5.5	6.0
厚度（mm）	平均值　≥	3.0			4.0			5.0		
	最小单值	2.7			3.7			4.7		

（2）外观

① 成卷卷材应卷紧、卷齐，端面里进外出不得超过10mm。

② 成卷卷材在4～50℃任一产品温度下展开，在距卷芯1000mm长度外不应有10mm以上的裂纹或粘结。

③ 胎基应浸透，不应有未被浸渍处。

④ 卷材表面应平整，不允许有孔洞、缺边和裂口、疙瘩，矿物粒料粒度应均匀一致并紧密地黏附于卷材表面。

⑤ 每卷卷材接头处不应超过1个，较短的一段长度不应少于1000mm，接头应剪切整齐，并加长150mm。

（3）材料性能

材料性能应符合表3-13的规定。

表3-13 弹性体改性沥青防水卷材的材料性能 GB 18242—2008

序号	项目		指标				
			Ⅰ型		Ⅱ型		
			PY	G	PY	G	PYG
1	可溶物含量（g/m^2）≥	3mm	2100				—
		4mm	2900				—
		5mm	3500				
		试验现象	—	胎基不燃	—	胎基不燃	—
2	耐热性	℃	90		105		
		≤mm	2				
		试验现象	无流淌、滴落				
3	低温柔性（℃）		−20		−25		
			无裂缝				
4	不透水性30min		0.3MPa	0.2MPa	0.3MPa		
5	拉力	最大峰拉力（N/50mm） ≥	500	350	800	500	900
		次高峰拉力（N/50mm） ≥	—	—	—	—	800
		试验现象	拉伸过程中，试件中部无沥青涂盖层开裂或与胎基分离现象				
6	延伸率	最大峰时延伸率（%） ≥	30	—	40	—	—
		第二峰时延伸率（%） ≥	—		—		15
7	浸水后质量增加（%）≤	PE、S	1.0				
		M	2.0				
8	热老化	拉力保持率（%） ≥	90				
		延伸率保持率（%） ≥	80				
		低温柔性（℃）	−15		−20		
			无裂缝				
		尺寸变化率（%） ≤	0.7	—	0.7	—	0.3
		质量损失（%） ≤	1.0				
9	渗油性	张数 ≤	2				

续表

<table>
<tr><th rowspan="3">序号</th><th colspan="3" rowspan="3">项　目</th><th colspan="5">指标</th></tr>
<tr><th colspan="2">Ⅰ型</th><th colspan="3">Ⅱ型</th></tr>
<tr><th>PY</th><th>G</th><th>PY</th><th>G</th><th>PYG</th></tr>
<tr><td>10</td><td colspan="2">接缝剥离强度（N/mm）</td><td>≥</td><td colspan="5">1.5</td></tr>
<tr><td>11</td><td colspan="2">钉杆撕裂强度[a]（N）</td><td>≥</td><td colspan="4">—</td><td>300</td></tr>
<tr><td>12</td><td colspan="2">矿物粒料黏附性[b]（g）</td><td>≤</td><td colspan="5">2.0</td></tr>
<tr><td>13</td><td colspan="2">卷材下表面沥青涂盖层厚度[c]（mm）</td><td>≥</td><td colspan="5">1.0</td></tr>
<tr><td rowspan="4">14</td><td rowspan="4">人工气候加速老化</td><td colspan="2">外观</td><td colspan="5">无滑动、流淌、滴落</td></tr>
<tr><td>拉力保持率（%）</td><td>≥</td><td colspan="5">80</td></tr>
<tr><td colspan="2" rowspan="2">低温柔性（℃）</td><td colspan="2">−15</td><td colspan="3">−20</td></tr>
<tr><td colspan="5">无裂缝</td></tr>
</table>

a　仅适用于单层机械固定施工方式卷材。

b　仅适用于矿物粒料表面的卷材。

c　仅适用于热熔施工的卷材。

3.3.2　塑性体改性沥青防水卷材

塑性体改性沥青防水卷材简称APP防水卷材，适用于以聚酯毡、玻纤毡、玻纤增强聚酯毡为胎基，以无规聚丙烯（APP）或聚烯烃类聚合物（APAO、APO等）作石油沥青改性剂、两面覆以隔离材料所制成的防水卷材，已发布国家标准《塑性体改性沥青防水卷材》（GB 18243—2008）。

塑性体改性沥青防水卷材适用于工业与民用建筑的屋面和地下防水工程。玻纤增强聚酯毡卷材可应用于机械固定单层防水，但其需要通过抗风荷载试验；玻纤毡卷材适用于多层防水中的底层防水；外露使用应采用上表面隔离材料为不透明的矿物粒料的防水卷材；地下工程的防水应采用表面隔离材料为细砂的防水卷材。

1. 产品的分类和标记

产品按其胎基可分为聚酯毡（PY）、玻纤毡（G）、玻纤增强聚酯毡（PYG）；按其上表面隔离材料可分为聚乙烯膜（PE）、细砂（S）、矿物粒料（M）；按其下表面隔离材料可分为细砂（S）、聚乙烯膜（PE）；按其材料性能可分为Ⅰ型和Ⅱ型。细砂为粒径不超过0.60mm的矿物颗粒。

产品规格为：

（1）卷材公称宽度为1000mm。

（2）聚酯毡卷材公称厚度为3mm、4mm、5mm。

（3）玻纤毡卷材公称厚度为3mm、4mm。

（4）玻纤增强聚酯毡卷材公称厚度为5mm。

（5）每卷卷材公称面积为7.5m^2、10m^2、15m^2。

产品按其名称、型号、胎基、上表面材料、下表面材料、厚度、面积和标准编号顺序标记。

面积10m^2、厚3mm、上表面材料为矿物粒料、下表面材料为聚乙烯膜、聚酯毡Ⅰ型塑性体改性沥青防水卷材标记为：APP 1 PY M PE 3 10 GB 18243—2008。

2. 原材料要求

（1）改性沥青

改性沥青应符合 JC/T 904 的规定。

（2）胎基

① 胎基仅采用聚酯毡、玻纤毡、玻纤增强聚酯毡。

② 采用聚酯毡与玻纤毡作胎基应符合 GB/T 18840 的规定。玻纤增强聚酯毡的规格与性能应满足按 GB 18243 生产防水卷材的要求。

（3）表面隔离材料

表面隔离材料不得采用聚酯膜（PET）和耐高温聚乙烯膜。

3. 产品要求

（1）单位面积质量、面积及厚度

单位面积质量、面积及厚度应符合表 3-14 的规定。

表 3-14　塑性体改性沥青防水卷材的单位面积质量、面积及厚度 GB 18243—2008

规格（公称厚度）（mm）		3			4			5		
上表面材料		PE	S	M	PE	S	M	PE	S	M
下表面材料		PE	PE、S		PE	PE、S		PE	PE、S	
面积（m^2/卷）	公称面积	10、15			10、7.5			7.5		
	偏差	±0.10			±0.10			±0.10		
单位面积质量（kg/m^2）≥		3.3	3.5	4.0	4.3	4.5	5.0	5.3	5.5	6.0
厚度（mm）	平均值 ≥	3.0			4.0			5.0		
	最小单值	2.7			3.7			4.7		

（2）外观

① 成卷卷材应卷紧、卷齐，端面里进外出不得超过 10mm。

② 成卷卷材在 4～60℃任一产品温度下展开，在距卷芯 1000mm 长度外不应有 10mm 以上的裂纹或粘结。

③ 胎基应浸透，不应有未被浸渍处。

④ 卷材表面应平整，不允许有孔洞、缺边和裂口、疙瘩，矿物粒料粒度应均匀一致并紧密地黏附于卷材表面。

⑤ 每卷卷材接头处不应超过一个，较短的一段长度不应少于 1000mm，接头应剪切整齐，并加长 150mm。

（3）材料性能

材料性能应符合表 3-15 的要求。

表 3-15　塑性体改性沥青防水卷材的材料性能　　GB 18243—2008

序号	项　目		指标				
			Ⅰ型		Ⅱ型		
			PY	G	PY	G	PYG
1	可溶物含量（g/m^2）≥	3mm	2100				—
		4mm	2900				—
		5mm	3500				
		试验现象	—	胎基不燃	—	胎基不燃	—

续表

序号	项　目			指标				
				Ⅰ型		Ⅱ型		
				PY	G	PY	G	PYG
2	耐热性		℃	110		130		
			≤mm	2				
			试验现象	无流淌、滴落				
3	低温柔性（℃）			−7		−15		
				无裂缝				
4	不透水性 30min			0.3MPa	0.2MPa	0.3MPa		
5	拉力	最大峰拉力（N/50mm）	≥	500	350	800	500	900
		次高峰拉力（N/50mm）	≥	—	—	—	—	800
		试验现象		拉伸过程中，试件中部无沥青涂盖层开裂或与胎基分离现象				
6	延伸率	最大峰时延伸率（%）	≥	25	—	40	—	—
		第二峰时延伸率（%）	≥	—		—		15
7	浸水后质量增加（%）≤		PE、S	1.0				
			M	2.0				
8	热老化	拉力保持率（%）	≥	90				
		延伸率保持率（%）	≥	80				
		低温柔性（℃）		−2		−10		
				无裂缝				
		尺寸变化率（%）	≤	0.7	—	0.7	—	0.3
		质量损失（%）	≤	1.0				
9	接缝剥离强度（N/mm）		≥	1.0				
10	钉杆撕裂强度[a]（N）		≥	—				300
11	矿物粒料黏附性[b]（g）		≤	2.0				
12	卷材下表面沥青涂盖层厚度[c]（mm）		≥	1.0				
13	人工气候加速老化	外观		无滑动、流淌、滴落				
		拉力保持率（%）	≥	80				
		低温柔性（℃）		−2		−10		
				无裂缝				

a　仅适用于单层机械固定施工方式卷材。

b　仅适用于矿物粒料表面的卷材。

c　仅适用于热熔施工的卷材。

3.3.3　改性沥青聚乙烯胎防水卷材

改性沥青聚乙烯胎防水卷材是指以高密度聚乙烯膜为胎基，上下两面以改性沥青或自粘沥青为涂盖层，表面覆盖隔离材料而制成的一类防水卷材。改性沥青聚乙烯胎防水卷材适用于非外露的建筑与基础设施的防水工程。此产品已发布国家标准《改性沥青聚乙烯胎防水卷材》（GB 18967—2009）。

1. 产品的分类、规格和标记

产品按其施工工艺可分为热熔型（标记：T）和自粘型（标记：S）两类。热熔型产品按其改性剂的成分可分为改性氧化沥青防水卷材（标记：O）、丁苯橡胶改性氧化沥青防水卷材（标记：M）、高聚物改性沥青防水卷材（标记：P）、高聚物改性沥青耐根穿刺防水卷材（标记：R）四类。改性氧化沥青防水卷材是指用添加改性剂的沥青氧化后制成的一类防水卷材。丁苯橡胶改性氧化沥青防水卷材是指用丁苯橡胶和树脂将氧化沥青改性后制成的一类防水卷材。高聚物改性沥青防水卷材是指用苯乙烯-丁二烯-苯乙烯（SBS）等高聚物将沥青改性后制成的一类防水卷材；高聚物改性沥青耐根穿刺防水卷材是指以高密度聚乙烯膜（标记：E）为胎基，上下表面覆以高聚物改性沥青，并以聚乙烯膜为隔离材料而制成的具有耐根穿刺功能的一类防水卷材。自粘型防水卷材是指以高密度聚乙烯膜为胎基，上下表面为自粘聚合物改性沥青，表面覆盖防粘材料而制成的一类防水卷材。改性沥青聚乙烯胎防水卷材的分类如图 3-5 所示。

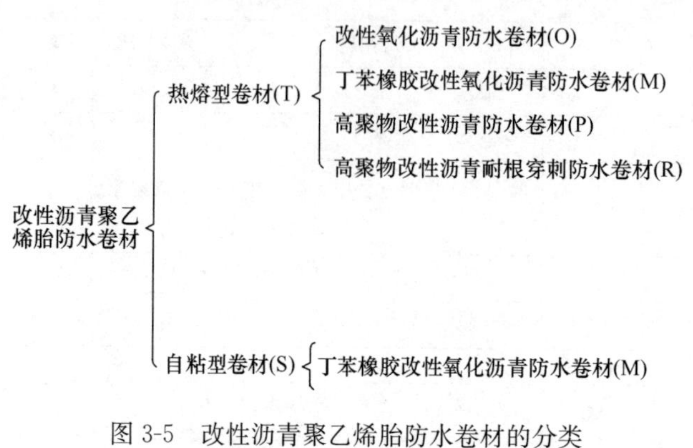

图 3-5　改性沥青聚乙烯胎防水卷材的分类

热熔型卷材的上下表面隔离材料为聚乙烯膜（标记：E），自粘型卷材的上下表面隔离材料为防粘材料。

热熔型产品的厚度为 3.0mm、4.0mm，其中耐根穿刺卷材为 4.0mm；自粘型产品的厚度为 2.0mm、3.0mm。产品的公称宽度为 1000mm、1100mm；产品的公称面积：每卷面积为 10m²、11m²。生产其他规格的卷材，可由供需双方协商确定。

产品的标记方法按施工工艺、产品类型、胎体、上表面覆盖材料、厚度和标准号顺序进行标记。例如，3.0mm 厚的热熔型聚乙烯胎聚乙烯膜覆面高聚物改性沥青防水卷材标记为：TPEE 3 GB 18967—2009。

2. 产品的技术要求

改性沥青聚乙烯胎防水卷材产品的技术要求如下：

（1）单位面积质量及规格尺寸应符合表 3-16 的规定。

表 3-16　改性沥青聚乙烯胎防水卷材的单位面积质量及规格尺寸　　GB 18967—2009

公称厚度（mm）		2	3	4
单位面积质量（kg/m²）　≥		2.1	3.1	4.2
每卷面积偏差（m²）		±0.2		
厚度（mm）	平均值　≥	2.0	3.0	4.0
	最小单值　≥	1.8	2.7	3.7

（2）产品的外观要求：成卷卷材应卷紧、卷齐，端面里进外出不得超过 20mm；成卷卷

材在4～45℃任一产品温度下展开，在距卷芯1000mm长度外不应有裂纹或长度10mm以上的粘结；卷材表面应平整，不允许有孔洞、缺边和裂口、疙瘩或任何其他能观察到的缺陷存在；每卷卷材的接头处不应超过1个，较短的一段长度不应少于1000mm，接头应剪切整齐，并加长150mm。

（3）产品的物理力学性能应符合表3-17提出的要求。高聚物改性沥青耐根穿刺防水卷材（R）的性能除了应符合表3-17的要求外，其耐根穿刺与耐霉菌腐蚀性能还应符合GB/T 35468—2017提出的要求，详见3.3.8节。

表3-17　改性沥青聚乙烯胎防水卷材的物理力学性能　　GB 18967—2009

<table>
<tr><th rowspan="3">序号</th><th rowspan="3" colspan="3">项　目</th><th colspan="5">技术指标</th></tr>
<tr><th colspan="4">T</th><th>S</th></tr>
<tr><th>O</th><th>M</th><th>P</th><th>R</th><th>M</th></tr>
<tr><td>1</td><td colspan="3">不透水性</td><td colspan="5">0.4MPa，30min不透水</td></tr>
<tr><td rowspan="2">2</td><td rowspan="2" colspan="3">耐热性（℃）</td><td colspan="4">90</td><td>70</td></tr>
<tr><td colspan="4">无流淌，无起泡</td><td>无流淌，无起泡</td></tr>
<tr><td rowspan="2">3</td><td rowspan="2" colspan="3">低温柔性（℃）</td><td>−5</td><td>−10</td><td>−20</td><td>−20</td><td>−20</td></tr>
<tr><td colspan="5">无裂纹</td></tr>
<tr><td rowspan="4">4</td><td rowspan="4">拉伸性能</td><td rowspan="2">拉力（N/50mm）≥</td><td>纵向</td><td rowspan="2" colspan="3">200</td><td rowspan="2">400</td><td rowspan="2">200</td></tr>
<tr><td>横向</td></tr>
<tr><td rowspan="2">断裂延伸率（%）≥</td><td>纵向</td><td rowspan="2" colspan="5">120</td></tr>
<tr><td>横向</td></tr>
<tr><td rowspan="2">5</td><td rowspan="2" colspan="2">尺寸稳定性</td><td>℃</td><td colspan="4">90</td><td>70</td></tr>
<tr><td>%　≤</td><td colspan="5">2.5</td></tr>
<tr><td>6</td><td colspan="3">卷材下表面沥青涂盖层厚度（mm）　≥</td><td colspan="4">1.0</td><td>—</td></tr>
<tr><td rowspan="2">7</td><td rowspan="2" colspan="2">剥离强度（N/mm）　≥</td><td>卷材与卷板</td><td rowspan="2" colspan="4">—</td><td>1.0</td></tr>
<tr><td>卷材与铝板</td><td>1.5</td></tr>
<tr><td>8</td><td colspan="3">钉杆水密性</td><td colspan="4">—</td><td>通过</td></tr>
<tr><td>9</td><td colspan="3">持黏性（min）　≥</td><td colspan="4">—</td><td>15</td></tr>
<tr><td>10</td><td colspan="3">自粘沥青再剥离强度（与铝板）（N/mm）　≥</td><td colspan="4">—</td><td>1.5</td></tr>
<tr><td rowspan="4">11</td><td rowspan="4">热空气老化</td><td colspan="2">纵向拉力（N/50mm）　≥</td><td colspan="3">200</td><td>400</td><td>200</td></tr>
<tr><td colspan="2">纵向断裂延伸率（%）　≥</td><td colspan="5">120</td></tr>
<tr><td rowspan="2" colspan="2">低温柔性（℃）</td><td>5</td><td>0</td><td>−10</td><td>−10</td><td>−10</td></tr>
<tr><td colspan="5">无裂纹</td></tr>
</table>

3.3.4　带自粘层的防水卷材

带自粘层的防水卷材是指其卷材表面覆以自粘层的、冷施工的一类改性沥青或合成高分子防水卷材。此类产品已发布国家标准《带自粘层的防水卷材》（GB/T 23260—2009）。

1. 产品的分类和标记

带自粘层的防水卷材根据其材质的不同，可分为高聚物改性沥青防水卷材和合成高分子防水卷材等类型。

产品名称为：带自粘层的＋主体材料防水卷材产品名称。按标准名称、主体材料标准标记方法和标准编号顺序进行标记。示例如下：

（1）规格为 3mm 矿物料面聚酯胎Ⅰ型、10m² 的带自粘层的弹性体改性沥青防水卷材，其标记为：带自粘层 SBS Ⅰ PY M3 10 GB 18242-GB/T 23260—2009。

（2）长度 20m、宽度 2.1m、厚度 1.2mm Ⅱ型 L 类聚氯乙烯防水卷材，其标记为：带自粘层 PVC 卷材 L Ⅱ 1.2/20×2.1 GB 12952-GB/T 23260—2009（注：非沥青基防水卷材规格中的厚度为主体材料厚度）。

2. 产品的技术要求

带自粘层的防水卷材应符合主体材料相关现行产品标准的要求，参见表 3-18。其中受自粘层影响性能的补充说明见表 3-19。

产品自粘层的物理力学性能应符合表 3-20 的规定。

表 3-18　部分相关主体材料产品标准

序号	标准名称
1	《聚氯乙烯（PVC）防水卷材》（GB 12952）
2	《氯化聚乙烯防水卷材》（GB 12953）
3	《高分子防水材料　第 1 部分：片材》（GB 18173.1）
4	《弹性体改性沥青防水卷材》（GB 18242）
5	《塑性体改性沥青防水卷材》（GB 18243）
6	《改性沥青聚乙烯胎防水卷材》（GB 18967）
7	《胶粉改性沥青玻纤毡与玻纤网格布增强防水卷材》（JC/T 1076）
8	《胶粉改性沥青玻纤毡与聚乙烯膜增强防水卷材》（JC/T 1077）
9	《胶粉改性沥青聚酯毡与玻纤网格布增强防水卷材》（JC/T 1078）

表 3-19　受自粘层影响性能的补充说明　　GB/T 23260—2009

序号	受自粘层影响项目	补充说明
1	厚度	沥青基防水卷材的厚度包括自粘层厚度。 非沥青基防水卷材的厚度不包括自粘层厚度，且自粘层厚度不小于 0.4mm
2	卷重、单位面积质量	卷重、单位面积质量包括自粘层
3	拉伸强度、撕裂强度	对于根据厚度计算强度的试验项目，厚度测量不包括自粘层
4	延伸率	以主体材料延伸率作为试验结果，不考虑自粘层的延伸率
5	耐热性/耐热度	带自粘层的沥青基防水卷材的自粘面耐热性（度）指标按表 3-20 要求，非自粘面按相关产品标准执行
6	尺寸稳定性、加热伸缩量、老化试验	对于由于加热引起的自粘层外观变化在试验结果中不报告
7	低温柔性/低温弯折性	试验要求的厚度包括产品自粘层的厚度

表 3-20 卷材自粘层的物理力学性能 GB/T 23260—2009

序号	项目		指标
1	剥离强度（N/mm）	卷材与卷材	≥1.0
		卷材与铝板	≥1.5
2	浸水后剥离强度（N/mm）		≥1.5
3	热老化后剥离强度（N/mm）		≥1.5
4	自粘面耐热性		70℃，2h无流淌
5	持黏性（min）		≥15

3.3.5 自粘聚合物改性沥青防水卷材

自粘聚合物改性沥青防水卷材是指以自粘聚合物改性沥青为基料，非外露使用的无胎基或者采用聚酯胎基增强的一类本体自粘防水卷材。此类产品简称自粘卷材，有别于仅在表面覆以自粘层的聚合物改性沥青防水卷材。此类产品已发布国家标准《自粘聚合物改性沥青防水卷材》(GB 23441—2009)。

1. 产品的分类、规格和标记

此类产品按其有无胎基增强可分为无胎基（N类）自粘聚合物改性沥青防水卷材、聚酯胎基（PY类）自粘聚合物改性沥青防水卷材。N类按其上表面材料的不同可分为聚乙烯膜（PE）、聚酯膜（PET）、无膜双面自粘（D）；PY类按其上表面材料的不同可分为聚乙烯膜（PE）、细砂（S）、无膜双面自粘（D）。产品按其性能可分为Ⅰ型和Ⅱ型。卷材厚度为2.0mm的PY类只有Ⅰ型，其他规格可由供需双方商定。自粘聚合物改性沥青防水卷材的分类如图3-6所示。

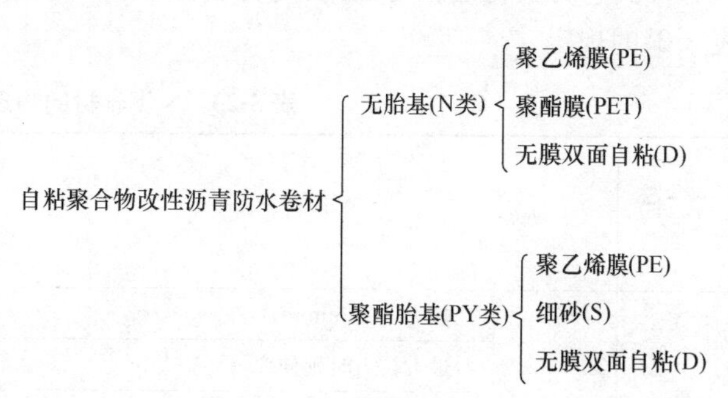

图 3-6 自粘聚合物改性沥青防水卷材的分类

产品按其产品名称、类型、上表面材料、厚度、面积、标准编号顺序标记。例如，20m²、2.0mm聚乙烯膜面Ⅰ型N类、自粘聚合物改性沥青防水卷材标记为：自粘卷材 N Ⅰ PE 2.0 20GB 23441—2009。

2. 产品的技术要求

（1）面积、单位面积质量、厚度

面积不小于产品面积标记值的99%；N类单位面积质量、厚度应符合表3-21的规定，PY类单位面积质量、厚度应符合表3-22的规定。由供需双方商定的规格，N类其厚度不得小于1.2mm，PY类其厚度不得小于2.0mm。

表 3-21 N类产品的单位面积质量、厚度 GB 23441—2009

厚度规格（mm）		1.2	1.5	2.0
上表面材料		PE、PET、D	PE、PET、D	PE、PET、D
单位面积质量（kg/m²） ≥		1.2	1.5	2.0
厚度（mm）	平均值 ≥	1.2	1.5	2.0
	最小单值	1.0	1.3	1.7

表 3-22　PY 类产品的单位面积质量、厚度　　GB 23441—2009

厚度规格（mm）		2.0		3.0		4.0	
上表面材料		PE、D	S	PE、D	S	PE、D	S
单位面积质量（kg/m²）　≥		2.1	2.2	3.1	3.2	4.1	4.2
厚度（mm）	平均值　≥	2.0		3.0		4.0	
	最小单值	1.8		2.7		3.7	

（2）外观

成卷卷材应卷紧、卷齐，端面里进外出不得超过 20mm。成卷卷材在 4～45℃任一产品温度下展开，在距卷芯 1000mm 长度外不应有裂纹或长度 10mm 以上的粘结。PY 类产品其胎基应浸透，不应有未被浸渍的浅色条纹。卷材表面应平整，不允许有孔洞、结块、气泡、缺边和裂口，上表面为细砂的，细砂应均匀一致并紧密地黏附于卷材表面。每卷卷材接头不应超过一个，较短的一段长度不应少于 1000mm，接头应剪切整齐，并加长 150mm。

（3）物理力学性能

N 类卷材其物理力学性能应符合表 3-23 的规定；PY 类卷材其物理力学性能应符合表 3-24的规定。

表 3-23　N 类卷材的物理力学性能　　GB 23441—2009

序号	项目		指标				
			PE		PET		D
			Ⅰ型	Ⅱ型	Ⅰ型	Ⅱ型	
1	拉伸性能	拉力（N/50mm）　≥	150	200	150	200	—
		最大拉力时延伸率（%）　≥	200		30		—
		沥青断裂延伸率（%）　≥	250		150		450
		拉伸时现象	拉伸过程中，在膜断裂前无沥青涂盖层与膜分离现象				—
2	钉杆撕裂强度（N）　≥		60	110	30	40	—
3	耐热性		70℃滑动不超过 2mm				
4	低温柔性（℃）		−20	−30	−20	−30	−20
			无裂纹				
5	不透水性		0.2MPa，120min 不透水				—
6	剥离强度（N/mm）　≥	卷材与卷板	1.0				
		卷材与铝板	1.5				
7	钉杆水密性		通过				
8	渗油性（张）　≤		2				
9	持黏性（min）　≥		20				
10	热老化	拉力保持率（%）　≥	80				
		最大拉力时延伸率（%）　≥	200		30		400（沥青层断裂延伸率）

续表

序号	项目		指标				
			PE		PET		D
			Ⅰ	Ⅱ	Ⅰ	Ⅱ	
10	热老化	低温柔性（℃）	−18	−28	−18	−28	−18
			无裂纹				
		剥离强度卷材与铝板（N/mm）≥	1.5				
11	热稳定性	外观	无起鼓、皱褶、滑动、流淌				
		尺寸变化（%）≤	2				

表3-24 PY类卷材的物理力学性能 GB 23441—2009

序号	项目			指标	
				Ⅰ型	Ⅱ型
1	可溶物含量（g/m²）≥		2.0mm	1300	—
			3.0mm	2100	
			4.0mm	2900	
2	拉伸性能	拉力（N/50mm）≥	2.0mm	350	—
			3.0mm	450	600
			4.0mm	450	800
		最大拉力时延伸率（%）≥		30	40
3	耐热性			70℃无滑动、流淌、滴落	
4	低温柔性（℃）			−20	−30
				无裂纹	
5	不透水性			0.3MPa，120min不透水	
6	剥离强度（N/mm）≥	卷材与卷板		1.0	
		卷材与铝板		1.5	
7	钉杆水密性			通过	
8	渗油性（张）≤			2	
9	持黏性（min）≥			15	
10	热老化	最大拉力时延伸率（%）≥		30	40
		低温柔性（℃）		−18	−28
				无裂纹	
		剥离强度 卷材与铝板（N/mm）≥		1.5	
		尺寸稳定性（%）≤		1.5	1.0
11	自粘沥青再剥离强度（N/mm）≥			1.5	

3.3.6 预铺防水卷材

预铺防水卷材是指由主体材料、自粘胶、表面防（减）粘保护层（除卷材搭接区域）、隔离材料（需要时）构成的，与后浇混凝土粘结，防止粘结面窜水的一类防水卷材。

此类产品已发布适用于以塑料、沥青、橡胶为主体材料，一面有自粘胶，胶表面采用不粘或减粘材料处理，与后浇混凝土粘结的防水卷材国家标准《预铺防水卷材》（GB/T 23457—2017）。

预铺防水卷材按其产品的主体材料不同，可分为塑料防水卷材（P类）、沥青基聚酯胎防水卷材（PY类）、橡胶防水卷材（R类）。

预铺防水卷材的厚度：

（1）P类：卷材全厚度为1.2mm、1.5mm、1.7mm。

（2）PY类：4.0mm。

（3）R类：卷材全厚度为1.5mm、2.0mm。

（4）其他规格由供需双方商定。

预铺防水卷材按标准编号、类型、主体材料厚度/全厚度、面积的顺序标记。

示例1：

$50m^2$、1.2mm全厚度、0.9mm主体材料厚度的塑料预铺防水卷材标记为：预铺防水卷材GB/T 23457—2017-P 0.9/1.2-50。

示例2：

$10m^2$、4.0mm厚度的聚合物改性沥青聚酯胎预铺防水卷材标记为：预铺防水卷材GB/T 23457—2017-PY 4.0-10。

预铺防水卷材的技术要求如下：

1. 面积、单位面积质量、厚度

（1）面积不小于产品面积标记值的99%。

（2）PY类产品的单位面积质量、厚度应符合表3-25的规定。

（3）P类、R类产品的主体材料厚度、卷材全厚度平均值都不小于标称值，P类胶层厚度不小于0.25mm，R类胶层厚度不小于0.5mm，粘结搭接的卷材纵向边缘无胶层部位宽度不超过5mm。

（4）其他规格可由供需双方商定，P类产品主体材料厚度不得小于0.7mm，全厚度不得小于1.2mm；PY类厚度不得小于4.0mm；R类产品主体材料厚度不得小于0.9mm，全厚度不得小于1.5mm。

表3-25 4.0mm规格的PY类产品的单位面积质量、厚度 GB/T 23457—2017

项目			指标
单位面积质量（kg/m^2）		≥	4.1
厚度（mm）	平均值	≥	4.0
	最小单值	≥	3.7

2. 外观

（1）成卷卷材应卷紧、卷齐，端面里进外出不得超过20mm。

（2）成卷卷材在4～45℃任一产品温度下展开，在距卷芯1000mm长度外不应有裂纹或10mm以上的粘结。

（3）PY类产品，其胎基应浸透，不应有未被浸渍的条纹。

（4）卷材表面应平整，不允许有孔洞、结块、气泡、缺边和裂口。

（5）每卷卷材接头不应超过1个，较短的一段长度不应少于1000mm，接头应剪切整齐，并加长150mm。

3. 物理力学性能

产品的物理力学性能应符合表3-26的规定。

表3-26　预铺防水卷材的物理力学性能　　GB/T 23457—2017

序号	项目			指标		
				P	PY	R
1	可溶物含量（g/m²）		≥	—	2900	—
2	拉伸性能	拉力（N/50mm）	≥	600	800	350
		拉伸强度（MPa）	≥	16	—	9
		膜断裂伸长率（%）	≥	400	—	300
		最大拉力时伸长率（%）	≥	—	40	—
		拉伸时现象		胶层与主体材料或胎基无分离现象		
3	钉杆撕裂强度（N）		≥	400	200	130
4	弹性恢复率（%）		≥	—	—	80
5	抗穿刺强度（N）		≥	350	550	100
6	抗冲击性能（0.5kg·m）			无渗漏		
7	抗静态荷载			20kg，无渗漏		
8	耐热性			80℃，2h无滑移、流淌、滴落	70℃，2h无滑移、流淌、滴落	100℃，2h无滑移、流淌、滴落
9	低温弯折性			主体材料−35℃，无裂纹	—	主体材料和胶层−35℃，无裂纹
10	低温柔性			胶层−25℃，无裂纹	−20℃，无裂纹	—
11	渗油性（张）		≤	1	2	1
12	抗窜水性（水力梯度）			0.8MPa/35mm，4h不窜水		
13	不透水性（0.3MPa，120min）			不透水		
14	与后浇混凝土剥离强度（N/mm）	无处理	≥	1.5	1.5	0.8内聚破坏
		浸水处理	≥	1.0	1.0	0.5内聚破坏
		泥沙污染表面	≥	1.0	1.0	0.5内聚破坏
		紫外线处理	≥	1.0	1.0	0.5内聚破坏
		热处理	≥	1.0	1.0	0.5内聚破坏
15	与后浇混凝土浸水后剥离强度（N/mm）		≥	1.0	1.0	0.5内聚破坏

续表

序号	项目			指标		
				P	PY	R
16	卷材与卷材剥离强度（搭接边）[a]（N/mm）	无处理	≥	0.8	0.8	0.6
		浸水处理	≥	0.8	0.8	0.6
17	卷材防粘处理部位剥离强度[b]（N/mm）		≤	0.1或不黏合		
18	热老化（80℃，168h）	拉力保持率（%）	≥	90		80
		伸长率保持率（%）	≥	80		70
		低温弯折性		主体材料，−32℃，无裂纹	—	主体材料和胶层−32℃，无裂纹
		低温柔性		胶层−23℃，无裂纹	−18℃，无裂纹	—
19	尺寸变化率（%）		≤	±1.5	±0.7	±1.5

a　仅适用于卷材纵向长边采用自粘搭接的产品。

b　颗粒表面产品可以直接表示为不黏合。

3.3.7　湿铺防水卷材

湿铺防水卷材是指用于非外露防水工程，采用水泥净浆或水泥砂浆使其与混凝土基层粘结，卷材之间宜采用自粘搭接的一类防水卷材。

此类产品现已发布适用于采用水泥净浆或水泥砂浆与混凝土基层粘结的，具有自粘性的聚合物改性沥青防水卷材国家标准《湿铺防水卷材》（GB/T 35467—2017）。

湿铺防水卷材按其产品的增强材料不同，可分为高分子膜基防水卷材和聚酯胎基防水卷材（PY类），高分子膜基防水卷材又可分为高强度类（H类）和高延伸率类（F类），高分子膜可以位于卷材的表层或中间。

湿铺防水卷材按其产品粘结表面的不同，可分为单面黏合（S）和双面黏合（D）。

湿铺防水卷材的厚度：

（1）H类、E类为1.5mm、2.0mm。

（2）PY类为3.0mm。

（3）其他规格可由供需双方商定。

湿铺防水卷材按名称、标准编号、类型、粘结表面、全厚度、面积顺序标记。

示例：

$10m^2$、3.0mm双面黏合、聚酯胎湿铺防水卷材标记为：湿铺防水卷材 GB/T 35467—2017-PY D3.0-10。

湿铺防水卷材的技术要求如下：

1. 面积、单位面积质量、厚度

（1）面积不小于产品面积标记值的99%。

（2）PY类产品的单位面积质量、厚度应符合表3-27的规定。

表3-27　3.0mm规格的PY类产品的单位面积质量、厚度 GB/T 35467—2017

项目			指标
单位面积质量（kg/m²）		≥	3.1
厚度（mm）	平均值	≥	3.0
	最小单值	≥	2.7

（3）H类、E类卷材厚度平均值不小于标称值。

（4）H类、E类产品厚度不得小于1.5mm，PY类产品厚度不得小于3.0mm。

2. 外观

（1）成卷卷材应卷紧、卷齐，端面里进外出不得超过20mm。

（2）成卷卷材在4～45℃任一产品温度下展开时，在距卷芯1000mm长度外不应有裂纹或10mm以上的粘结。

（3）PY类产品，其胎基应浸透，不应有未被浸渍的条纹，H类、E类卷材表面不应有矿物颗粒。

（4）卷材表面不允许有孔洞、结块、气泡、缺边和裂口，胶层应连续不断开。

（5）每卷卷材接头不应超过1个，较短的一段长度不应少于1000mm，接头应剪切整齐，并加长150mm。

3. 物理力学性能

产品的物理力学性能应符合表3-28的规定。

表3-28　湿铺防水卷材的物理力学性能 GB/T 35467—2017

序号	项目			指标		
				H	E	PY
1	可溶物含量（g/m²）		≥	—		2100
2	拉伸性能	拉力（N/50mm）	≥	300	200	500
		最大拉力时伸长率（%）	≥	50	180	30
		拉伸时现象		胶层与高分子膜或胎基无分离		
3	撕裂力（N）		≥	20	25	200
4	耐热性（70℃，2h）			无流淌、滴落、滑移≤2mm		
5	低温柔性（−20℃）			无裂纹		
6	不透水性（0.3MPa，120min）			不透水		
7	卷材与卷材剥离强度（搭接边）（N/mm）	无处理	≥	1.0		
		浸水处理	≥	0.8		
		热处理	≥	0.8		
8	渗油性（张）		≤	2		
9	持黏性（min）		≥	30		
10	与水泥砂浆剥离强度（N/mm）	无处理	≥	1.5		
		热处理	≥	1.0		
11	与水泥砂浆浸水后剥离强度（N/mm）		≥	1.5		

续表

序号	项目		指标		
			H	E	PY
12	热老化（80℃，168h）	拉力保持率（%） ≥	90		
		伸长率保持率（%） ≥	80		
		低温柔性（−18℃）	无裂纹		
13	尺寸变化率（%）		±1.0	±1.5	±1.5
14	热稳定性		无起鼓、流淌，高分子膜或胎基边缘卷曲最大不超过边长1/4		

3.3.8 种植屋面用耐根穿刺防水卷材

种植屋面用耐根穿刺防水卷材是指适用于种植屋面耐根穿刺防水层使用的，具有耐根穿刺能力的一类建筑防水卷材。此类防水卷材已发布国家标准《种植屋面用耐根穿刺防水卷材》（GB/T 35468—2017）。此标准适用于种植屋面用具有耐根穿刺性能的防水卷材，不适用于由不同类型的卷材复合而成的系统。

1. 产品的分类和标记

种植屋面用耐根穿刺防水卷材按其产品采用的主要材料类别分为沥青类、塑料类和橡胶类。

产品的标记由《种植屋面用耐根穿刺防水卷材》的标准号、产品名称，采用卷材所执行的标准标记组成。

示例：

面积 $10m^2$、厚 4mm、上表面为矿物粒料、下表面为聚乙烯膜、聚酯毡Ⅱ型弹性体改性沥青种植屋面用耐根穿刺防水卷材，标记为：GB/T 35468—2017 耐根穿刺防水卷材 GB 18242 SBSⅡPY M PE 4 10。

2. 产品的技术要求

（1）一般要求

① 安全和环保要求

种植屋面用耐根穿刺防水卷材的生产与使用不应对人体、生物与环境造成有害的影响，所涉及与生产和使用有关的安全与环保要求，应符合我国相关国家标准和规范的规定。

② 阻根剂

防水卷材和接缝材料中若掺有阻根剂，应将阻根剂的生产企业、类别及掺量在产品订购合同、产品说明书和包装上明示。

（2）技术要求

① 厚度

改性沥青类防水卷材的厚度不小于 4.0mm，塑料、橡胶类防水卷材的厚度不小于 1.2mm，其中塑料类中聚乙烯丙纶类防水卷材芯层的厚度不得小于 0.6mm。

② 基本性能

种植屋面用耐根穿刺防水卷材的基本性能应符合表 3-29 相应现行国家标准中的相关要

求（含人工气候加速老化），剥离强度应符合表3-30的规定，其他聚合物改性沥青防水卷材类产品除耐热性外应符合GB 18242—2008中Ⅱ型的相关要求。

表3-29 种植屋面用耐根穿刺防水卷材的基本性能及相关要求 GB/T 35468—2017

序号	材料名称	要求
1	弹性体改性沥青防水卷材	GB 18242—2008中Ⅱ型全部要求
2	塑性体改性沥青防水卷材	GB 18243—2008中Ⅱ型全部要求
3	聚氯乙烯防水卷材	GB 12952—2011中相关要求（外露卷材）
4	热塑性聚烯烃（TPO）防水卷材	GB 27789—2011中相关要求（外露卷材）
5	高分子防水材料	GB 18173.1—2012中相关要求
6	改性沥青聚乙烯胎防水卷材	GB 18967—2009中R类全部要求

表3-30 种植屋面用耐根穿刺防水卷材的应用性能及其要求 GB/T 35468—2017

<table>
<tr><th>序号</th><th colspan="4">项目</th><th>技术指标</th></tr>
<tr><td>1</td><td>耐霉菌腐蚀性</td><td colspan="3">防霉等级</td><td>0级或1级</td></tr>
<tr><td rowspan="6">2</td><td rowspan="6">接缝剥离强度</td><td rowspan="5">无处理（N/mm）</td><td rowspan="2">沥青类防水卷材</td><td>SBS</td><td>≥1.5</td></tr>
<tr><td>APP</td><td>≥1.0</td></tr>
<tr><td rowspan="2">塑料类防水卷材</td><td>焊接</td><td>≥3.0或卷材破坏</td></tr>
<tr><td>粘结</td><td>≥1.5</td></tr>
<tr><td colspan="2">橡胶类防水卷材</td><td>≥1.5</td></tr>
<tr><td colspan="3">热老化处理后保持率（%）</td><td>≥80或卷材破坏</td></tr>
</table>

③ 应用性能

种植屋面用耐根穿刺防水卷材的应用性能应符合表3-30的要求。

④ 耐根穿刺性能

产品应通过国家标准《种植屋面用耐根穿刺防水卷材》（GB/T 35468—2017）中的附录A耐根穿刺性能试验。

3.3.9 道桥用改性沥青防水卷材

道桥用改性沥青防水卷材是指适用于以水泥混凝土为面层的道路和桥梁表面（机场跑道、停车场等也可参照使用），并在其上面铺加沥青混凝土层的一类改性沥青聚酯胎防水卷材。此类产品已发布建材行业标准《道桥用改性沥青防水卷材》（JC/T 974—2005）。

1. 产品的分类、规格和标记

产品按施工方式分为自粘施工防水卷材（Z）、热熔施工防水卷材（R）、热熔胶施工防水卷材（J）。自粘施工防水卷材是指整体具有自粘性的以苯乙烯-丁二烯-苯乙烯（SBS）为主，加入其他聚合物的一类橡胶改性沥青防水卷材；热熔施工防水卷材和热熔胶施工防水卷材按其采用的改性材料不同，可分为苯乙烯-丁二烯-苯乙烯（SBS）热塑性弹性体改性沥青防水卷材和无规聚丙烯或无规聚烯烃类（APP）塑性体改性沥青防水卷材。APP改性沥青防水卷材按其沥青铺装层的形式不同可分为Ⅰ型和Ⅱ型。自粘施工防水卷材、SBS、APPⅠ型改性沥青防水卷材主要用于摊铺式沥青混凝土的铺装，APPⅡ型改性沥青防水卷材主要用于浇注或沥青混凝土混合料的铺装。卷材上表面材料为细砂（S）。热熔施工防水卷材按下表面材料分为聚乙烯膜（PE）、细砂（S），热熔胶施工防水卷材下表面材料为细砂（S）。道桥用改性沥青防水卷材的分类如图3-7所示。

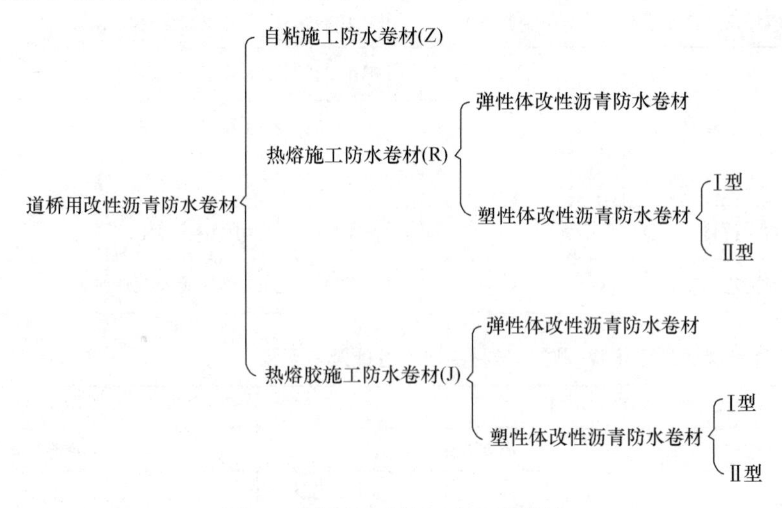

图3-7　道桥用改性沥青防水卷材

卷材长度规格分为7.5mm、10mm、15mm、20mm；卷材宽度为1m；自粘施工防水卷材厚度为2.5mm；热熔施工防水卷材厚度分为3.5mm、4.5mm；热熔胶施工防水卷材厚度分为2.5mm、3.5mm。

产品按施工方式、改性材料（SBS或APP类）、型号、下表面材料、面积、厚度和标准号顺序标记。例如，热熔和热熔胶施工APP改性沥青Ⅰ型细砂10m² 的3.5mm厚度道桥防水卷材标记为：道桥防水卷材R&J APP Ⅰ S 10m² 3.5mm JC/T 974—2005。

2. 产品的技术要求

（1）尺寸偏差、卷重

面积负偏差不超过1%。厚度平均值不小于明示值，不超过（明示值+0.5）mm，最小单值不小于（明示值−0.2）mm。

卷材的单位面积质量应符合表3-31的规定，卷重为单位面积质量乘以面积。

表3-31　道桥用改性沥青防水卷材的单位面积质量　　JC/T 974—2005

厚度（mm）	2.5	3.5	4.5
单位面积质量（kg/m²）　≥	2.8	3.8	4.8

（2）外观

成卷卷材应卷紧、卷齐，端面里进外出不超过10mm，自粘卷材不超过20mm。成卷卷材在4～60℃任一产品温度下展开，在距卷芯1000mm长度外不应有10mm以上的裂纹或粘结。胎基应浸透，不应有未被浸渍的条纹，卷材的胎基应靠近卷材的上表面。卷材表面平整，不允许有孔洞、缺边和裂口。卷材上表面的细砂应均匀紧密地黏附于卷材表面。长度10m以下（包括10m）的卷材不应有接头；10m以上的卷材，每卷卷材接头不多于1处，接头应剪切整齐，并加长300mm。一批产品中有接头卷材不应超过2%。

（3）物理力学性能

卷材的通用性能应符合表3-32的规定；卷材的应用性能应符合表3-33的规定。

表3-32　卷材的通用性能　　JC/T 974—2005

序号	项目		指标			
			Z	R、J		
				SBS	APP	
					Ⅰ	Ⅱ
1	卷材下表面沥青涂盖层厚度[a]（mm）　≥	2.5mm	1.0	—		
		3.5mm	—	1.5		
		4.5mm	—	2.0		
2	可溶物含量（g/m²）　≥	2.5mm	1700	1700		
		3.5mm	—	2400		
		4.5mm	—	3100		
3	耐热性[b]（℃）		110	115	130	160
			无滑动、流淌、滴落			
4	低温柔性[c]（℃）		−25	−25	−15	−10
			无裂纹			
5	拉力（N/50mm）　≥		600	800		
6	最大拉力时延伸率（%）　≥		40			
7	盐处理	拉力保持率（%）　≥	90			
		低温柔性（℃）	−25	−25	−15	−10
			无裂纹			
		质量增加（%）　≤	1.0			
8	热老化	拉力保持率（%）　≥	90			
		延伸率保持率（%）　≥	90			
		低温柔性（℃）	−20	−20	−10	−5
			无裂纹			
		尺寸变化率（%）　≤	0.5			
		质量损失（%）　≤	1.0			
9	渗油性（张）　≤		1			
10	自粘沥青剥离强度（N/mm）　≥		1.0	—		

a　不包括热熔胶施工卷材。

b　供需双方可以商定更高的温度。

c　供需双方可以商定更低的温度。

表3-33　卷材应用性能　　JC/T 974—2005

序号	项目	指标
1	50℃剪切强度[a]（MPa）　≥	0.12

续表

序号	项目	指标
2	50℃粘结强度[a]（MPa） ≥	0.050
3	热碾压后抗渗性	0.1MPa，30min 不透水
4	接缝变形能力[a]	10000 次循环无破坏

a 供需双方根据需要可以采用其他温度。

3.3.10 聚合物改性沥青防水垫层

本产品是指适用于坡屋面建筑工程中各种瓦材及其他屋面材料下面使用的聚合物改性沥青防水垫层（简称改性垫层）。该产品已发布建材行业标准《坡屋面用防水材料　聚合物改性沥青防水垫层》（JC/T 1067—2008）。

1. 产品的分类和标记

改性垫层的上表面材料一般为聚乙烯膜（PE）、细砂（S）、铝箔（AL）等，增强胎基为聚酯毡（PY）、玻纤毡（G）。也可按生产商要求采用其他类型的上表面材料。

产品宽度规格为 1m，其他宽度规格由供需双方商定；厚度规格为 1.2mm、2.0mm。

产品按主体材料名称、胎基、上表面材料、厚度、宽度、长度和标准号顺序进行标记。例如，SBS 改性沥青聚酯胎细砂面、2mm 厚、1m 宽、20m 长的防水垫层标记为：SBS 改性聚合物改性沥青防水垫层 PY-S-2mm×1m×20m-JC/T 1067—2008。

2. 技术要求

（1）一般要求

改性垫层产品表面应有防滑功能，有利于人员安全施工。

（2）尺寸偏差

宽度允许偏差：生产商规定值±3%。

面积允许偏差：不小于生产商规定值的 99%。

改性垫层的厚度应符合表 3-34 的规定。

表 3-34　改性垫层的厚度及单位面积质量　　JC/T 1067—2008

公称厚度（mm）	1.2				2.0			
上表面材料	PE	S	AL	其他	PE	S	AL	其他
单位面积质量（kg/m²）≥	1.2	1.3	1.2	1.2	2.0	2.1	2.0	2.0
最小厚度（mm） ≥	1.2	1.3	1.2	1.2	2.0	2.1	2.0	2.0

（3）外观

① 垫层应边缘整齐，表面应平整，无裂纹、缺口、机械损伤、疙瘩、气泡、孔洞、黏着等可见缺陷。

② 成卷垫层在 5～45℃的任一产品温度下，应易于展开，无裂纹或粘结。

③ 每卷接头处不应超过 1 个，接头应剪切整齐，并加长 150mm 作为搭接。

（4）改性垫层的单位面积质量

改性垫层的厚度及单位面积质量应符合表 3-34 的规定。

(5) 改性垫层的物理力学性能

改性垫层的物理力学性能应符合表3-35的规定。

表3-35 改性垫层的物理力学性能 JC/T 1067—2008

<table>
<tr><th rowspan="2">序号</th><th rowspan="2" colspan="3">项目</th><th colspan="2">指标</th></tr>
<tr><th>PY</th><th>G</th></tr>
<tr><td rowspan="2">1</td><td rowspan="2" colspan="2">可溶物含量(g/m²) ≥</td><td>1.2mm</td><td colspan="2">700</td></tr>
<tr><td>2.0mm</td><td colspan="2">1200</td></tr>
<tr><td>2</td><td colspan="3">拉力(N/50mm) ≥</td><td>300</td><td>200</td></tr>
<tr><td>3</td><td colspan="3">延伸率(%) ≥</td><td>20</td><td>—</td></tr>
<tr><td>4</td><td colspan="3">耐热度(℃)</td><td colspan="2">90</td></tr>
<tr><td>5</td><td colspan="3">低温柔度(℃)</td><td colspan="2">−15</td></tr>
<tr><td>6</td><td colspan="3">不透水性</td><td colspan="2">0.1MPa,30min不透水</td></tr>
<tr><td>7</td><td colspan="3">钉杆撕裂强度(N) ≥</td><td colspan="2">50</td></tr>
<tr><td rowspan="3">8</td><td rowspan="3">热老化</td><td colspan="2">外观</td><td colspan="2">无裂纹</td></tr>
<tr><td colspan="2">延伸率保持率(%) ≥</td><td colspan="2">85</td></tr>
<tr><td colspan="2">低温柔度(℃)</td><td colspan="2">−10</td></tr>
</table>

3.3.11 自粘聚合物沥青防水垫层

本产品是指适用于坡屋面建筑工程中,各种瓦材及其他屋面材料下面使用的自粘聚合物沥青防水垫层(简称自粘垫层)。该产品已发布建材行业标准《坡屋面用防水材料 自粘聚合物沥青防水垫层》(JC/T 1068—2008)。

1. 产品的分类和标记

产品所用沥青完全为自粘聚合物沥青。自粘垫层的上表面材料一般为聚乙烯膜(PE)、聚酯膜(PET)、铝箔(AL)等,无内部增强胎基,自粘垫层也可以按生产商的要求采用其他类型的上表面材料。

产品宽度规格为1m,其他宽度规格由供需双方商定;厚度规格不小于0.8mm。

产品按主体材料名称、胎基、上表面材料、厚度、宽度、长度和标准号顺序进行标记。例如,自粘聚合物沥青PE膜面、1.2mm厚、1m宽、20m长的防水垫层标记为:自粘聚合物沥青防水垫层PE-1.2mm×1m×20m-JC/T 1068—2008。

2. 技术要求

(1) 一般要求

自粘垫层产品表面应有防滑功能,有利于人员安全施工。

(2) 尺寸偏差

宽度允许偏差:生产商规定值±3%。

面积允许偏差:不小于生产商规定值的99%。

厚度应不小于0.8mm,厚度平均值不小于生产商规定值。

(3) 外观

① 垫层应边缘整齐,表面应平整,无裂纹、缺口、机械损伤、疙瘩、气泡、孔洞、黏

着等可见缺陷。

② 成卷垫层在5～45℃的任一产品温度下，应易于展开，无裂纹或粘结。

③ 每卷接头处不应超过1个，接头应剪切整齐，并加长150mm作为搭接。

（4）自粘垫层的物理力学性能

自粘垫层的物理力学性能应符合表3-36的规定。

表3-36 自粘垫层的物理力学性能 JC/T 1068—2008

序号	项目			指标
1	拉力（N/25mm） ≥			70
2	断裂延伸率（%） ≥			200
3	低温柔度[a]（℃）			−20
4	耐热度，70℃		滑动（mm） ≤	2
5	剥离强度	垫层与铝板（N/mm） ≥	23℃	1.5
			5℃[b]	1.0
		垫层与垫层（N/mm） ≥		1.2
6	钉杆撕裂强度（N） ≥			40
7	紫外线处理	外观		无起皱和裂纹
		剥离强度（垫层与铝板）（N/mm） ≥		1.0
8	钉杆水密性			无渗水
9	热老化	拉力保持率（%） ≥		70
		断裂延伸率保持率（%） ≥		70
		低温柔度[a]（℃）		−15
10	持黏力，min ≥			15

a 根据需要，供需双方可以商定更低的温度。

b 仅适用于低温季节施工供需双方要求时。

3.3.12 自粘聚合物沥青泛水带

自粘聚合物沥青泛水带是指适合于建筑工程节点部位使用的自粘聚合物沥青泛水材料。该产品已发布建材行业标准《自粘聚合物沥青泛水带》（JC/T 1070—2008）。

1. 产品的分类和标记

产品所用沥青完全为自粘聚合物沥青。产品按上表面材料分为聚乙烯膜（PE）、聚酯膜（PET）、铝箔（AL）、无纺布（NW）等。也可按生产商的要求采用其他类型的上表面材料。

产品按产品名称、上表面材料、厚度、宽度和标准号顺序进行标记。例如，自粘聚合物沥青泛水带、聚酯膜面、0.7mm厚、30mm宽、20m长，标记为：泛水带PET-0.7mm×30mm×20m-JC/T 1070—2008。

2. 技术要求

（1）厚度、宽度及长度

厚度平均值不小于生产商规定值，生产商规定值厚度应不小于0.6mm。

宽度允许偏差：生产商规定值±5%。

长度允许偏差：大于生产商规定值的99%。

（2）外观

① 泛水带应边缘整齐，表面应平整，无裂纹、缺口、机械损伤、疙瘩、气泡、孔洞、黏着等可见缺陷。

② 成卷泛水带在5～45℃的任一产品温度下，应易于展开，无粘结。

③ 每卷接头处不应超过1个，接头应剪切整齐，并加长150mm作为搭接。

（3）物理力学性能

泛水带的物理力学性能应符合表3-37的规定。

表3-37 泛水带的物理力学性能 JC/T 1070—2008

<table>
<tr><th>序号</th><th colspan="3">项目</th><th>指标</th></tr>
<tr><td>1</td><td colspan="3">拉力（N/25mm） ≥</td><td>60</td></tr>
<tr><td>2</td><td colspan="3">断裂延伸率（%） ≥</td><td>200</td></tr>
<tr><td>3</td><td colspan="3">低温柔度[a]（℃）</td><td>−20</td></tr>
<tr><td>4</td><td colspan="2">耐热度，75℃</td><td>滑动（mm） ≤</td><td>2</td></tr>
<tr><td rowspan="3">5</td><td rowspan="3">剥离强度</td><td rowspan="2">泛水带与铝板（N/mm） ≥</td><td>23℃</td><td>1.5</td></tr>
<tr><td>5℃[b]</td><td>1.0</td></tr>
<tr><td colspan="2">泛水带与泛水带（N/mm） ≥</td><td>1.0</td></tr>
<tr><td rowspan="2">6</td><td rowspan="2">紫外线处理</td><td colspan="2">外观</td><td>无起皱和裂纹</td></tr>
<tr><td colspan="2">剥离强度（泛水带与铝板）（N/mm） ≥</td><td>1.0</td></tr>
<tr><td>7</td><td colspan="3">抗渗性</td><td>1500mm水柱无渗水</td></tr>
<tr><td rowspan="3">8</td><td rowspan="3">热老化</td><td colspan="2">拉力保持率（%） ≥</td><td>70</td></tr>
<tr><td colspan="2">断裂延伸率保持率（%） ≥</td><td>70</td></tr>
<tr><td colspan="2">低温柔度[a]（℃）</td><td>−15</td></tr>
<tr><td>9</td><td colspan="3">持黏力（min） ≥</td><td>15</td></tr>
</table>

a 根据需要，供需双方可以商定更低的温度。

b 仅适用于低温季节施工供需双方要求时。

3.3.13 胶粉改性沥青玻纤毡与玻纤网格布增强防水卷材

胶粉改性沥青玻纤毡与玻纤网格布增强防水卷材是指以玻纤毡-玻纤网格布复合毡为胎基材料，浸涂胶粉等聚合物改性沥青，以细砂、聚乙烯膜、矿物粒（片）料等为覆盖材料制成的一类防水卷材。产品已发布行业标准《胶粉改性沥青玻纤毡与玻纤网格布增强防水卷材》（JC/T 1076—2008）。

1. 产品的分类和标记

产品按物理力学性能分为Ⅰ型和Ⅱ型，幅宽为1000mm，厚度为3mm、4mm。

胎基为玻纤毡-玻纤网格布复合毡（GK），按上表面材料分为聚乙烯膜（PE）、细砂（S）、矿物粒（片）料（M）。注意，细砂为粒径不超过0.6mm的矿物颗粒。

按产品胎基、型号、上表面材料、厚度、面积和标准号顺序标记。例如，面积10m²、厚度 3mm、细砂面玻纤毡-玻纤网格复合毡Ⅰ型胶粉改性沥青防水卷材标记为：GK Ⅰ S3 10 JC/T 1076—2008。

2. 原材料要求

卷材使用的胎基应符合现行国家标准《沥青防水卷材用胎基》的相关规定，拉力应满足 JC/T 1076—2008 标准的要求，不得使用高碱玻纤网格布。卷材上表面材料不宜使用聚酯膜、聚酯镀铝膜；下表面材料采用聚乙烯膜或细砂，不应使用聚酯膜。

3. 产品要求

（1）单位面积质量、面积及厚度

单位面积质量、面积及厚度应符合表 3-38 的规定。

表 3-38 单位面积质量、面积及厚度 JC/T 1076—2008

规格（公称厚度）(mm)		3			4		
上表面材料		PE	S	M	PE	S	M
面积（m^2/卷）	公称面积	10			10、7.5		
	偏差	±0.10			±0.10		
单位面积质量（kg/m^2）≥		3.3	3.5	4.0	4.3	4.5	5.0
厚度（mm）	平均值 ≥	3.0	3.0	3.0	4.0	4.0	4.0
	最小单值≥	2.7	2.7	2.7	3.7	3.7	3.7

（2）外观

① 成卷卷材应卷紧、卷齐，端面里进外出不得超过 10mm。

② 成卷卷材在 4～45℃任一产品温度下展开，在距卷芯 1000mm 长度外不应有 10mm 以上的裂纹或粘结。

③ 胎基应浸透，不应有未被浸渍的条纹。

④ 卷材表面应平整，不允许有孔洞、缺边和裂口、疙瘩，上表面材料应均匀一致并紧密地黏附于卷材表面。

⑤ 每卷卷材接头处不应超过 1 个，较短的一段长度不应少于 1000mm，接头应剪切整齐，并加长 150mm。

（3）物理力学性能

物理力学性能应符合表 3-39 的要求。

表 3-39 物理力学性能 JC/T 1076—2008

序号	项目		指标	
			Ⅰ型	Ⅱ型
1	可溶物含量（g/m^2）≥	3mm	1700	
		4mm	2300	
2	耐热性（℃）		90	
			无滑动、流淌、滴落	
3	低温柔性（℃）		−10	−15
			无裂纹	

续表

序号	项目		指标	
			Ⅰ型	Ⅱ型
4	不透水性		0.3MPa、30min不透水	
5	最大拉力（N/50mm）≥	纵向	400	600
		横向	300	500
6	粘结剥离强度（N/mm）	≥	0.5	
7	热老化	拉力保持率（%）≥	90	
		低温柔性（℃）	−5	−10
			无裂纹	
		质量损失（%）≤	2.0	
8	渗油性（张）	≤	2	
9	人工气候加速老化	外观	无滑动、流淌、滴落	
		拉力保持率（%）≥	80	
		低温柔性（℃）	−5	−10

3.3.14 胶粉改性沥青玻纤毡与聚乙烯膜增强防水卷材

胶粉改性沥青玻纤毡与聚乙烯膜增强防水卷材是指以玻纤毡与聚乙烯膜为胎基，涂渍胶粉等聚合物改性沥青，以聚乙烯膜为覆面材料制成的一类防水卷材。产品已发布建材行业标准《胶粉改性沥青玻纤毡与聚乙烯膜增强防水卷材》（JC/T 1077—2008）。

1. 产品的分类和标记

按物理力学性能分为Ⅰ型、Ⅱ型，幅宽为1000mm，厚度为4mm。

胎基为聚乙烯膜与玻纤毡复合毡（GPE）。上表面覆面材料为聚乙烯膜（PE）。

按产品胎基、型号、上表面材料、厚度、面积和标准号顺序标记。例如，面积10m^2、厚度4mm、聚乙烯膜（PE）面玻纤毡与聚乙烯膜增强（GPE）Ⅰ型胶粉改性沥青防水卷材标记为：GPE Ⅰ PE4 10 JC/T 1077—2008。

2. 原材料要求

卷材使用的胎基应符合现行国家标准《沥青防水卷材用胎基》的相关规定，拉力符合JC/T 1077—2008标准的要求，不得使用高碱玻璃纤维毡和玻纤网格布。卷材上、下表面材料不宜使用聚酯膜、聚酯镀铝膜。

3. 产品要求

（1）单位面积质量、面积及厚度

单位面积质量、面积及厚度应符合表3-40的规定。

表3-40 单位面积质量、面积及厚度 JC/T 1077—2008

项目		指标
规格（公称厚度）（mm）		4
上表面材料		PE
面积（m^2/卷）	公称面积	10
	偏差	±0.10

续表

项目			指标
单位面积质量（kg/m²）		≥	4.0
厚度（mm）	平均值	≥	4.0
	最小单值	≥	3.7

（2）外观

① 成卷卷材应卷紧卷齐，端面里进外出不得超过 10mm。

② 成卷卷材在 4～45℃任一产品温度下展开，在距卷芯 1000mm 长度外不应有 10mm 以上的裂纹或粘结。

③ 胎体、沥青、覆面材料之间应紧密粘结，不应有分层现象。胎基应浸透，不应有未被浸渍的条纹。

④ 卷材表面应平整，不允许有孔洞、缺边和裂口、疙瘩，上表面材料应均匀一致并紧密地黏附于卷材表面。

⑤ 每卷卷材接头处不应超过 1 个，较短的一段长度不应少于 1000mm，接头应剪切整齐，并加长 150mm。

（3）物理力学性能

物理力学性能应符合表 3-41 的规定。

表 3-41 物理力学性能 JC/T 1077—2008

序号	项目			指标	
				Ⅰ型	Ⅱ型
1	可溶物含量（g/m²）		≥	2300	
2	耐热性（℃）			90	
				无滑动、流淌、滴落	
3	低温柔性（℃）			−10	−15
				无裂纹	
4	不透水性			0.3MPa、30min 不透水	
5	拉力（N/50mm）≥	纵向		400	500
		横向		300	400
6	断裂延伸率（%）		≥	4	4
7	粘结剥离强度（N/mm）		≥	0.5	
8	热老化	拉力保持率（%）	≥	90	
		低温柔性（℃）		−5	−10
				无裂纹	
		质量损失（%）	≤	2.0	
9	渗油性（张）		≤	2	

3.3.15 胶粉改性沥青聚酯毡与玻纤网格布增强防水卷材

胶粉改性沥青聚酯毡与玻纤网格布增强防水卷材是指以聚酯毡-玻纤网格布复合毡为胎

基，浸涂胶粉等聚合物改性沥青，以细砂、聚乙烯膜、矿物粒（片）料等为覆面材料制成的一类防水卷材。产品已发布建材行业标准《胶粉改性沥青聚酯毡与玻纤网格布增强防水卷材》(JC/T 1078—2008)。

1. 产品的分类和标记

按物理力学性能分为Ⅰ型、Ⅱ型，幅宽为1000mm，厚度为3mm、4mm。

胎基为聚酯毡-玻纤网格布复合毡（PYK)。按上表面材料分为聚乙烯膜（PE)、细砂(S)、矿物粒（片）料（M)。注意，细砂为粒径不超过0.6mm的矿物颗粒。

按产品胎基、型号、上表面材料、厚度、面积和标准号顺序标记。例如，面积$10m^2$、厚度3mm、细砂面聚酯毡与玻纤网格布复合毡Ⅰ型胶粉改性沥青防水卷材标记为：PYK Ⅰ S3 10 JC/T 1078—2008。

2. 原材料要求

卷材使用的胎基应符合现行国家标准《沥青防水卷材用胎基》的相关规定，不得使用高碱玻纤网格布。卷材上表面材料不宜使用聚酯膜、聚酯镀铝膜；下表面材料采用聚乙烯膜或细砂，不应使用聚酯膜。

3. 产品要求

（1）单位面积质量、面积及厚度、外观

单位面积质量、面积及厚度、外观要求均同3.3.13节胶粉改性沥青玻纤毡与玻纤网格布增强防水卷材。

（2）物理力学性能。

物理力学性能应符合表3-42的要求。

表3-42 物理力学性能 JC/T 1078—2008

序号	项目		指标	
			Ⅰ型	Ⅱ型
1	可溶物含量（g/m^2）≥	3mm	1700	
		4mm	2300	
2	耐热性（℃）		90	
			无滑动、流淌、滴落	
3	低温柔性（℃）		−10	−15
			无裂纹	
4	不透水性		0.3MPa、30min不透水	
5	最大拉力（N/50mm）≥	纵向	500	600
		横向	400	500
6	延伸率（%） ≥		25	30
7	粘结剥离强度（N/mm） ≥		0.5	
8	热老化	拉力保持率（%）≥	90	
		低温柔性（℃）	−5	−10
			无裂纹	
		质量损失（%）≤	2.0	

续表

序号	项目		指标	
			Ⅰ	Ⅱ
9	渗油性（张） ≤		2	
10	人工气候加速老化	外观	无滑动、流淌、滴落	
		拉力保持率（%） ≥	80	
		低温柔性（℃）	−5	−10

3.3.16 路桥用塑性体改性沥青防水卷材

塑性体改性沥青防水卷材是指以聚酯毡为胎基，以无规聚丙烯（APP）或其他非晶态聚烯烃类聚合物（APAO、APO）为沥青改性剂，在两面覆以隔离材料所制成的一类防水卷材的统称。简称为APP防水卷材。适用于路桥防水工程用的塑性体改性沥青防水卷材已发布交通运输行业标准《路桥用塑性体改性沥青防水卷材》（JT/T 536—2018）。

1. 产品的分类、规格及标记

产品按其上表面隔离材料的不同分为细砂面（代号S）和矿物粒面（代号M）。细砂应为粒径不超过0.6mm的级配砂；矿物粒料应为粒径不超过2.36mm的级配砂。

产品按其性能（表3-44）分为Ⅰ型和Ⅱ型。

产品的公称宽度规格为：1000mm。

产品的公称厚度，规格分为：3.5mm、4.5mm。

产品按标准号、产品代号（APP）、聚酯毡胎基（PY）、Ⅰ型或Ⅱ型、上表面隔离材料、厚度的顺序进行标记。

示例1：3.5mm厚细砂面聚酯毡Ⅰ型塑性体改性沥青防水卷材的标记为：JT/T 536-APP-PY-Ⅰ-S-3.5。

示例2：4.5mm厚矿物粒面聚酯毡Ⅱ型塑性体改性沥青防水卷材的标记为：JT/T 536-APP-PY-Ⅱ-M-4.5。

2. 产品的技术要求

（1）外观

卷材表面应平整，不应有孔洞、缺边和裂口，上表面隔离材料粒度应均匀一致，并紧密地黏附于卷材表面；每卷卷材的接头处不应超过1个，较短的一段长度不应少于1000mm，接头应剪切整齐，并加长150mm，成卷卷材应卷紧、卷齐，端面里进外出不应超过10mm；胎基应浸透，不应有未被浸渍处。

（2）公称厚度和公称宽度

产品的公称厚度和公称宽度应符合表3-43的规定。

（3）产品的性能要求

产品的性能要求应符合表3-44的规定。

表 3-43 路桥用塑性体改性沥青防水卷材的公称厚度与公称宽度（mm） JT/T 536—2018

序号	规格		技术要求	
			平均值	最小单值
1	公称厚度	3.5	≥3.5	3.3
		4.5	≥4.5	4.3
2	公称宽度		≥1000	995

表 3-44 路桥用塑性体改性沥青防水卷材的性能要求 JT/T 536—2018

序号	项目		技术要求	
			Ⅰ型	Ⅱ型
1	可溶物含量（g/m²）	公称厚度 3.5mm	≥2400	
		公称厚度 4.5mm	≥3100	
2	卷材下表面沥青涂盖层厚度（mm）	公称厚度 3.5mm	≥1.2	
		公称厚度 4.5mm	≥1.6	
3	矿物粒料黏附性（g）		≤2.0	
4	不透水性（压力不小于 0.4MPa，7 孔圆盘保持 30min）		不透水	
5	热碾压后不透水性（0.1MPa，30min）		不透水	
6	抗硌破性		冲击后不透水	
7	拉力（N/50mm）	纵向	≥600	≥800
		横向	≥550	≥750
8	最大拉力时延伸率（%）	纵向	≥25	≥35
		横向	≥30	≥40
9	耐热性	试验温度（℃）	130±2	150±2
		滑动值（mm）	≤2	
10	高温抗剪性（60℃）（N/mm）		2	2.5
11	低温抗裂性（−20℃）（MPa）		≥6	≥8
12	低温柔性（3s 弯曲 180°）（℃）		−7	−15
			无裂缝	
13	耐腐蚀性	耐碱腐蚀（23℃，饱和氢氧化钙溶液，15d）	外观无变化或轻微变化	
		耐盐腐蚀（23℃，浓度为 3%的氯化钠溶液，15d）	外观无变化或轻微变化	
14	热老化（80℃条件下处理 10d）	拉力保持率（%）	≥90	
		延伸率保持率（%）	≥80	
		低温柔性（3s 弯曲 180°）（℃）	−5	−13
			无裂缝	
		尺寸变化率（%）	≤0.7	
		质量损失（%）	≤1.0	
15	接缝剥离强度（N/mm）		≥1.0	

3.3.17 公路工程用防水卷材

公路工程用防水卷材是指采用高分子聚合物、改性材料、合成高分子复合材料，加入一定的功能性助剂等为辅料，以优质毡或复合毡为胎基，辅以功能性防水材料为覆面制成的一类平面防水片状卷材制品。已发布适用于公路工程用防水材料的相关标准，水运、铁路、水利、建筑、机场、海洋、环保和农业等领域工程用防水材料也可参照执行的交通行业标准《公路工程土工合成材料　防水材料》(JT/T 664—2006)。

1. 产品的分类、规格和标记

公路工程用防水材料可分为防水卷材（代号RJ)、防水涂料（代号RT)、防水板（代号RB）三类。

公路工程用防水材料其高分子聚合物原材料的名称及代号参见表3-45。

表3-45　高分子聚合物原材料名称与代号　　JT/T 664—2006

名称	标识符	名称	标识符
聚乙烯	PE	聚酰胺	PA
聚丙烯	PP	乙烯共聚物沥青	ECB
聚酯	PET	SBS改性沥青	SBS

注：未列塑料及树脂基础聚合物的名称按GB/T 1844.1等规定表示。

产品的型号标记由产品类型（防水材料，代号为R)、产品种类名称代号（卷材为J、涂料为T、板为B)、产品规格（标称不透水压力：MPa)、原材料代号组成。公路工程用防水卷材的型号标记示例如下：

采用SBS改性沥青为主要原料制成的防水层体、不透水的水压力为0.3MPa的防水卷材可表示为：RJ0.3/SBS。

防水卷材产品规格系列为：RJ0.1、RJ0.2、RJ0.3、RJ0.4、RJ0.5、RJ0.6。

防水卷材尺寸的允许偏差应符合如下要求：

① 单位面积质量（%)：±5。

② 厚度（%)：+10。

③ 宽度（%)：+3。

2. 产品的技术要求

(1) 外观

防水卷材无断裂、皱褶、折痕、杂质、胶块、凹痕、孔洞、剥离、边缘不整齐、胎体露白、未浸透、散布材料颗粒，卷端面错位不大于50mm，切口平直、无明显锯齿现象。

(2) 理化性能

防水卷材的物理力学性能应满足表3-46规定的指标要求；抗光老化要求应符合表3-47的规定。

表3-46　防水卷材的技术性能指标　　JT/T 664—2006

项目	规格					
	RJ0.1	RJ0.2	RJ0.3	RJ0.4	RJ0.5	RJ0.6
耐静水电压（MPa)	≥0.1	≥0.2	≥0.3	≥0.4	≥0.5	≥0.6
纵、横向拉伸强度（kN/m)	≥7					
纵、横向拉伸强度时的伸长率（%)	≥30					
纵、横向撕裂力（N)	≥30					
−15℃环境180°角弯折两次的柔度	无裂纹					

续表

项目	规格					
	RJ0.1	RJ0.2	RJ0.3	RJ0.4	RJ0.5	RJ0.6
90℃环境保护2h的耐热度	无滑动、流淌与滴落					
粘结剥离强度（kN/m）	≥0.8					
胎体增强材料的质量	增强胎体基布的技术性能按JT/T 514或JT/T 664选用					

表3-47 防水材料抗光老化 JT/T 664—2006

项目	要求			
光老化等级	Ⅰ	Ⅱ	Ⅲ	Ⅳ
辐射强度为550W/m² 照射150h时拉伸强度保持率（%）	<50	50～80	80～95	>95
炭黑含量（%）	—	2.0～2.5		

注：对采用非炭黑作抗光老化助剂的防水材料，光老化等级参照执行。

3.3.18 沥青基防水卷材用基层处理剂

沥青基防水卷材施工配套使用的基层处理剂俗称底涂料或冷底子油。此类材料已发布建材行业标准《沥青基防水卷材用基层处理剂》（JC/T 1069—2008）。沥青基防水卷材用基层处理剂按其性质可分为水性（W）和溶剂型（S）两类。产品按名称、类型、有害物质含量等级和标准号顺序标记。例如，有害物质含量为B级的水性SBS改性沥青基层处理剂的标记为：SBS改性沥青基层处理剂 WB JC/T 1069—2008。

产品的技术性能要求如下：

（1）产品的有害物质含量不应高于JC 1066标准中B级要求。

（2）外观为均匀、无结块、无凝胶的液体。

（3）物理性能应符合表3-48的规定。

表3-48 基层处理剂的物理性能 JC/T 1069—2008

项目		技术指标	
		W	S
黏度（MPa·s）		规定值±30%	
表干时间（h）	≤	4	2
固体含量（%）	≥	40	30
剥离强度[a]（N/mm）	≥	0.8	
浸水后剥离强度[a]（N/mm）	≥	0.8	
耐热性		80℃无流淌	
低温柔性		0℃无裂纹	
灰分（%）	≤	5	

a 剥离强度应注明采用的防水卷材类型。

3.4 合成高分子防水卷材

合成高分子防水卷材也称为高分子防水片材，是以合成橡胶、合成树脂或二者的共混体为基料，加入适量的化学助剂、填充剂等，采用混炼、塑炼、压延或挤出成型、硫化、定型等橡胶或塑料的加工工艺所制成的无胎加筋或不加筋的弹性或塑性的片状可卷曲的一类建筑防水材料。

合成高分子防水卷材在我国整个防水材料工业中处于发展、上升阶段，仅次于聚合物改性沥青防水卷材，其生产工艺、产品品种、生产技术装备、应用技术和应用领域正在不断提高和完善发展。

许多橡胶和塑料都可以用来制造高分子卷材，还可以采用两种以上材料来制造防水卷材，因而合成高分子防水卷材的品种也是多种多样的。

高分子防水卷材按其是否具有特种性能可分为普通高分子防水卷材和特种高分子防水卷材；按其是否具有自粘功能可分为常规型和自粘型；按其基料的不同可分为橡胶类、树脂类、橡胶（橡塑）共混类，然后可再进一步细分；按其加工工艺的不同可分为橡胶类、塑料类，橡胶类还可进一步分为硫化型和非硫化型；按其是否增强和复合可分为均质片、复合片和点粘片。合成高分子防水卷材的分类如图 3-8 所示。

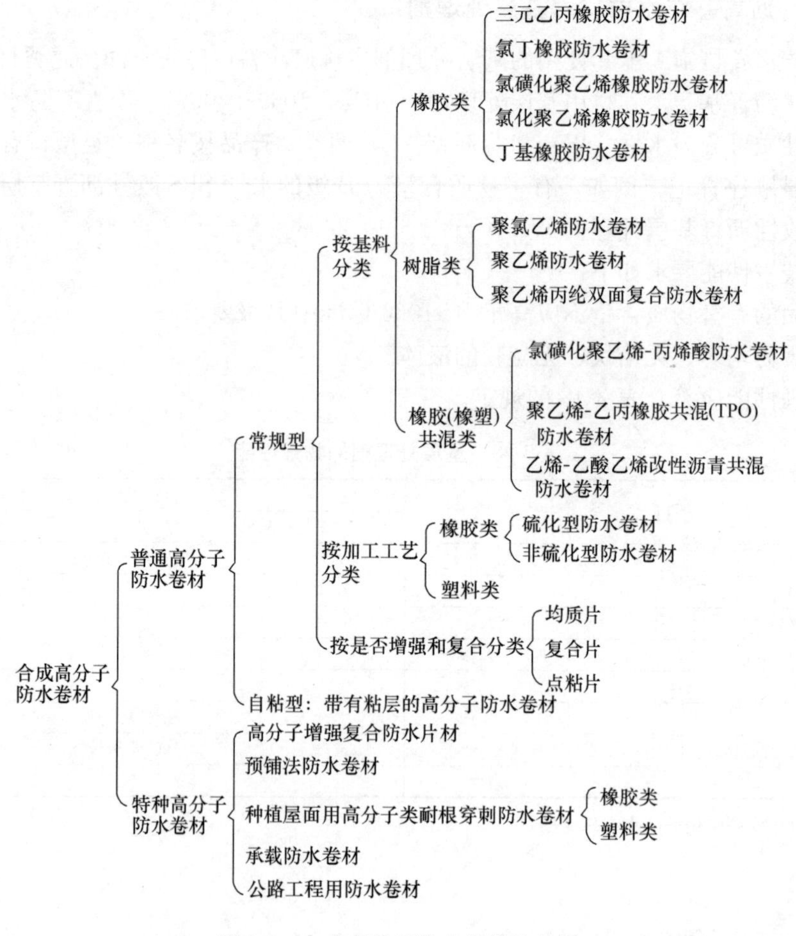

图 3-8　合成高分子防水卷材的分类

3.4.1 聚氯乙烯（PVC）防水卷材

聚氯乙烯（PVC）防水卷材是指适用于建筑防水工程所用的，以聚氯乙烯（PVC）树脂为主要原料，经捏合、塑化、挤出压延、整形、冷却、检验、分类、包装等工序加工而制成的，可卷曲的一类片状防水材料。适用于建筑防水工程用的以聚氯乙烯为主要原料制成的防水卷材已发布国家标准《聚氯乙烯（PVC）防水卷材》（GB 12952—2011）。

1. 产品的分类和标记

（1）产品的分类

产品按其组成分为均质卷材（代号 H）、带纤维背衬卷材（代号 L）、织物内增强卷材（代号 P）、玻璃纤维内增强卷材（代号 G）、玻璃纤维内增强带纤维背衬卷材（代号 GL）。

均质的聚氯乙烯防水卷材是指不采用内增强材料或背衬材料的一类聚氯乙烯防水卷材。带纤维背衬的聚氯乙烯防水卷材是指采用织物如聚酯无纺布等复合在卷材下表面中的一类聚氯乙烯防水卷材。织物内增强的聚氯乙烯防水卷材是指采用聚酯或玻纤网格布在卷材中间增强的一类聚氯乙烯防水卷材。玻璃纤维内增强的聚氯乙烯防水卷材是指在卷材中加入短切玻璃纤维或玻璃纤维无纺布，对拉伸性能等力学性能无明显影响，仅能提高产品尺寸稳定性的一类聚氯乙烯防水卷材。玻璃纤维内增强带纤维背衬的聚氯乙烯防水卷材是指在卷材中加入短切玻璃纤维或玻璃纤维无纺布，并用织物如聚酯无纺布等复合在卷材下表面的一类聚氯乙烯防水卷材。

（2）规格

① 公称长度规格为 15m、20m、25m。

② 公称宽度规格为 1.00m、2.00m。

③ 厚度规格为 1.20mm、1.50mm、1.80mm、2.00mm。

④ 其他规格可由供需双方商定。

（3）标记

聚氯乙烯（PVC）防水卷材按产品名称（代号 PVC 卷材）、是否外露使用、类型、厚度、长度、宽度和标准号的顺序进行标记。

示例：

长度 20m、宽度 2.00m、厚度 1.50mm、L 类外露使用聚氯乙烯防水卷材标记为：PVC 卷材外露 L1.50mm/20m×2.00m GB 12952—2011。

2. 产品的技术性能要求

（1）尺寸偏差

① 长度、宽度应不小于规格值的 99.5%。

② 厚度不应小于 1.20mm，厚度允许偏差和最小单值见表 3-49。

表 3-49 厚度允许偏差和最小单值 GB 12952—2011

厚度（mm）	允许偏差（%）	最小单值（mm）
1.20	−5，+10	1.05
1.50		1.35
1.80		1.65
2.00		1.85

（2）外观

① 卷材的接头不应多于1处，其中较短的一段长度不应小于1.5m，接头应剪切整齐，并应加长150mm。

② 卷材表面应平整、边缘整齐，无裂纹、孔洞、粘结、气泡和疤痕。

（3）材料性能指标

材料性能指标应符合表3-50的规定。

表3-50　材料性能指标　　GB 12952—2011

序号	项目			指标				
				H	L	P	G	GL
1	中间胎基上面树脂层厚度(mm)		≥	—		0.40		
2	拉伸性能	最大拉力(N/cm)	≥	—	120	250	—	120
		拉伸强度(MPa)	≥	10.0	—	—	10.0	—
		最大拉力时伸长率(%)	≥	—	—	15	—	—
		断裂伸长率(%)	≥	200	150	—	200	100
3	热处理尺寸变化率(%)		≤	2.0	1.0	0.5	0.1	0.1
4	低温弯折性			−25℃无裂纹				
5	不透水性			0.3MPa，2h不透水				
6	抗冲击性能			0.5kg·m，不渗水				
7	抗静态荷载[a]			—	—	20kg不渗水		
8	接缝剥离强度(N/mm)		≥	4.0或卷材破坏		3.0		
9	直角撕裂强度(N/mm)		≥	50	—	—	50	—
10	梯形撕裂强度(N)		≥	—	150	250	—	220
11	吸水率(70℃，168h)(%)	浸水后	≤	4.0				
		晾置后	≥	−0.40				
12	热老化(80℃)	时间(h)		672				
		外观		无起泡、裂纹、分层、粘结和孔洞				
		最大拉力保持率(%)	≥	—	85	85	—	85
		拉伸强度保持率(%)	≥	85	—	—	85	—
		最大拉力时伸长率保持率(%)	≥	—	—	80	—	—
		断裂伸长率保持率(%)	≥	80	80	—	80	80
		低温弯折性		−20℃无裂纹				
13	耐化学性	外观		无起泡、裂纹、分层、粘结和孔洞				
		最大拉力保持率(%)	≥	—	85	85	—	85
		拉伸强度保持率(%)	≥	85	—	—	85	—
		最大拉力时伸长率保持率(%)	≥	—	—	80	—	—
		断裂伸长率保持率(%)	≥	80	80	—	80	80
		低温弯折性		−20℃无裂纹				

续表

序号	项目			指标				
				H	L	P	G	GL
14	人工气候加速老化[c]	时间(h)		1500[b]				
		外观		无起泡、裂纹、分层、粘结和孔洞				
		最大拉力保持率(%)	≥	—	85	85	—	85
		拉伸强度保持率(%)	≥	85	—	—	85	—
		最大拉力时伸长率保持率(%)	≥	—	—	80	—	—
		断裂伸长率保持率(%)	≥	80	80	—	80	80
		低温弯折性		−20℃无裂纹				

a 抗静态荷载仅对用于压铺屋面的卷材要求。

b 单层卷材屋面使用产品的人工气候加速老化时间为2500h。

c 非外露使用的卷材不要求测定人工气候加速老化。

(4) 抗风揭能力

采用机械固定方法施工的单层屋面卷材，其抗风揭能力的模拟风压等级应不低于4.3kPa (90psf)。（注：psf为英制单位——磅每平方英尺，其与SI制的换算为1psf＝0.0479kPa。）

3.4.2 氯化聚乙烯防水卷材

氯化聚乙烯防水卷材是指适用于建筑防水工程用的，以含氯量为30%～40%的氯化聚乙烯树脂为主要原料，掺入适量的化学助剂和大量的填充材料，采用塑料或橡胶的加工工艺，经过捏合、塑炼、压延、卷曲、检验、分卷、包装等工序，加工制成的弹塑性防水卷材。其产品包括无复合层、用纤维单面复合及织物内增强的氯化聚乙烯防水卷材。这类卷材由于具有热塑性弹性体的优良性能，加之原材料来源丰富、价格较低、生产工艺较简单、施工方便，故发展迅速，目前在国内属中高档防水卷材。产品已发布国家标准《氯化聚乙烯防水卷材》(GB 12953—2003)。

1. 产品的分类和标记

产品按照有无复合层进行分类，无复合层的为N类，用纤维单面复合的为L类，织物内增强的为W类。每类产品按理化性能分为Ⅰ型和Ⅱ型。

卷材长度规格为10m、15m、20m；厚度规格为1.2mm、1.5mm、2.0mm；其他长度、厚度规格可由供需双方商定，但厚度规格不得低于1.2mm。

产品按其产品名称（代号CPE卷材）、外露或非外露使用、类型、厚度、长×宽、标准号的顺序进行标记。例如，长度为20m、宽度为1.2m、厚度为1.5mm的Ⅱ型L类外露使用的氯化聚乙烯防水卷材标记为：CPE卷材外露LⅡ1.5/20×1.2 GB 12953—2003。

2. 产品的技术性能要求

(1) 尺寸偏差

其长度、宽度不小于规定值的99.5%，厚度偏差和最小单值参见表3-51。

表 3-51 厚度偏差和最小单值

厚度（mm）	允许偏差（mm）	最小单值（mm）
1.2	±0.10	1.00
1.5	±0.15	1.30
2.0	±0.20	1.70

（2）外观

卷材的外观要求其接头不多于 1 处，其中较短的一段长度不少于 1.5m，接头应剪切整齐，并加长 150mm。卷材其表面应平整，边缘整齐，无裂纹、孔洞和粘结，不应有明显的气泡、疤痕。

（3）理化性能要求

N 类无复合层卷材的理化性能应符合表 3-52 的规定；L 类纤维单面复合及 W 类织物内增强卷材的理化性能应符合表 3-53 的规定。

表 3-52 氯化聚乙烯 N 类卷材的理化性能 GB 12953—2003

序号	项目			指标	
				Ⅰ型	Ⅱ型
1	抗伸强度(MPa)		≥	5.0	8.0
2	断裂伸长率(%)		≥	200	300
3	热处理尺寸变化率(%)		≤	3.0	纵向 2.5 横向 1.5
4	低温弯折性			−20℃无裂纹	−25℃无裂纹
5	抗穿孔性			不渗水	
6	不透水性			不透水	
7	剪切状态下的黏合性(N/mm)		≥	3.0 或卷材破坏	
8	热老化处理	外观		无起泡、裂纹、粘结与孔洞	
		拉伸强度变化率(%)		+50 −20	±20
		断裂伸长率变化率(%)		+50 −30	±20
		低温弯折性		−15℃无裂纹	−20℃无裂纹
9	耐化学侵蚀	拉伸强度变化率(%)		±30	±20
		断裂伸长率变化率(%)		±30	±20
		低温弯折性		−15℃无裂纹	−20℃无裂纹
10	人工气候加速老化	拉伸强度变化率(%)		+50 −20	±20
		断裂伸长率变化率(%)		+50 −30	±20
		低温弯折性		−15℃无裂纹	−20℃无裂纹

注：非外露使用可以不考核人工气候加速老化性能。

表 3-53　氯化聚乙烯 L 类及 W 类卷材的理化性能　　　GB 12953—2003

序号	项目			Ⅰ型	Ⅱ型
1	拉力(N/cm)		≥	70	120
2	断裂伸长率(%)		≥	125	250
3	热处理尺寸变化率(%)		≤	1.0	
4	低温弯折性			−20℃无裂纹	−25℃无裂纹
5	抗穿孔性			不渗水	
6	不透水性			不透水	
7	剪切状态下的黏合性(N/mm) ≥	L 类		3.0 或卷材破坏	
		W 类		6.0 或卷材破坏	
8	热老化处理	外观		无起泡、裂纹、粘结与孔洞	
		拉力(N/cm)	≥	55	100
		断裂伸长率(%)	≥	100	200
		低温弯折性		−15℃无裂纹	−20℃无裂纹
9	耐化学侵蚀	拉力(N/cm)	≥	55	100
		断裂伸长率(%)	≥	100	200
		低温弯折性		−15℃无裂纹	−20℃无裂纹
10	人工气候加速老化	拉力(N/cm)	≥	55	100
		断裂伸长率(%)	≥	100	200
		低温弯折性		−15℃无裂纹	−20℃无裂纹

注：非外露使用可以不考核人工气候加速老化性能。

3.4.3　高分子防水片材

高分子防水片材是指以高分子材料为主材料，以挤出或压延等方法生产，用于各类工程防水、防渗、防潮、隔气、防污染、排水等的均质片材（均质片）、复合片材（复合片）、异型片材（异型片）、自粘片材（自粘片）、点（条）粘片材[点（条）粘片]等。均质片是指以高分子合成材料为主要材料，各部位截面结构一致的一类防水片材。复合片是指以高分子合成材料为主要材料，复合织物等保护或增强层，以改变其尺寸稳定性和力学特性，各部位截面结构一致的一类防水片材。自粘片是指在高分子片材表面复合一层自粘材料和隔离保护层，以改善或提高其与基层的粘接性能，各部位截面结构一致的一类防水片材。异型片是指以高分子合成材料为主要材料，经特殊工艺加工成表面为连续凸凹壳体或特定几何形状的一类防（排）水片材。点（条）粘片是指均质片材与织物等保护层多点（条）粘接在一起，粘接点（条）在规定的区域内均匀分布，利用粘接点（条）的间距，使其具有切向排水功能的一类防水片材。

高分子防水材料片材产品已发布国家标准《高分子防水材料　第 1 部分：片材》（GB 18173.1—2012）。

1. 产品的分类和标记

(1) 片材的分类

合成高分子防水片材的分类见表 3-54。

表 3-54 片材的分类 GB 18173.1—2012

分类		代号	主要原材料
均质片	硫化橡胶类	JL1	三元乙丙橡胶
		JL2	橡塑共混
		JL3	氯丁橡胶、氯磺化聚乙烯、氯化聚乙烯等
	非硫化橡胶类	JF1	三元乙丙橡胶
		JF2	橡塑共混
		JF3	氯化聚乙烯
	树脂类	JS1	聚氯乙烯等
		JS2	乙烯醋酸乙烯共聚物、聚乙烯等
		JS3	乙烯醋酸乙烯共聚物与改性沥青共混等
复合片	硫化橡胶类	FL	(三元乙丙、丁基、氯丁橡胶、氯磺化聚乙烯等)/织物
	非硫化橡胶类	FF	(氯化聚乙烯、三元乙丙、丁基、氯丁橡胶、氯磺化聚乙烯等)/织物
	树脂类	FS1	聚氯乙烯/织物
		FS2	(聚乙烯、乙烯醋酸乙烯共聚物等)/织物
自粘片	硫化橡胶类	ZJL1	三元乙丙/自粘料
		ZJL2	橡塑共混/自粘料
		ZJL3	(氯丁橡胶、氯磺化聚乙烯、氯化聚乙烯等)/自粘料
	硫化橡胶类	ZFL	(三元乙丙、丁基、氯丁橡胶、氯磺化聚乙烯等)/织物/自粘料
	非硫化橡胶类	ZJF1	三元乙丙/自粘料
		ZJF2	橡塑共混/自粘料
		ZJF3	氯化聚乙烯/自粘料
		ZFF	(氯化聚乙烯、三元乙丙、丁基、氯丁橡胶、氯磺化聚乙烯等)/织物/自粘料
	树脂类	ZJS1	聚氯乙烯/自粘料
		ZJS2	(乙烯醋酸乙烯共聚物、聚乙烯等)/自粘料
		ZJS3	乙烯醋酸乙烯共聚物与改性沥青共混等/自粘料
		ZFS1	聚氯乙烯/织物/自粘料
		ZFS2	(聚乙烯、乙烯醋酸乙烯共聚物等)/织物/自粘料
异型片	树脂类(防排水保护板)	YS	高密度聚乙烯、改性聚丙烯、高抗冲聚苯乙烯等
点(条)粘片	树脂类	DS1/TS1	聚氯乙烯/织物
		DS2/TS2	(乙烯醋酸乙烯共聚物、聚乙烯等)/织物
		DS3/TS3	乙烯醋酸乙烯共聚物与改性沥青共混物等/织物

(2) 产品的标记

合成高分子防水片材产品应按类型代号、材质(简称或代号)、规格(长度×宽度×厚度)，异型片材加入壳体高度的顺序进行标记，并可根据需要增加标记内容。其标记示例如下：

均质片，长度为 20.0m、宽度为 1.0m、厚度为 1.2mm 的硫化型三元乙丙橡胶（EPDM）片材标记为：JL1-EPDM-20.0m×1.0m×1.2mm。

异型片，长度为 20.0m、宽度为 2.0m、厚度为 0.8mm、壳体高度为 8mm 的高密度聚乙烯防排水片材标记为：YS-HDPE-20.0m×2.0m×0.8mm×8mm。

2. 产品的技术性能要求

1）规格尺寸

片材的规格尺寸及允许偏差见表 3-55 及表 3-56，特殊规格由供需双方商定。

表 3-55　片材的规格尺寸　　GB 18173.1—2012

项目	厚度（mm）	宽度（m）	长度（m）
橡胶类	1.0、1.2、1.5、1.8、2.0	1.0、1.1、1.2	≥20[a]
树脂类	>0.5	1.0、1.2、1.5、2.0、2.5、3.0、4.0、6.0	

a　橡胶类片材在每卷 20m 长度中允许有一处接头，且最小块长度应≥3m，并应加长 15cm 备作搭接；树脂类片材在每卷至少 20m 长度内不允许有接头；自粘片材及异型片材每卷 10m 长度内不允许有接头。

表 3-56　允许偏差　　GB 18173.1—2012

项目	厚度		宽度	长度
允许偏差	<1.0mm	≥1.0mm	±1%	不允许出现负值
	±10%	±5%		

2）外观质量

片材的外观质量要求如下：

(1) 片材表面应平整，不能有影响使用性能的杂质、机械损伤、折痕及异常粘结等缺陷。

(2) 在不影响使用的条件下，片材表面的缺陷应符合以下规定：

① 凹痕深度，橡胶类片材不得超过片材厚度的 20%，树脂类片材不得超过 5%。

② 气泡深度，橡胶类片材不得超过片材厚度的 20%，每 $1m^2$ 内气泡面积不得超过 $7mm^2$，树脂类片材不允许有。

(3) 异型片材表面应边缘整齐，无裂纹、孔洞、粘连、气泡、疤痕及其他机械损伤缺陷。

3）物理性能

(1) 均质片的物理性能应符合表 3-57 的规定。

表 3-57　均质片的物理性能　　GB 18173.1—2012

项目		指标								
		硫化橡胶类			非硫化橡胶类			树脂类		
		JL1	JL2	JL3	JF1	JF2	JF3	JS1	JS2	JS3
拉伸强度（MPa）	常温(23℃) ≥	7.5	6.0	6.0	4.0	3.0	5.0	10	16	14
	高温(60℃) ≥	2.3	2.1	1.8	0.8	0.4	1.0	4	6	5

续表

项目		指标								
		硫化橡胶类			非硫化橡胶类			树脂类		
		JL1	JL2	JL3	JF1	JF2	JF3	JS1	JS2	JS3
拉断伸长率（%）	常温（23℃） ≥	450	400	300	400	200	200	200	550	500
	低温（−20℃） ≥	200	200	170	200	100	100	—	350	300
撕裂强度（kN/m） ≥		25	24	23	18	10	10	40	60	60
不透水性（30min）		0.3MPa 无渗漏	0.3MPa 无渗漏	0.2MPa 无渗漏	0.3MPa 无渗漏	0.2MPa 无渗漏	0.2MPa 无渗漏	0.3MPa 无渗漏	0.3MPa 无渗漏	0.3MPa 无渗漏
低温弯折		−40℃ 无裂纹	−30℃ 无裂纹	−30℃ 无裂纹	−30℃ 无裂纹	−20℃ 无裂纹	−20℃ 无裂纹	−20℃ 无裂纹	−35℃ 无裂纹	−35℃ 无裂纹
加热伸缩量（mm）	延伸 ≤	2	2	2	2	4	4	2	2	2
	收缩 ≤	4	4	4	4	6	10	6	6	6
热空气老化（80℃，168h）	拉伸强度保持率（%） ≥	80	80	80	90	60	80	80	80	80
	拉断伸长率保持率（%） ≥	70	70	70	70	70	70	70	70	70
耐碱性［饱和 $Ca(OH)_2$ 溶液，23℃，168h］	拉伸强度保持率（%） ≥	80	80	80	80	70	70	80	80	80
	拉断伸长率保持率（%） ≥	80	80	80	90	80	70	80	90	90
臭氧老化（40℃，168h）	伸长率40%，500×10^{-8}	无裂纹	—	—	无裂纹	—	—	—	—	—
	伸长率20%，200×10^{-8}	—	无裂纹	—	—	—	—	—	—	—
	伸长率20%，100×10^{-8}	—	—	无裂纹	—	无裂纹	无裂纹	—	—	—
人工气候老化	拉伸强度保持率（%） ≥	80	80	80	80	70	80	80	80	80
	拉断伸长率保持率（%） ≥	70	70	70	70	70	70	70	70	70
粘结剥离强度（片材与片材）	标准试验条件（N/mm） ≥	1.5								
	浸水保持率（23℃，168h）（%） ≥	70								

注：1. 人工气候老化和粘结剥离强度为推荐项目。

2. 非外露使用可以不考核臭氧老化、人工气候老化、加热伸缩量、60℃拉伸强度性能。

（2）复合片的物理性能应符合表3-58的规定。对于聚酯胎上涂覆三元乙丙橡胶的FF类片材，拉断伸长率（纵/横）指标不得小于100%，其他性能指标应符合表3-58的规定。对于总厚度小于1.0mm的FS2类复合片材，拉伸强度（纵/横）指标常温（23℃）时不得小于50N/cm，高温（60℃）时不得小于30N/cm；拉断伸长率（纵/横）指标常温（23℃）时不得小于100%，低温（−20℃）时不得小于80%；其他性能应符合表3-58规定值要求。

表3-58　复合片的物理性能　　GB 18173.1—2012

项目			指标			
			硫化橡胶类 FL	非硫化橡胶类 FF	树脂类 FS1	树脂类 FS2
拉伸强度(N/cm)	常温(23℃)	≥	80	60	100	60
	高温(60℃)	≥	30	20	40	30
拉断伸长率(%)	常温(23℃)	≥	300	250	150	400
	低温(−20℃)	≥	150	50	—	300
撕裂强度(N)		≥	40	20	20	50
不透水性(0.3MPa，30min)			无渗漏	无渗漏	无渗漏	无渗漏
低温弯折			−35℃无裂纹	−20℃无裂纹	−30℃无裂纹	−20℃无裂纹
加热伸缩量(mm)	延伸	≤	2	2	2	2
	收缩	≤	4	4	2	4
热空气老化(80℃，168h)	拉伸强度保持率(%)	≥	80	80	80	80
	拉断伸长率保持率(%)	≥	70	70	70	70
耐碱性[饱和 $Ca(OH)_2$ 溶液，23℃，168h]	拉伸强度保持率(%)	≥	80	60	80	80
	拉断伸长率保持率(%)	≥	80	60	80	80
臭氧老化(40℃，168h)，200×10^{-8}，伸长率20%			无裂纹	无裂纹	—	—
人工气候老化	拉伸强度保持率(%)	≥	80	70	80	80
	拉断伸长率保持率(%)	≥	70	70	70	70
粘结剥离强度(片材与片材)	标准试验条件(N/mm)	≥	1.5	1.5	1.5	1.5
	浸水保持率(23℃，168h)(%)	≥	70			70
复合强度(FS2型表层与芯层)(MPa)		≥	—			0.8

注：1. 人工气候老化和黏合性能项目为推荐项目。

2. 非外露使用可以不考核臭氧老化、人工气候老化、加热伸缩量、高温（60℃）拉伸强度性能。

（3）自粘片的主体材料应符合表3-57、表3-58中相关类别的要求，自粘层性能应符合表3-59的规定。

表3-59　自粘层性能　　GB 18173.1—2012

项目				指标
低温弯折				−25℃无裂纹
持黏性（min）			≥	20
剥离强度(N/mm)	标准试验条件	片材与片材	≥	0.8
		片材与铝板	≥	1.0
		片材与水泥砂浆板	≥	1.0
	热空气老化后(80℃×168h)	片材与片材	≥	1.0
		片材与铝板	≥	1.2
		片材与水泥砂浆板	≥	1.2

（4）异型片的物理性能应符合表3-60的规定。

表3-60　异型片的物理性能　　GB 18173.1—2012

项目			指标		
			膜片厚度 <0.8mm	膜片厚度 0.8～1.0mm	膜片厚度 ≥1.0mm
拉伸强度(N/cm)		≥	40	56	72
拉断伸长率(%)		≥	25	35	50
抗压性能	抗压强度(kPa)	≥	100	150	300
	壳体高度压缩50%后外观		无破损		
排水截面积(cm^2)		≥	30		
热空气老化(80℃，168h)	拉伸强度保持率(%)	≥	80		
	拉断伸长率保持率(%)	≥	70		
耐碱性[饱和$Ca(OH)_2$溶液，23℃，168h]	拉伸强度保持率(%)	≥	80		
	拉断伸长率保持率(%)	≥	80		

注：壳体形状和高度无具体要求，但性能指标须满足本表规定。

（5）点（条）粘片主体材料应符合表3-57中相关类别的要求，粘接部位的性能应符合表3-61的规定。

表3-61　点(条)粘片粘接部位的物理性能　　GB 18173.1—2012

项目		指标		
		DS1/TS1	DS2/TS2	DS3/TS3
常温(23℃)拉伸强度(N/cm)	≥	100	60	
常温(23℃)拉断伸长率(%)	≥	150	400	
剥离强度(N/mm)	≥	1		

3.4.4　承载防水卷材

承载防水卷材是指以水泥材料与工程主体混凝土黏合，黏合结构耐久稳定，并能够承受工程的切向剪切力、法向拉力、侧向剥离力的复合高分子防水卷材，主要用于地下防水、隧道防水、路桥防水、衬砌工程、屋面防水等。承载防水卷材是近几年发展成型的一种具备承载功能的新型防水材料，该产品已发布国家标准《承载防水卷材》（GB/T 21897—2008）。

产品的技术要求如下：

（1）产品规格尺寸及允许偏差见表3-62，特殊规格则由供需双方商定。

表3-62　规格尺寸及允许偏差　　GB/T 21897—2008

项目	厚度	宽度	长度（m）
公称尺寸	≥1.0mm	≥1.0m	
允许偏差	±10%	±1%	不允许出现负值

（2）卷材每卷块数允许有两块，最小块长度应不小于10m。

(3) 卷材外观质量要求表面应平整，色泽均匀(漫射光照)，为黑色，表面不能有影响使用性能的杂质、机械损伤、折痕及异常黏着等缺陷。

(4) 物理性能要求应符合表3-63提出的要求。

表3-63 承载卷材的物理性能 GB/T 21897—2008

序号	项目			指标
1	断裂拉伸强度(纵/横)(N/cm)		≥	60
2	拉断伸长率(纵/横)(%)		≥	20
3	不透水性(30min，0.6MPa)			无渗漏
4	撕裂强度(纵/横)(N)		≥	75
5	承载性能	正拉强度(MPa)	≥	0.7
		剪切强度(MPa)	≥	1.3
		剥离强度(MPa)	≥	0.4
6	复合强度(N/mm)		≥	1.0
7	低温弯折(纵/横)			−20℃，对折无裂纹
8	加热伸缩量(纵/横)(mm)	延伸	≤	2
		收缩	≤	4
9	热空气老化(纵/横)(80℃，168h)	断裂拉伸强度保持率(%)	≥	65
		拉断伸长率保持率(%)	≥	65
10	耐碱性(纵/横)[10%$Ca(OH)_2$，23℃，168h]	断裂拉伸强度保持率(%)	≥	65
		拉断伸长率保持率(%)	≥	65
11	粘结剥离强度(N/mm)		≥	2.0

3.4.5 高分子增强复合防水片材

高分子增强复合防水片材是指以聚乙烯、乙烯-乙酸乙烯共聚物等高分子材料为主体材料，复合织物等为保护或增强层制成的，用于屋面、室内、墙体、水工水利设施、地下工程等构筑物的防水、防潮以及各类绿化种植屋面的一类防水片材。此类产品已发布国家标准《高分子增强复合防水片材》(GB/T 26518—2011)。

1. 产品分类与标记

高分子增强复合防水片材按其主体材料分为以下两类：聚乙烯类复合环保片材，类型代号为F-PE；乙烯-乙酸乙烯共聚物类复合环保片材，类型代号为F-EVA。

产品按下列顺序标记，并可根据需要增加标记内容：类型代号-规格(长度×宽度×厚度)-标准号。

标记示例：

长度为50m，宽度为1.2m，厚度为0.7mm的聚乙烯类复合环保片材标记为：F-PE-50m×1.2m×0.7mm-GB/T 26518。

2. 产品的技术性能要求

(1) 尺寸及允许偏差

尺寸及允许偏差应符合表3-64的规定，特殊规格由供需双方商定。片材在每卷至少

20m 长度内不允许有接头。

表 3-64　高分子增强复合防水片材的规格尺寸及允许偏差 GB/T 26518—2011

项目	厚度（mm）	宽度（mm）	长度（m）
尺寸	≥0.6	≥1.0	≥50
允许偏差	0～+10%	±1%	不允许出现负值

（2）外观质量

① 片材表面织物不得熔化变形，不允许有长度超过 500mm 的皱褶。长度不超过 500mm 皱褶的数量：每延米内不允许超过 2 个；卷长≤50m 时，整卷长度内不允许超过 3 个；卷长>50m 时，整卷长度内不允许超过 5 个。片材表面为不织布时，每百平方米内僵块（10mm≤最大径≤50mm 的不透气树脂片）数量不得超过 15 个。

② 片材芯层不允许有气泡、漏洞。

③ 片材应平整，表面不能有影响使用性能的杂质、机械损伤、折痕及异常黏着等缺陷，不得有油迹及其他污物。

（3）性能要求

① 片材的物理性能应符合表 3-65 的规定。

表 3-65　高分子增强复合防水片材的物理性能要求　GB/T 26518—2011

项目			指标	
			厚度≥1.0mm	厚度<1.0mm
断裂拉伸强度(N/cm)	常温(纵/横)	≥	60.0	50.0
	60℃(纵/横)	≥	30.0	30.0
拉断伸长率(%)	常温(纵/横)	≥	400	100
	−20℃(纵/横)	≥	300	80
撕裂强度(N)	(纵/横)	≥	50.0	50.0
不透水性(0.3MPa×30min)			无渗漏	无渗漏
低温弯折(−20℃)			无裂纹	无裂纹
加热伸缩量(mm)	延伸	≤	2.0	2.0
	收缩	≤	4.0	4.0
热空气老化(80℃，168h)	断裂拉伸强度保持率(%)(纵/横)	≥	80	80
	拉断伸长率保持率(%)(纵/横)	≥	70	70
耐碱性[饱和 $Ca(OH)_2$ 溶液，常温，168h]	断裂拉伸强度保持率(%)(纵/横)	≥	80	80
	拉断伸长率保持率(%)(纵/横)	≥	80	80
复合强度(表层与芯层)(MPa)		≥	0.8	0.8

② 片材中有害物质限量应符合表 3-66 的规定。

表 3-66　片材中有害物质限量值

项目		限值（mg/kg）	项目		限值（mg/kg）
可溶性铅	≤	10	可溶性铬	≤	10
可溶性镉	≤	10	可溶性汞	≤	10

③ 配套用水性胶粘剂的性能应符合表 3-67 的规定。

表 3-67 配套用水性胶粘剂的性能要求 GB/T 26518—2011

项目		指标
潮湿基面粘结强度（MPa）（常温，168h）	≥	0.6
抗渗性（MPa）（常温，168h）	≥	1.0
剪切状态下的黏合性（片材与片材）（N/mm）	≥	3.0 或黏合面外断裂
游离甲醛（g/kg）	≤	1.0
总挥发性有机物（g/L）	≤	110

④ 用于种植屋面的片材应用性能应符合 JC/T 1075 的规定。

3.4.6 热塑性聚烯烃（TPO）防水卷材

热塑性聚烯烃（TPO）防水卷材是指适用于建筑工程用的以乙烯和 α-烯烃的聚合物为主要原料制成的一类防水卷材。此类产品已发布国家标准《热塑性聚烯烃（TPO）防水卷材》(GB 27789—2011)。

1. 产品的分类和标记

(1) 产品的分类

按其产品的组成可分为均质卷材（代号 H）、带纤维背衬卷材（代号 L）、织物内增强卷材（代号 P）。均质热塑性聚烯烃防水卷材是指不采用内增强材料或背衬材料的一类热塑性聚烯烃防水卷材；带纤维背衬的热塑性聚烯烃防水卷材是指采用织物（如聚酯无纺布等）复合在卷材下表面的一类热塑性聚烯烃防水卷材。织物内增强的热塑性聚烯烃防水卷材是指采用聚酯或玻纤网格布在卷材中间增强的一类热塑性聚烯烃防水卷材。

(2) 产品的规格

① 公称长度规格为 15m、20m、25m。

② 公称宽度规格为 1.00m、2.00mm。

③ 厚度规格为 1.20mm、1.50mm、1.80mm、2.00mm。

④ 其他规格可由供需双方商定。

(3) 产品的标记

按其产品名称（代号 TPO 卷材）、类型、厚度、长度、宽度和标准号的顺序进行标记。

示例：

长度 20m、宽度 2.00m、厚度 1.50mm，P 类热塑性聚烯烃防水卷材标记为：TPO 卷材 P 1.50mm/20m×2.00m GB 27789—2011。

2. 产品的技术性能要求

(1) 尺寸偏差

① 长度、宽度不应小于规格值的 99.5%。

② 厚度不应小于 1.20mm，厚度允许偏差和最小单值见表 3-68。

表 3-68 热塑性聚烯烃（TPO）防水卷材的厚度允许偏差和最小单值 GB 27789—2011

厚度（mm）	允许偏差（%）	最小单值（mm）
1.20	−5，+10	1.05
1.50		1.35

续表

厚度（mm）	允许偏差（%）	最小单值（mm）
1.80	−5，+10	1.65
2.00		1.85

（2）外观

① 卷材的接头不应多于1处，其中较短的一段长度不应少于1.5m，接头应剪切整齐，并应加长150mm。

② 卷材表面应平整，边缘整齐，无裂纹、孔洞、粘结、气泡和疤痕。卷材的耐候面（上表面）宜为浅色。

（3）材料性能

材料性能指标应符合表3-69的规定。

表3-69 热塑性聚烯烃（TPO）防水卷材材料性能指标 GB 27789—2011

序号	项目			指标 H	指标 L	指标 P
1	中间胎基上面树脂层厚度(mm)		≥	—		0.40
2	拉伸性能	最大拉力(N/cm)	≥	—	200	250
		拉伸强度(MPa)	≥	12.0	—	—
		最大拉力时伸长率(%)	≥	—	—	15
		断裂伸长率(%)	≥	500	250	—
3	热处理尺寸变化率(%)		≤	2.0	1.0	0.5
4	低温弯折性			−40℃无裂纹		
5	不透水性			0.3MPa，2h不透水		
6	抗冲击性能			0.5kg·m，不渗水		
7	抗静态荷载[a]			—	—	20kg不渗水
8	接缝剥离强度(N/mm)		≥	4.0或卷材破坏	3.0	
9	直角撕裂强度(N/mm)		≥	60	—	—
10	梯形撕裂强度(N)		≥	—	250	450
11	吸水率(70℃，168h)(%)		≤	4.0		
12	热老化（115℃）	时间(h)		672		
		外观		无起泡、裂纹、分层、粘结和孔洞		
		最大拉力保持率(%)	≥	—	90	90
		拉伸强度保持率(%)	≥	90	—	—
		最大拉力时伸长率保持率(%)	≥	—	—	90
		断裂伸长率保持率(%)	≥	90	90	—
		低温弯折性		−40℃无裂纹		
13	耐化学性	外观		无起泡、裂纹、分层、粘结和孔洞		
		最大拉力保持率(%)	≥	—	90	90
		拉伸强度保持率(%)	≥	90	—	—
		最大拉力时伸长率保持率(%)	≥	—	—	90
		断裂伸长率保持率(%)	≥	90	90	—
		低温弯折性		−40℃无裂纹		

续表

序号	项目		指标		
			H	L	P
14	人工气候加速老化	时间(h)	1500[b]		
		外观	无起泡、裂纹、分层、粘结和孔洞		
		最大拉力保持率(%) ≥	—	90	90
		拉伸强度保持率(%) ≥	90	—	—
		最大拉力时伸长率保持率(%) ≥	—	—	90
		断裂伸长率保持率(%) ≥	90	90	—
		低温弯折性	−40℃无裂纹		

a 抗静态荷载仅对用于压铺屋面的卷材要求。

b 单层卷材屋面使用产品的人工气候加速老化时间为2500h。

(4) 抗风揭能力

采用机械固定方法施工的单层屋面卷材，其抗风揭能力的模拟风压等级应不低于4.3kPa (90psf)。

3.4.7 隔热防水垫层

隔热防水垫层又称为反射隔热膜，是指适用于建筑工程，采用薄膜与金属铝箔单面或双面复合的，通过反射和空气间层从而具有隔热功能的一类非外露辅助防水材料。此类产品已发布建材行业标准《隔热防水垫层》(JC/T 2290—2014)。

1. 分类、规格和标记

产品按材质分为匀质类 (N) 和织物类 (T)；按其反射面分为单面 (S) 和双面 (D) 热反射型。

产品宽度规格为1m；厚度规格为80μm、100μm、150μm；其他规格由供需双方商定。

产品按其产品名称、标准号、分类、厚度和面积顺序标记。

示例：

匀质类、单面、厚度80μm、面积100m² 的隔热防水垫层标记为：隔热防水垫层 JC/T 2290—2014 N·S80 100。

2. 技术性能要求

(1) 尺寸偏差

宽度允许偏差：生产商规定值±3%。面积允许偏差：不小于生产商规定值的99%。垫层厚度应不小于生产商规定值，且应不小于80μm。

(2) 外观

① 垫层应边缘整齐，表面平整，无裂纹、缺口、机械损伤、疙瘩、气泡、孔洞、粘结、褶皱等可见缺陷。

② 成卷垫层在0～45℃的任一产品温度下，应易于展开，无裂纹或粘结。

③ 每卷接头处不应超过1个，接头应剪切整齐，并加长300mm作为搭接，接头最短的长度为5m。

（3）物理性能

隔热防水垫层的物理性能应符合表3-70的规定。

表3-70　隔热防水垫层的物理性能　　JC/T 2290—2014

序号	项目			指标	
				N类	T类
1	拉伸性能	拉伸强度(MPa)	≥	20	—
		拉力(N/50mm)	≥	—	400
		最大力时伸长率(%)	≥	10	
2	不透水性(0.3MPa，30min)			无渗漏	
3	低温弯折性(−20℃)			无裂纹	
4	加热伸缩率(%)		≤	+2	
			≥	−4	
5	钉杆撕裂强度(N)		≥	50	150
6	近红外反射比		≥	0.85	
7	耐热水(70℃，168h)			无分层	
8	热空气老化(80℃，168h)	外观		无分层	
		拉伸强度(MPa)	≥	16	—
		拉力(N/50mm)	≥	—	350
		最大力时伸长率(%)	≥	5	
		近红外反射比	≥	0.85	

3.4.8　透汽防水垫层

透汽防水垫层又称为防水透汽膜，是指具有一定压差状态下水蒸气透过性能，又能阻止一定高度液态水通过，可用于屋面和墙体的一类非外露的辅助防水材料。此类产品已发布建材行业标准《透汽防水垫层》(JC/T 2291—2014)。

1. 分类、规格和标记

产品按性能分为Ⅰ型、Ⅱ型、Ⅲ型，Ⅰ型宜用于墙体，Ⅱ型宜用于金属屋面，Ⅲ型宜用于瓦屋面。

产品的宽度规格为1m、1.5m；单位面积质量规格为50g/m^2、80g/m^2、100g/m^2、150g/m^2；其他规格由供需双方商定。

按产品名称、标准号、分类、规格和面积顺序标记。

示例：

Ⅰ型单位面积质量50g/m^2、面积200m^{2}透汽防水垫层标记为：透汽防水垫层 JC/T 2291—2014 Ⅰ 50 200。

2. 技术性能要求

（1）尺寸偏差、单位面积质量

宽度允许偏差：生产商规定值±3%。面积允许偏差：不小于生产商规定值的99%。单位面积质量应不小于生产商规定值，最低不应小于50g/m^2。

（2）外观

① 垫层应边缘整齐，表面平整，无裂纹、缺口、机械损伤、疙瘩、气泡、孔洞、粘结、皱褶等可见缺陷。

② 成卷垫层在－10～50℃的任一产品温度下，应易于展开，无裂纹或粘结。

③ 每卷接头处不应超过1个，接头应剪切整齐，并加长300mm作为搭接，接头最短的长度为5m。

（3）物理力学性能

透汽防水垫层的物理力学性能应符合表3-71的规定。

表3-71　透汽防水垫层的物理力学性能　　JC/T 2291—2014

序号	项目				指标		
					Ⅰ	Ⅱ	Ⅲ
1	拉伸性能	拉力(N/50mm)	纵向	≥	130	180	260
			横向		80	140	200
		最大力时伸长率(%)		≥	10	10	10
2	不透水性				1000mm水柱，2h无渗漏	1000mm水柱，2h无渗漏	1500mm水柱，2h无渗漏
3	低温弯折性				－30℃，无裂纹		
4	加热伸缩率(%)			≤	+2		
				≥	−4		
5	钉杆撕裂强度(N)			≥	40	60	120
6	水蒸气透过量[g/(m² · 24h)]			≥	1000	300	200
7	浸水后拉力保持率(%)			≥	80		
8	热空气老化(80℃，168h)	外观			无粉化、分层		
		拉力保持率(%)		≥	80		
		最大力时伸长率保持率(%)		≥	70		
		不透水性			500mm水柱，2h无渗漏	500mm水柱，2h无渗漏	1000mm水柱，2h无渗漏
		水蒸气透过量[g/(m² · 24h)]		≥	1000	300	200

3.4.9　高分子防水卷材胶粘剂

高分子防水卷材胶粘剂是指以合成弹性体为基料冷粘结的一类高分子防水卷材胶粘剂。已发布适用于其产品的建材行业标准《高分子防水卷材胶粘剂》（JC/T 863—2011）。

高分子防水卷材胶粘剂按其组分的不同，可分为单组分（Ⅰ）和双组分（Ⅱ）两个类型；高分子防水卷材胶粘剂按其用途的不同，可分为基底胶（J）和搭接胶（D）两个品种，基底胶是指用于卷材与基层粘结的一类胶粘剂，搭接胶是指用于卷材与卷材接缝搭接的一类胶粘剂。

高分子防水卷材胶粘剂按其产品名称、标准编号、类型、品种的顺序进行标记。例如，符合JC/T 863—2011，聚氯乙烯防水卷材用，单组分的基底胶粘剂应标记为：聚氯乙烯防水卷材胶粘剂 JC/T 863—2011-Ⅰ-J。

产品的一般要求：产品的生产和使用不应对人体、生物与环境造成有害的影响，所涉及与使用有关的安全和环保要求，应符合国家现行有关标准规范的规定。试验用防水卷材的质量应符合相应标准的要求。

产品的技术要求如下：①卷材胶粘剂的外观：经搅拌应为均匀液体，无分散颗粒或凝胶。②卷材胶粘剂的物理力学性能应符合表 3-72 的规定。

表 3-72　高分子防水卷材胶粘剂的物理力学性能　　JC/T 863—2011

序号	项　目				技术指标	
					基底胶(J)	搭接胶(D)
1	黏度(Pa·s)				规定值[a]±20%	
2	不挥发物含量(%)				规定值[a]±2	
3	适用期[b](min)			≥	180	
4	剪切状态下的黏合性	卷材-卷材	标准试验条件(N/mm)	≥	—	3.0 或卷材破坏
			热处理后保持率(80℃，168h)(%)	≥	—	70
			碱处理后保持率[10%$Ca(OH)_2$，168h](%)	≥	—	70
		卷材-基底	标准试验条件(N/mm)	≥	2.5	—
			热处理后保持率(80℃，168h)(%)	≥	70	—
			碱处理后保持率[10%$Ca(OH)_2$，168h](%)	≥	70	—
5	剥离强度	卷材-卷材	标准试验条件(N/mm)	≥	—	1.5
			浸水后保持率(168h)(%)	≥	—	70

a　规定值是指企业标准、产品说明书或供需双方商定的指标量值。

b　适用期仅用于双组分产品，指标也可由供需双方协商确定。

3.4.10　聚乙烯丙纶防水卷材用聚合物水泥粘结料

聚合物水泥粘结料是指通过添加可再分散性乳胶粉或聚合物乳液及其他助剂对水泥进行改性配制而成的一类粘结料。此类产品已发布建材行业标准《聚乙烯丙纶防水卷材用聚合物水泥粘结料》(JC/T 2377—2016)。此标准适用于聚乙烯丙纶类防水卷材间及卷材与基面粘结用的聚合物水泥粘结料。

1. 分类和标记

产品按所采用的聚合物形态分为干粉型（P）和乳液型（L）两类。

产品按产品名称、标准号及类型的顺序进行标记。

示例：

乳液类聚乙烯丙纶防水卷材用聚合物水泥粘结料标记为：聚乙烯丙纶防水卷材用聚合物水泥粘结料 JC/T 2377—2016L。

2. 技术性能要求

（1）外观质量

P 型产品应为无杂质、无结块的粉末；L 型产品液料应为无杂质、无凝胶的均匀乳液，粉料应为无杂质、无结块的粉末。

（2）物理性能

产品的物理性能应符合表3-73的要求。

表3-73　聚乙烯丙纶防水卷材用聚合物水泥粘结料的物理性能　　JC/T 2377—2016

序号	项目			技术指标
1	凝结时间[a]	初凝（min）		≥45
		终凝（h）		≤24
2	潮湿基面粘结强度	标准状态（7d）（MPa）		≥0.4
		水泥标养状态（7d）（MPa）		≥0.6
		浸水处理（7d）（MPa）		≥0.3
3	剪切状态下的粘结性	卷材-卷材（N/mm）		≥3.0或卷材破坏
		卷材-基底	标准状态（N/mm）	≥3.0或卷材破坏
			冻融循环后（N/mm）	≥3.0或卷材破坏
4	粘结层抗渗压力（MPa）			≥0.3

a　该项指标可由供需双方商定。

（3）有害物质限量

产品的有害物质限量应符合表3-74的要求。

表3-74　有害物质限量　　JC/T 2377—2016

序号	项目		技术指标
1	游离甲醛	(g/kg)	≤1.0
2	苯	(g/kg)	≤0.2
3	甲苯＋二甲苯	(g/kg)	≤10
4	总挥发性有机物	(g/L)	≤110

3.5　玻纤胎沥青瓦

玻纤胎沥青瓦简称沥青瓦，是以玻纤胎为胎基，以石油沥青为主要原料，加入矿物填料作浸涂材料，上表面覆以矿物粒（片）料作保护材料，采用搭接法工艺铺设施工的一类应用于坡屋面的，集防水、装饰双重功能于一体的柔性瓦状防水片材。玻纤胎沥青瓦产品已发布国家标准《玻纤胎沥青瓦》（GB/T 20474—2015）。

1. 产品的分类和标记

玻纤胎沥青瓦按其产品的形式不同，可分为平面沥青瓦（P）和叠合沥青瓦（L）两种形式。平面沥青瓦是以玻纤胎为胎基，采用沥青材料浸渍涂盖之后，表面覆以保护隔离材料，并且外表面平整的一类沥青瓦，俗称平瓦。叠合沥青瓦是采用玻纤胎为胎基生产的，在其实际使用的外露面的部分区域，采用沥青黏合了一层或多层沥青瓦材料而形成叠合状的一类沥青瓦，俗称叠瓦。

产品规格长度推荐尺寸为1000mm，宽度推荐尺寸为333mm。

产品按标准号、产品名称和产品形式的顺序标记。例如，平瓦玻纤胎沥青瓦标记为：GB/T 20474—2016 沥青瓦 P。

2. 产品的技术要求

1）原材料

（1）在浸渍、涂盖、叠合过程中，使用的石油沥青应满足产品的耐久性要求，在使用过程中不应有轻油成分渗出。

（2）所有使用胎基为采用纵向加筋或不加筋的低碱玻纤毡，应符合 GB/T 18840 的要求，胎基单位面积质量不小于 90g/m^2。不应采用带玻纤网格布复合的胎基。

（3）上表面材料应为矿物粒（片）料，应符合 JC/T 1071 的规定。

（4）沥青瓦表面采用的沥青自粘胶在使用过程中应能将其相互锁合粘结，不产生流淌。

2）要求

（1）规格尺寸、单位面积质量

① 长度尺寸偏差为±3mm，宽度尺寸偏差为＋5mm、－3mm。

② 切口深度不大于（沥青瓦宽度－43)/2，单位为毫米（mm）。

③ 沥青瓦单位面积质量不小于 3.6kg/m^2，厚度不小于 2.6mm。

（2）外观

① 沥青瓦在 10～45℃时，应易于分开，不得产生脆裂和破坏沥青瓦表面的粘结。胎基应被沥青完全浸透，表面不应有胎基外露，叠瓦的层间应用沥青材料粘结在一起。

② 表面材料应连续均匀地粘结在沥青表面，以达到紧密覆盖的效果。矿物粒（片）料应均匀，嵌入沥青的矿物料（片）料不应对胎基造成损伤。

③ 沥青瓦表面应有沥青自粘胶和保护带。

④ 沥青瓦表面应无可见的缺陷，如孔洞、未切齐的边、裂口、裂纹、凹坑和起鼓。

（3）物理力学性能

沥青瓦的物理力学性能应符合表 3-75 的规定。

表 3-75　沥青瓦的物理力学性能　　GB/T 20474—2015

序号	项目			指标	
				P	L
1	可溶物含量（g/m^2）		≥	800	1500
2	胎基			胎基燃烧后完整	
3	拉力（N/50mm）	纵向	≥	600	
		横向	≥	400	
4	耐热度（90℃）			无流淌、滑动、滴落、气泡	
5	柔度[a]（10℃）			无裂纹	
6	撕裂强度（N）		≥	9	
7	不透水性（2m 水柱，24h）			不透水	
8	耐钉子拔出性能（N）		≥	75	
9	矿物料黏附性（g）		≤	1.0	
10	自粘胶耐热度	50℃		发黏	
		75℃		滑动≤2mm	
11	叠层剥离强度（N）		≥	—	20

续表

<table>
<tr><td rowspan="2">序号</td><td rowspan="2" colspan="2">项目</td><td colspan="2">指标</td></tr>
<tr><td>P</td><td>L</td></tr>
<tr><td rowspan="3">12</td><td rowspan="3">人工气候加速老化</td><td>外观</td><td colspan="2">无气泡、渗油、裂纹</td></tr>
<tr><td>色差，ΔE ≤</td><td colspan="2">3</td></tr>
<tr><td>柔度（12℃）</td><td colspan="2">无裂纹</td></tr>
<tr><td>13</td><td colspan="2">燃烧性能</td><td colspan="2">B_2-E 通过</td></tr>
<tr><td>14</td><td colspan="2">抗风揭性能（97km/h）</td><td colspan="2">通过</td></tr>
</table>

a　根据使用环境和用户要求，生产企业可以生产比标准规定柔度温度更低的产品，并应在产品订购合同中注明。

3.6　排水板、土工膜、防水毯

3.6.1　塑料防护排水板

塑料防护排水板简称排水板，适用于以聚乙烯、聚丙烯等树脂为主要原材料，表面呈凹凸形状，用于种植屋面、地下建筑、隧道等工程的塑料防护排水板，已发布建材行业标准《塑料防护排水板》(JC/T 2112—2012)。其他材质和用途的防护排水板也可参照该标准使用。

1. 产品的分类、规格和标记

排水板按其表面是否覆盖过滤用无纺布分为不带无纺布排水板（N）和带无纺布排水板(F)。

排水板的规格：排水板厚度（厚度指排水板主材厚度，不含无纺布）为 0.50mm、0.60mm、0.70mm、0.80mm、1.00mm；排水板凹凸高度为 8mm、12mm、20mm；排水板宽度不小于 1000mm。其他规格可由供需双方商定。

产品按名称、分类、厚度、凹凸高度、宽度、长度、主材与无纺布的单位面积质量和标准编号的顺序标记。

示例：

带无纺布的、厚度 0.70mm、凹凸高度 8mm、宽度 1000mm、长度 20m、主材单位面积质量 800g/m²、无纺布单位面积质量 200g/m² 的排水板标记为：排水板 F0.70 8 1000×20 800/200 JC/T 2112—2012。

2. 产品的技术性能要求

1）一般要求

产品的生产与使用不应对人体、生物与环境造成有害的影响，所涉及与生产、使用有关的安全和环境要求应符合我国相关标准和规范的规定。

2）技术要求

(1) 规格尺寸

① 排水板的厚度、凹凸高度、宽度、长度应不小于生产商明示值。板厚度应不小于 0.50mm，凹凸高度应不小于 8mm。

② 排水板主材单位面积质量与无纺布单位面积质量应不小于生产商明示值。无纺布单

位面积质量应不小于 200g/m²。

(2) 外观

① 排水板应边缘整齐，无裂纹、缺口、机械损伤等可见缺陷。

② 每卷板材接头不得超过 1 个，较短的一段长度应不少于 2000mm，接头处应剪切整齐，并加长 300mm。

(3) 物理力学性能

排水板的物理力学性能应符合表 3-76 的规定。

表 3-76 排水板的物理力学性能 JC/T 2112—2012

序号	项目			指标
1	伸长率 10%时拉力（N/100mm）		≥	350
2	最大拉力（N/100mm）		≥	600
3	断裂伸长率（%）		≥	25
4	撕裂性能（N）		≥	100
5	压缩性能	压缩率为 20%时最大强度（kPa）	≥	150
		极限压缩现象		无破裂
6	低温柔度			−10℃无裂纹
7	热老化（80℃，168h）	伸长率 10%时拉力保持率（%）	≥	80
		最大拉力保持率（%）	≥	90
		断裂伸长率保持率（%）	≥	70
		压缩率为 20%时最大强度保持率（%）	≥	90
		极限压缩现象		无破裂
		低温柔度		−10℃无裂纹
8	纵向通水量（侧压力 150kPa）（cm³/s）		≥	10

3.6.2 聚苯乙烯防护排水板

聚苯乙烯防护排水板简称 PS 排水板，适用于以聚苯乙烯树脂为主要原材料、表面呈凹凸形状的防护排水板，已发布建材行业标准《聚苯乙烯防护排水板》(JC/T 2289—2014)。

1. 产品的分类、规格和标记

排水板按其表面是否覆盖过滤用无纺布可分为不带无纺布排水板（N）和带无纺布排水板（F）。

排水板的规格：①排水板厚度（厚度指排水板主材厚度，不含无纺布）：最小膜厚度不小于 0.50mm。②排水板凹凸高度：10mm、15mm、20mm。③排水板宽度不小于 1000mm。④其他规格可由供需双方商定。

产品按名称、标准编号、分类、厚度、凹凸高度、宽度、长度、主材和无纺布的单位面积质量的顺序标记。

示例：

带无纺布的、厚度 0.70mm、凹凸高度 15mm、宽度 1000mm、长度 20m、主材单位面积质量 800g/m²、无纺布单位面积质量 200g/m² 的排水板标记为：PS 排水板 JC/T 2289—

2014 F 0.70 15 1000×20 800/200。

2. 产品的技术性能要求

1）一般要求

产品的生产与使用不应对人体、生物与环境造成有害的影响，所涉及与生产、使用有关的安全和环境要求应符合我国相关标准和规范的规定。

2）技术要求

（1）规格尺寸

① 排水板的厚度、凹凸高度、宽度及长度应不小于生产商明示值。排水板厚度应不小于0.50mm，凹凸高度应不小于10mm。

② 排水板主材单位面积质量与无纺布单位面积质量应不小于生产商明示值。无纺布单位面积质量应不小于200g/m^2。

（2）外观

① 排水板应边缘整齐，无裂纹、缺口、机械损伤等可见缺陷。

② 每卷板材接头不得超过1个，较短的一段长度应不少于2000mm，接头处应剪切整齐，并加长300mm。

（3）物理力学性能

PS排水板的物理力学性能应符合表3-77的规定。

表3-77 PS排水板的物理力学性能 JC/T 2289—2014

序号	项目		指标
1	最大拉力（N/100mm）		≥300
2	断裂伸长率（%）		≥3.0
3	撕裂性能（N）		≥30
4	压缩率为10%内的最大强度（kPa）		≥150
5	低温柔性		−5℃无裂口
6	热老化（80℃，168h）	最大拉力保持率（%）	≥80
		压缩率为10%内最大强度保持率（%）	≥90
		低温柔性	−5℃无裂口
7	单宽流量(150kPa，水力梯度0.1)[L/(s·m)]		≥0.300

3.6.3 公路工程用防水板

公路工程用防水板是指以高分子聚合物及其改性材料以及合成高分子材料为原料，加入一定的功能性助剂等为辅料，经挤出成型的一类平面板状防水材料。

1. 产品的分类、规格和标记

公路工程用防水材料可分为防水卷材、防水涂料、防水板三类。

公路工程用防水材料其高分子聚合物原材料的名称及代号参见表3-45。

产品的型号标记由产品类型（防水材料、代号为R）、产品种类名称（卷材为J、涂料为J、板为B）、产品规格（标称不透水压力：MPa）、原材料代号组成。公路工程用防水板的型号标记示例如下：

采用聚丙烯为主要原料制成的板状防水层，且不透水的水压力为0.2MPa的防水板(RB)，表示为：RB0.2/PP。

防水板产品规格系列为：RB0.1、RB0.2、RB0.3、RB0.4、RB0.5、RB0.6。

防水板产品的尺寸允许偏差应符合以下要求：厚度+10%。

2. 产品的技术要求

(1) 外观

防水板无损伤、无破裂、无气泡、不粘结、无孔洞，无接头、断头和永久性皱褶。切口平直、无明显锯齿现象。直径0.6～2.0mm的杂质和僵块允许每平方米20个以内，直径2.0mm以上的不允许出现。

(2) 理化性能

防水板的物理力学性能应满足表3-78规定的指标要求；抗光老化要求应符合表3-47的规定。

表3-78 防水板的技术性能指标 JT/T 664—2006

项目	规格					
	RB0.1	RB0.2	RB0.3	RB0.4	RB0.5	RB0.6
耐静水压力（MPa）	≥0.1	≥0.2	≥0.3	≥0.4	≥0.5	≥0.6
抗拉强度（MPa）	≥30					
抗拉强度时的伸长率（%）	≥300					
−20℃环境180°角弯折两次的柔度	无裂纹					
热处理尺寸变化率（%）	≤2					

3.6.4 土工合成材料聚乙烯土工膜

土工膜是指以合成高分子聚合物为基础原料，加入各类添加剂所生产的一类防水阻隔型材料，适用于以聚乙烯树脂、乙烯共聚物为原料，加入各类添加剂所生产的聚乙烯土工膜。其产品已发布国家标准《土工合成材料　聚乙烯土工膜》(GB/T 17643—2011)。

1. 产品的分类、代号和命名

(1) 产品的分类及代号

土工膜根据其外观可分为光面土工膜和糙面土工膜。光面土工膜是指膜的双面均具有平整、光滑外观的土工膜。糙面土工膜是指采用经一定工艺手段生产的单面或双面具有均匀毛糙外观的土工膜。

聚乙烯土工膜根据采用的原料不同，可分为高密度聚乙烯土工膜、低密度聚乙烯土工膜、线形低密度聚乙烯土工膜等产品。高密度聚乙烯土工膜是指以中密度聚乙烯树脂(PE-MD)或高密度聚乙烯树脂(PE-HD)为原料生产的土工膜，土工膜密度为0.940g/cm^{3}或以上。低密度聚乙烯土工膜是指以低密度聚乙烯树脂(PE-LD)、线形低密度聚乙烯树脂(PE-LLD)、乙烯共聚物等原料生产的土工膜，土工膜密度为0.939g/cm^{3}或以下。线形低密度聚乙烯土工膜是指以线形低密度聚乙烯树脂(PE-LLD)为原料生产的土工膜，土工膜密度为0.939g/cm^{3}或以下。

聚乙烯土工膜产品的分类及代号见表3-79。

表 3-79 产品分类及代号 GB/T 17643—2011

分类	代号	主要原材料
普通高密度聚乙烯土工膜	GH-1	中密度聚乙烯树脂 高密度聚乙烯树脂
环保用光面高密度聚乙烯土工膜	GH-2S	
环保用单糙面高密度聚乙烯土工膜	GH-2T1	
环保用双糙面高密度聚乙烯土工膜	GH-2T2	
低密度聚乙烯土工膜	GL-1	低密度聚乙烯树脂、线形低密度聚乙烯树脂、乙烯共聚物等
环保用线形低密度聚乙烯土工膜	GL-2	线形低密度聚乙烯树脂、茂金属线形低密度聚乙烯等

（2）产品的命名

产品的命名按产品代号（GH-1、GH-2S、GH-2T1、GH-2T2、GL-1、GL-2）、产品宽度（单位：mm）、产品厚度（单位：mm）、标准编号的顺序命名。

产品命名示例：

宽度 6000mm、厚度 1.25mm、环保用光面高密度聚乙烯土工膜，可表示为：GH-2S 6000/1.25 GB/T 17643—2011。

2. 基础树脂的要求

（1）树脂密度的要求

① 制造高密度聚乙烯土工膜的树脂（高密度聚乙烯 PE-HD 或中密度聚乙烯 PE-MD）密度应为 0.932g/cm^{3}或以上。

② 制造低密度聚乙烯土工膜的树脂应为低密度聚乙烯（PE-LD，密度应为 0.920～0.926 g/cm^3）或低密度聚乙烯与线形低密度聚乙烯（PE-LLD，密度应为 0.915～0.926 g/cm^3）、乙烯共聚物（密度应为 0.915～0.935g/cm^3）等共混生产。

③ 制造线形低密度聚乙烯土工膜的树脂应为线形低密度聚乙烯（PE-LLD，密度应为 0.915～0.926g/cm^3）或茂金属线形低密度聚乙烯（mPE-LLD，密度应为 0.915～0.925 g/cm^3），或共混生产。

（2）回料使用要求

允许添加企业自身生产中产生的不高于 10%的清洁回料。所使用的清洁回料，应与所生产的土工膜配方相同（或可行的相近配方）。

（3）填充料的要求

不允许使用填充料。

3. 产品的技术性能指标

聚乙烯土工膜产品的技术性能要求如下：

（1）产品单卷长度应不小于 40m，偏差控制在±1%范围内；产品宽度尺寸应不小于 2000mm，偏差控制在$^{+1.5}_{-1.0}$%范围内；普通高密度聚乙烯土工膜（GH-1）、低密度聚乙烯土工膜（GL-1）、环保用线形低密度聚乙烯土工膜（GL-2）的厚度及偏差应符合表 3-80 的要求；环保用高密度聚乙烯土工膜（含 GH-2S、GH-2T1、GH-2T2）的厚度及偏差应符合

表 3-81 的要求。

表 3-80 聚乙烯土工膜（GH-1、GL-1、GL-2 型）的厚度及偏差　　GB/T 17643—2011

项目	指标								
公称厚度（mm）	0.30	0.50	0.75	1.00	1.25	1.50	2.00	2.50	3.00
平均厚度（mm）	≥0.30	≥0.50	≥0.75	≥1.00	≥1.25	≥1.50	≥2.00	≥2.50	≥3.00
厚度极限偏差（%）	−10								

注：表中没有列出的厚度规格及偏差按照内插法执行。

表 3-81 环保用高密度聚乙烯土工膜（GH-2 型）的厚度及偏差　　GB/T 17643—2011

项目		指标						
光面	公称厚度（mm）	0.75	1.00	1.25	1.50	2.00	2.50	3.00
	平均厚度（mm）　≥	0.75	1.00	1.25	1.50	2.00	2.50	3.00
	厚度极限偏差（%）	−10						
糙面	公称厚度（mm）	0.75	1.00	1.25	1.50	2.00	2.50	3.00
	平均厚度偏差（%）	−5						
	厚度极限偏差（10 个中的 8 个）（%）	−10						
	厚度极限偏差（10 个中的任意一个）（%）	−15						

注：表中没有列出的厚度规格及偏差按照内插法执行。

（2）聚乙烯土工膜的外观质量要求如下：低密度聚乙烯土工膜（GL-1）一般为本色或黑色，其他型号产品颜色一般为黑色，其他颜色可由供需双方商定；外观质量应符合表3-82 的要求。

表 3-82 聚乙烯土工膜的外观质量要求　　GB/T 17643—2011

序号	项目	要求
1	切口	平直，无明显锯齿现象
2	断头、裂纹、分层、穿孔修复点	不允许
3	水纹和机械划痕	不明显
4	晶点、僵块和杂质	0.6～2.0mm，每平方米限于 10 个以内；大于 2.0mm 的不允许
5	气泡	不允许
6	糙面膜外观	均匀，不应有结块、缺损等现象

（3）普通高密度聚乙烯土工膜的技术性能指标应符合表 3-83 的要求；环保用光面高密度聚乙烯土工膜的技术性能指标应符合表 3-84 的要求；环保用糙面高密度聚乙烯土工膜的技术性能指标应符合表 3-85 的要求；低密度聚乙烯土工膜的技术性能指标应符合表 3-86 的要求；环保用线形低密度聚乙烯土工膜的技术性能指标应符合表 3-87 的要求。

表3-83　普通高密度聚乙烯土工膜（GH-1型）的性能指标　　GB/T 17643—2011

序号	项目	指标								
	厚度（mm）	0.30	0.50	0.75	1.00	1.25	1.50	2.00	2.50	3.00
1	密度（g/cm²）	≥0.940								
2	拉伸屈服强度（纵、横向）（N/mm）	≥4	≥7	≥10	≥13	≥16	≥20	≥26	≥33	≥40
3	拉伸断裂强度（纵、横向）（N/mm）	≥6	≥10	≥15	≥20	≥25	≥30	≥40	≥50	≥60
4	屈服伸长率（纵、横向）（%）	—	—	—	≥11					
5	断裂伸长率（纵、横向）（%）	≥600								
6	直角撕裂负荷（纵、横向）（N）	≥34	≥56	≥84	≥115	≥140	≥170	≥225	≥280	≥340
7	抗穿刺强度（N）	≥72	≥120	≥180	≥240	≥300	≥360	≥480	≥600	≥720
8	炭黑含量（%）	2.0～3.0								
9	炭黑分散性	10个数据中3级不多于1个，4级、5级不允许								
10	常压氧化诱导时间（OIT）（min）	≥60								
11	低温冲击脆化性能	通过								
12	水蒸气渗透系数[g·cm/(cm²·s·Pa)]	$\leq 1.0\times10^{-13}$								
13	尺寸稳定性（%）	±2.0								

注：表中没有列出厚度规格的技术性能指标要求按照内插法执行。

表3-84　环保用光面高密度聚乙烯土工膜（GH-2S型）的性能指标　　GB/T 17643—2011

序号	项目	指标						
	厚度（mm）	0.75	1.00	1.25	1.50	2.00	2.50	3.00
1	密度（g/cm³）	≥0.940						
2	拉伸屈服强度（纵、横向）（N/mm）	≥11	≥15	≥18	≥22	≥29	≥37	≥44
3	拉伸断裂强度（纵、横向）（N/mm）	≥20	≥27	≥33	≥40	≥53	≥67	≥80
4	屈服伸长率（纵、横向）（%）	≥12						
5	断裂伸长率（纵、横向）（%）	≥700						
6	直角撕裂负荷（纵、横向）（N）	≥93	≥125	≥160	≥190	≥250	≥315	≥375
7	抗穿刺强度（N）	≥240	≥320	≥400	≥480	≥640	≥800	≥960
8	拉伸负荷应力开裂（切口恒载拉伸法）（h）	—	≥300					
9	炭黑含量（%）	2.0～3.0						
10	炭黑分散性	10个数据中3级不多于1个，4级、5级不允许						
11*	氧化诱导时间（OIT）（min）	常压氧化诱导时间≥100						
		高压氧化诱导时间≥400						
12	85℃热老化（90d后常压OIT保留率）（%）	≥55						
13*	抗紫外线（紫外线照射1600h后OIT保留率）（%）	≥50						

注：表中没有列出厚度规格的技术性能指标要求按照内插法执行。

* 11、13两项指标的常压OIT（保留率）和高压OIT（保留率）可任选其一测试。

表 3-85　环保用糙面高密度聚乙烯土工膜（GH-2T1、GH-2T2 型）的性能指标

GB/T 17643—2011

序号	项目	指标						
	厚度（mm）	0.75	1.00	1.25	1.50	2.00	2.50	3.00
1	密度（g/cm²）	≥0.940						
2[a]	毛糙高度（mm）	≥0.25						
3	拉伸屈服强度（纵、横向）（N/mm）	≥11	≥15	≥18	≥22	≥29	≥37	≥44
4	拉伸断裂强度（纵、横向）（N/mm）	≥8	≥10	≥13	≥16	≥21	≥26	≥32
5	屈服伸长率（纵、横向）（%）	≥12						
6	断裂伸长率（纵、横向）（%）	≥100						
7	直角撕裂负荷（纵、横向）（N）	≥93	≥125	≥160	≥190	≥250	≥315	≥375
8	抗穿刺强度（N）	≥200	≥270	≥335	≥400	≥535	≥670	≥800
9	拉伸负荷应力开裂（切口恒载拉伸法）（h）	≥300						
10	炭黑含量（%）	2.0～3.0						
11	炭黑分散性	10 个数据中 3 级不多于 1 个，4 级、5 级不允许						
12[b]	氧化诱导时间（OIT）（min）	常压氧化诱导时间≥100						
		高压氧化诱导时间≥400						
13	85℃热老化（90d 后常压 OIT 保留率）（%）	≥55						
14[b]	抗紫外线（紫外线照射 1600h 后 OIT 保留率）（%）	≥50						

注：表中没有列出厚度规格的技术性能指标要求按照内插法执行。

a　序号 2 项指标在 10 次测试中，8 次的结果应大于 0.18mm，最小值应大于 0.13mm。

b　序号 13、15 两项指标的常压 OIT（保留率）和高压 OIT（保留率）可任选其一测试。

表 3-86　低密度聚乙烯土工膜（GL-1 型）的性能指标　　GB/T 17643—2011

序号	项目	指标								
	厚度（mm）	0.30	0.50	0.75	1.00	1.25	1.50	2.00	2.50	3.00
1	密度（g/cm³）	≤0.939								
2	拉伸断裂强度（纵、横向）（N/mm）	≥6	≥9	≥14	≥19	≥23	≥28	≥37	≥47	≥56
3	断裂伸长率（纵、横向）（%）	≥560								
4	直角撕裂负荷（纵、横向）（N）	≥27	≥45	≥63	≥90	≥108	≥135	≥180	≥225	≥270
5	抗穿刺强度（N）	≥52	≥84	≥135	≥175	≥220	≥260	≥350	≥435	≥525
6[a]	炭黑含量（%）	2.0～3.0								
7[a]	炭黑分散性	10 个数据中 3 级不多于 1 个，4 级、5 级不允许								
8	常压氧化诱导时间（OIT）	≥60								
9	低温冲击脆化性能	通过								
10	水蒸气渗透系数[g·cm/(cm²·s·Pa)]	≤1.0×10^{-13}								
11	尺寸稳定性（%）	±2.0								

注：表中没有列出厚度规格的技术性能指标要求按照内插法执行。

a　6、7 两项指标只适用于黑色土工膜。

表 3-87 环保用线形低密度聚乙烯土工膜（GL-2 型）的性能指标 GB/T 17643—2011

序号	项目	指标							
	厚度（mm）	0.50	0.75	1.00	1.25	1.50	2.00	2.50	3.00
1	密度（g/cm³）	≤0.939							
2	拉伸断裂强度（纵、横向）（N/mm）	≥13	≥20	≥27	≥33	≥40	≥53	≥66	≥80
3	断裂伸长率（纵、横向）（%）	≥800							
4	2%正割模量（N/mm）	≤210	≤370	≤420	≤520	≤630	≤840	≤1050	≤1260
5	直角撕裂负荷（纵、横向）（N）	≥50	≥70	≥100	≥120	≥150	≥200	≥250	≥300
6	抗穿刺强度（N）	≥120	≥190	≥250	≥310	≥370	≥500	≥620	≥750
7	炭黑含量（%）	2.0～3.0							
8	炭黑分散性	10 个数据中 3 级不多于 1 个，4 级、5 级不允许							
9[a]	氧化诱导时间（OIT）（min）	常压氧化诱导时间≥100							
		高压氧化诱导时间≥400							
10	85℃热老化（90d 后常压 OIT 保留率）（%）	≥35							
11[a]	抗紫外线（紫外线照射 1600h 后 OIT 保留率）（%）	≥35							

注：表中没有列出厚度规格的技术性能指标要求按照内插法执行。

a 9、11 两项指标的常压 OIT（保留率）和高压 OIT（保留率）可任选其一测试。

3.6.5 垃圾填埋场用高密度聚乙烯土工膜

土工膜是一种以聚合物为基本原料的防水阻隔型材料，如聚乙烯（PE）土工膜、聚氯乙烯（PVC）土工膜、氯化聚乙烯（CPE）土工膜以及各种复合土工膜等。

高密度聚乙烯（HDPE）土工膜是以中（高）密度聚乙烯树脂为原料生产的、密度为 0.94g/cm³ 或以上的土工膜。

土工膜根据其外观可分为光面土工膜和糙面土工膜。光面土工膜是指膜的两面均具有光洁、平整外观的一类土工膜。糙面土工膜是指经特定的工艺手段生产的单面或双面具有均匀的毛糙外观的一类土工膜。

适用于垃圾填埋场防渗、封场等工程中所使用的，以中（高）密度聚乙烯树脂为主要原料，添加各类助剂所生产的高密度聚乙烯土工膜已发布城镇建设行业标准《垃圾填埋场用高密度聚乙烯土工膜》(CJ/T 234—2006)。

1. 产品的分类、代号和型号

产品分为光面高密度聚乙烯土工膜（代号为 HDPE1）和糙面高密度聚乙烯土工膜（代号为 HDPE2)，其中单糙面高密度聚乙烯土工膜代号为 HDPE2-1，双糙面高密度聚乙烯土工膜代号为 HDPE2-2。

产品的型号按产品类型（HDPE1、HDPE2-1、HDPE2-2)、产品宽度、产品厚度、执行标准编号的顺序表示。

型号示例：

6000mm 宽、1.5mm 厚的光面 HDPE 土工膜，表示为：HDPE1 6000/1.5 CJ/T 234—2006。

2. 产品的技术性能要求

（1）规格尺寸及偏差

① 产品单卷的长度不应少于50m，长度偏差应控制在±2%。

② 宽度尺寸应大于3000mm，偏差应控制在±1%。表3-88列举了整数宽度的规格尺寸及偏差值，非整数宽度产品可参考执行。填埋场底部防渗应选用5000mm以上，覆盖可选用3000mm以上产品。

表3-88　土工膜的宽度及偏差　　CJ/T 234—2006

项目		指标						
宽度（mm）		3000	4000	5000	6000	7000	8000	9000
偏差（%）	光面	±30	±40	±50	±60	±70	±80	±90
	糙面	±30	±40	±50	±60	±70	±80	±90

③ 产品的厚度及偏差应符合表3-89的要求。其中，光面土工膜的极限偏差应控制在±10%，糙面土工膜的极限偏差应控制在±15%。底部防渗应选用厚度大于1.5mm的土工膜，临时覆盖可选用厚度大于0.5mm的土工膜，终场覆盖可选用厚度大于1.0mm的土工膜。

表3-89　土工膜的厚度及偏差　　CJ/T 234—2006

项目		指标							
光面	厚度（mm）	0.5	0.75	1.00	1.25	1.50	2.00	2.50	3.00
	极限偏差（mm）	±0.05	±0.08	±0.10	±0.13	±0.15	±0.20	±0.25	±0.30
	平均偏差（%）	≥0							

项目		指标					
糙面	厚度（mm）	1.00	1.25	1.50	2.00	2.50	3.00
	极限偏差（mm）	±0.15	±0.19	±0.23	±0.30	±0.38	±0.45
	平均偏差（%）	≥−5.0					

（2）外观质量

土工膜的外观质量应符合表3-90的要求。

表3-90　土工膜的外观质量　　CJ/T 234—2006

序号	项目	要求
1	切口	平直，无明显锯齿现象
2	穿孔修复点	不允许
3	机械（加工）划痕	无或不明显
4	僵块	每平方米限于10个以内。直径小于或等于2.0mm，截面上不允许有贯穿膜厚度的僵块
5	气泡或杂质	不允许
6	裂纹、分层、接头和断头	不允许
7	糙面膜外观	均匀，不应有结块、缺损等现象

（3）产品的技术性能指标

产品的技术性能指标应符合以下要求：

① 光面 HDPE 土工膜的技术性能应符合表 3-91 的要求。

表 3-91 光面 HDPE 土工膜的技术性能指标 CJ/T 234—2006

序号	指标	测试值						
		0.75mm	1.00mm	1.25mm	1.50mm	2.00mm	2.50mm	3.00mm
1	最小密度（g/cm³）	0.939						
2	拉伸性能							
	屈服强度（应力）（N/mm）	11	15	18	22	29	37	44
	断裂强度（应力）（N/mm）	20	27	33	40	53	67	80
	屈服伸长率（%）	12						
	断裂伸长率（%）	700						
3	直角撕裂强度（N）	93	125	156	187	249	311	374
4	穿刺强度（N）	240	320	400	480	640	800	960
5	耐环境应力开裂（单点切口恒载拉伸法）（h）	300						
6	炭黑							
	炭黑含量（范围）（%）	2.0～3.0						
	炭黑分散度	10 个观察区域中的 9 次应属于第 1 级或第 2 级，属于第 3 级的不应多于 1 次						
7	氧化诱导时间（OIT）							
	标准 OIT（min）	100						
	高压 OIT（min）	400						
8	85℃烘箱老化（最小平均值）							
	烘烤 90d 后，标准 OIT 的保留（%）	55						
	烘烤 90d 后，高压 OIT 的保留（%）	80						
9	抗紫外线强度							
	紫外线照射 1600h 后，标准 OIT 的保留（%）	50						
	紫外线照射 1600h 后，高压 OIT 的保留（%）	50						
10	−70℃低温冲击脆化性能	通过						
11	水蒸气渗透系数[g·cm/(cm²·s·Pa)]	$\leqslant 1.0\times10^{-13}$						
12	尺寸稳定性（%）	±2						

② 糙面 HDPE 土工膜的技术性能应符合表 3-92 的要求。

表 3-92 糙面 HDPE 土工膜的技术性能指标　　CJ/T 234—2006

序号	指标	测试值					
		1.00mm	1.25mm	1.50mm	2.00mm	2.50mm	3.00mm
1	毛糙高度（mm）	0.25					
2	最小密度（g/cm^3）	0.939					
3	拉伸性能						
	屈服强度（应力）（N/mm）	15	18	22	29	37	44
	断裂强度（应力）（N/mm）	10	13	16	21	26	32
	屈服伸长率（%）	12					
	断裂伸长率（%）	100					
4	直角撕裂强度（N）	125	156	187	249	311	374
5	穿刺强度（N）	267	333	400	534	667	800
6	耐环境应力开裂（单点切口恒载拉伸法）(h)	300					
7	炭黑						
	炭黑含量（范围）（%）	2.0～3.0					
	炭黑分散度	10个观察中的9次应属于第1级或第2级，属于第3级的不应多于1次					
8	氧化诱导时间（OIT）						
	标准 OIT（min）	100					
	高压 OIT（min）	400					
9	85℃烘箱老化（最小平均值）						
	烘烤 90d 后，标准 OIT 的保留（%）	55					
	烘烤 90d 后，高压 OIT 的保留（%）	80					
10	抗紫外线强度						
	紫外线照射 1600h 后，标准 OIT 的保留（%）	50					
	紫外线照射 1600h 后，高压 OIT 的保留（%）	50					
11	−70℃低温冲击脆化性能	通过					
12	水蒸气渗透系数[$g\cdot cm/(cm^2\cdot s\cdot Pa)$]	$\leqslant 1.0\times10^{-13}$					
13	尺寸稳定性（%）	±2					

（4）生产原料与配方的要求

① 制造 HDPE 土工膜的聚乙烯树脂的密度应大于或等于 0.932g/cm^3。

② 树脂熔体流动速率应小于 1.0g/10min（190℃/2.16kg）。生产使用回用料时，

回用料不应超过10%。回用料应是与原料相同的，在内部生产过程中同一或同类生产线产生的符合标准要求、清洁的再循环树脂。生产中不应加入任何其他类型的回收利用树脂。

3.6.6　垃圾填埋场用线性低密度聚乙烯土工膜

土工膜是一种以聚合物为基本原料的防水阻隔型材料，如高密度聚乙烯（HDPE）土工膜、线性低密度聚乙烯（LLDPE）土工膜、低密度聚乙烯（LDPE）土工膜、聚氯乙烯（PVC）土工膜、氯化聚乙烯（CPE）土工膜及各种复合土工膜等。

线性低密度聚乙烯（LLDPE）土工膜是一种以具有线性分子结构的乙烯/α-烯烃共聚物为主要原料，添加各类助剂所制造的，密度小于或等于0.939g/cm³的土工膜。

适用于垃圾填埋场在终场覆盖、临时覆盖、中间覆盖等工程中所使用的线性低密度聚乙烯（LLDPE）土工膜已发布城镇建设行业标准《垃圾填埋场用线性低密度聚乙烯土工膜》（CJ/T 276—2008）。覆盖用的低密度聚乙烯（LDPE）土工膜可参照本标准。

1. 产品的分类、代号和型号

土工膜根据其外观可分为光面土工膜和糙面土工膜两类。光面土工膜是指膜的两面均具有光洁、平整外观的土工膜，光面线性低密度土工膜的代号为LLDPE-1。糙面土工膜是指采用特定的工艺手段制造的单面或双面具有均匀的毛糙表面的土工膜。具有单面毛糙表面的土工膜称为单糙面土工膜，具有双面毛糙表面的土工膜称为双糙面土工膜，糙面线性低密度土工膜的代号为LLDPE2，其中单糙面线性低密度土工膜的代号为LLDPE2-1，双糙面线性低密度土工膜的代号为LLDPE2-2。

产品的型号按产品类型（LLDPE1、LLDPE2-1、LLDPE2-2）、产品宽度、产品厚度、执行标准编号的顺序表示。

型号示例：6000mm宽、1.5mm厚的光面线性低密度土工膜，表示为：LLDPE1 6000/1.5 CJ/T 276—2008。

2. 产品的技术性能要求

（1）规格尺寸及偏差

① 产品单卷的长度不小于50m，长度偏差应控制在±2%。

② 规格尺寸宜大于3000mm，偏差应控制在±1%以内，整数宽度的规格尺寸及偏差值应符合表3-93的要求，非整数宽度产品可参考执行。

表3-93　土工膜的宽度及偏差　　CJ/T 276—2008

项目		指标						
宽度（mm）		3000	4000	5000	6000	7000	8000	≥9000
偏差（mm）	光面	±30	±40	±50	±60	±70	±80	±90
	糙面	±30	±40	±50	±60	±70	±80	±90

③ 产品的厚度规格及偏差应符合表3-94的要求。其中，光面土工膜的偏差应控制在±10%，糙面土工膜的偏差应控制在±15%。临时覆盖可选用厚度大于等于0.5mm的土工膜，终场覆盖的可选用厚度大于等于1.0mm的土工膜。

表 3-94 土工膜的厚度及偏差 CJ/T 276—2008

项目		指标							
厚度		0.50	0.75	1.00	1.25	1.50	2.00	2.50	3.00
极限偏差（mm）	光面	±0.05	±0.07	±0.10	±0.13	±0.15	±0.20	±0.25	±0.30
	糙面	±0.08	±0.11	±0.15	±0.19	±0.23	±0.30	±0.38	±0.45
平均偏差（%）	光面	≥0							
	糙面	≥−5							

（2）外观质量

① 光面土工膜的外观质量应符合表 3-95 的要求。

② 糙面膜外观应均匀，不应有直径大于 5mm 的结块（块状糙面膜除外）或面积大于 $100cm^2$ 缺损等现象。

（3）产品的技术性能指标

产品的技术性能指标应符合以下要求：

① 光面 LLDPE 土工膜的技术性能指标应符合表 3-96 的要求。

② 单糙面、双糙面的 LLDPE 土工膜的技术性能指标应符合表 3-97 的要求。

（4）生产原料与配方要求

① 用来制造线性低密度土工膜的聚乙烯树脂的原料应符合 GB/T 11115—2009 的要求。

表 3-95 土工膜的外观质量 CJ/T 276—2008

序号	项目	要求
1	切口	平直，无明显锯齿现象
2	穿孔修复点	不允许
3	机械（加工）划痕	不明显
4	僵块	膜表面每平方米限于 10 个以内，单个直径应小于 2.0mm。截面上不允许有贯穿膜厚度的僵块
5	气泡和杂质	不允许
6	裂纹、分层、接头和断头	不允许

表 3-96 光面 LLDPE 土工膜的技术性能指标 CJ/T 276—2008

序号	项目	指标							
		0.50mm	0.75mm	1.00mm	1.25mm	1.50mm	2.00mm	2.50mm	3.00mm
1	密度（g/cm^3）	≤0.939							
2	拉伸性能								
	断裂强度（应力）（N/mm）	13	20	27	33	40	53	66	80
	断裂标称应变（%）	800							
	2%正割模量（N/mm）	210	370	420	520	630	840	1050	1260

续表

序号	项目	指标							
		0.50mm	0.75mm	1.00mm	1.25mm	1.50mm	2.00mm	2.50mm	3.00mm
3	抗直角撕裂强度（N）	50	70	100	120	150	200	250	300
4	抗穿刺强度（N）	120	190	250	310	370	500	620	750
5	多轴拉伸断裂应变（%）	30							
6	耐环境应力开裂（h）	1500							
7	炭黑								
	炭黑含量（范围）（%）	2.0～3.0							
	炭黑分布度	10个观察区域中的9次应属于1级或2级，属于第3级的不应多于1次							
8	氧化诱导时间（OIT）								
	标准OIT（min）	100							
	高压OIT（min）	400							
9	85℃烘箱老化（最小平均值）								
	烘烤90d后，标准OIT的保留（%）	35							
	烘烤90d后，高压OIT的保留（%）	60							
10	抗紫外线强度								
	紫外线照射1600h后，高压OIT的保留（%）	35							
11	−70℃低温冲击脆化性能	通过							
12	水蒸气渗透系数[g·cm/(cm²·s·Pa)]	$\leqslant 1.0\times10^{-13}$							
13	尺寸稳定性（%）	±2							

表3-97　糙面LLDPE土工膜的技术性能指标　　CJ/T 276—2008

序号	项目	指标							
		0.50mm	0.75mm	1.00mm	1.25mm	1.50mm	2.00mm	2.50mm	3.00mm
1	毛糙高度（mm）	0.25							
2	密度（g/cm³）	$\leqslant 0.939$							
3	拉伸性能								
	断裂强度（应力）（N/mm）	5	9	11	13	16	21	26	31
	断裂标称应变（%）	250							
	2%正割模量（N/mm）	210	370	420	520	630	840	1050	1260
4	抗直角撕裂强度（N）	50	70	100	120	150	200	250	300

续表

序号	项目	指标							
		0.50mm	0.75mm	1.00mm	1.25mm	1.50mm	2.00mm	2.50mm	3.00mm
5	多轴拉伸断裂应变（%）	30							
6	抗穿刺强度（N）	100	150	200	250	300	400	500	600
7	耐环境应力开裂（h）	1500							
8	炭黑								
	炭黑含量（范围）（%）	2.0～3.0							
	炭黑分布度	10个观察区域中的9次应属于1级或2级，属于第3级的不应多于1次							
9	氧化诱导时间（OIT）								
	标准OIT（min）	100							
	高压OIT（min）	400							
10	抗紫外线强度								
	紫外线照射1600h后，高压OIT的保留（%）	35							
11	85℃烘箱老化（最小平均值）								
	烘烤90d后，标准OIT的保留（%）	35							
	烘烤90d后，高压OIT的保留（%）	60							
12	−70℃低温冲击脆化性能	通过							
13	水蒸气渗透系数 [g·cm/(cm²·s·Pa)]	$\leqslant 1.0\times10^{-13}$							
14	尺寸稳定性（%）	±2							

② 树脂熔体流动速率应小于1.0g/10min（190℃/2.16kg）。生产使用回用料时，回用料不应超过10%。回用料应是与原料相同的，在内部生产过程中同一或同类生产线产生的符合标准要求、清洁的再循环树脂。生产中不应加入任何其他类型的回收利用树脂。

③ 产品一般为黑色，可根据环境需要加入着色剂制成绿色或其他颜色。

3.6.7 垃圾填埋场用非织造土工布

非织造土工布是指由定向的或随机取向的纤维通过摩擦和（或）黏合形成的薄片状、纤网状或絮垫状的一类土工布，也称为无纺土工布。适用于垃圾填埋防渗、导排、覆盖等系统中使用的非织造土工布已发布城镇建设行业标准《垃圾填埋场用非织造土工布》（CJ/T 430—2013）。

1. 产品的分类和型号

（1）产品的分类

垃圾填埋场常用的非织造土工布分类如下：

① 按纤维类别可分为聚酯纤维（涤纶）和聚丙烯纤维（丙纶）。

② 按纤维长度可分为短丝和长丝。

③ 按幅宽和单位面积质量划分规格。

（2）型号

垃圾填埋场用非织造土工布的型号由纤维类别、纤维长度、幅宽和单位面积质量等组成，其型号按土工布类型代号（非织造土工布加“GTX-N”）、纤维类别代码（涤纶用PET，丙纶用PP）、纤维长度代码（长丝用F，短丝用S）、单位面积质量（g/m^2）、幅宽（m）的顺序来表达。

示例：

以丙纶为原料，采用长丝纤维生产的单位面积质量为300g/m^2、幅宽为4.5m的非织造土工布表示为：GTX-N-PP-F-300-4.5。

2. 产品的技术性能要求

（1）单位面积质量、尺寸规格与允许偏差

非织造土工布的规格与偏差应符合表3-98的要求。

（2）性能

垃圾填埋场用非织造土工布的主要技术参数应符合表3-99和表3-100的要求。

（3）外观质量

① 非织造土工布的外观质量应符合表3-101的要求。

② 在一卷土工布上不应存在重缺陷，轻缺陷每200m^2不应超过5个。

表3-98　垃圾填埋场用非织造土工布的规格与偏差　　CJ/T 430—2013

项目	指标						
规格（g/m^2）	200	300	400	500	600	800	1000
短丝单位面积质量偏差（%）	±6						
长丝单位面积质量偏差（%）	±5						
厚度（mm）	2.0	2.4	3.1	3.8	4.1	5.0	6.5
厚度偏差（mm）	±0.2	±0.2	±0.3	±0.3	±0.4	±0.5	±0.6
幅宽（m）	≥4.0						
幅度偏差（%）	±0.5						

表3-99　垃圾填埋场防渗、导排系统非织造土工布的主要技术参数　　CJ/T 430—2013

项目		断裂强度（kN/m）	断裂伸长率（%）	顶破强力（kN）	等效孔径 O_{90}（mm）	垂直渗透系数（cm/s）	撕破强力（kN）	人工气候老化断裂强度保留率（%）	人工气候老化断裂伸长率保留率（%）
规格（g/m^2）	200	≥11.0	40～80	≥2.1	0.05～0.20	$K\times(10^{-1}\sim10^{-3})$ $K=1.0\sim9.9$	≥0.28	≥70	≥70
	300	≥16.5		≥3.2			≥0.42		
	400	≥22.0		≥4.3			≥0.56		
	500	≥27.5		≥5.8			≥0.70		
	600	≥33.0		≥7.0			≥0.82		
	800	≥44.0		≥8.7			≥1.10		
	1000	≥55.0		≥9.4			≥1.25		

表 3-100　垃圾填埋场覆盖非织造土工布的主要技术参数　　CJ/T 430—2013

项目		断裂强度 (kN/m)	断裂伸长率 (%)	顶破强力 (kN)	等效孔径 O_{90} (mm)	垂直渗透系数 (cm/s)	撕破强力 (kN)	人工气候老化断裂强度保留率 (%)	人工气候老化断裂伸长率保留率 (%)
规格 (g/m²)	200	≥6.5	40～80	≥0.9	0.05～0.20	$K\times(10^{-1}\sim10^{-3})$ $K=1.0\sim9.9$	≥0.16	≥70	≥70
	300	≥9.5		≥1.5			≥0.24		
	400	≥12.5		≥2.1			≥0.33		
	500	≥16.0		≥2.7			≥0.42		
	600	≥19.0		≥3.2			≥0.46		
	800	≥25.0		≥4.0			≥0.60		

表 3-101　非织造土工布的外观质量　　CJ/T 430—2013

序号	项目（瑕疵）	轻缺陷	重缺陷
1	布面不匀，折痕	轻微	严重
2	杂物	软质，粗≤3mm	硬质；软质，粗>3mm
3	边不良	≥300cm 时，每 50cm 计一处	<300cm
4	破损	≤0.5cm	>0.5cm；破洞

注：破损以疵点最大长度计。

3.6.8　轨道交通工程用天然钠基膨润土防水毯

适用于轨道交通工程防水，以天然钠基膨润土为主要原材料及用针刺覆膜法制作的防水毯（GCL-OF），已发布国家标准《轨道交通工程用天然钠基膨润土防水毯》（GB/T 35470—2017）。该标准不适用于存在高浓度电解质溶液的轨道交通工程。

1. 产品标记

产品标记由标准号、产品类型 GCL-OF（针刺覆膜法防水毯）、膨润土品种 N（天然钠基膨润土）、单位面积质量、长度-宽度顺序组成。

示例：

长度为 30m、宽度为 6m、单位面积质量为 5000g/m² 的针刺覆膜法天然钠基膨润土防水毯可表示为：GB/T 35470—2017 GCL-OF/N/5000/30-6。

2. 产品的技术性能要求

（1）一般要求

① 宜使用单位面积质量为 220g/m² 的非织造土工布。

② 产品使用的塑料扁丝编织土工布应符合 GB/T 17690—1999 的要求，并宜使用具有抗紫外线功能的单位面积质量为 110g/m² 的塑料扁丝编织土工布。

③ 产品使用的聚乙烯土工膜应符合 GB/T 17643—2011 的规定，并且厚度不小于 0.15mm。

（2）技术要求

① 膨润土的技术指标应符合表 3-102 的要求。

② 产品的外观质量：应表面平整，厚度均匀，无破洞、破边，无残留断针，针刺均匀。

③ 长度和宽度的允许偏差：负偏差不得大于公称值的 1%。

④ 防水毯的物理力学性能应符合表 3-103 的规定。

表 3-102　膨润土性能　　GB/T 35470—2017

序号	试验项目		指标
1	粒径 0.2～2mm 膨润土颗粒含量（%）	≥	80
2	膨胀指数（mL/2g）	≥	24
3	耐久性（mL/2g）	≥	20
4	吸蓝量（g/100g）	≥	30
5	滤失量（mL）	≤	18
6	天然钠基膨润土颗粒鉴定		鉴定后为天然钠基膨润土颗粒

表 3-103　物理力学性能　　GB/T 35470—2017

序号	试验项目			指标
1	干燥状态单位面积质量（g/m²）		≥	5000
2	拉伸强度（N/100mm）		≥	800
3	最大负荷下伸长率（%）		≥	10
4	剥离强度（N/100mm）	非织造布-编织布	≥	65
		PE 膜-非织造布	≥	65
5	穿刺强度（N）		≥	620
6	渗透系数（m/s）		≤	5.0×10^{-12}
7	耐静水压			0.6MPa，1h，无渗漏
8	低温柔性			−35℃无裂纹
9	落球冲击（500g・lm）			剥离、孔洞、撕裂等破坏现象

3.6.9　天然钠基膨润土防渗衬垫

天然钠基膨润土是以蒙脱石（也称微晶高岭石、胶岭石）为主要成分的黏土岩——蒙脱石黏土岩。自然界天然产出的膨润土中钠离子和钾离子交换容量总和与钙离子和镁离子交换容量总和之比大于等于 1 时的膨润土称为天然钠基膨润土。

适用于以天然钠基膨润土为主要原料，双面覆盖土工布（膜）或塑料板，经针刺缝织或粘结的，主要用于地铁、隧道、人工湖、火电厂、垃圾填埋场、机场、水利、路桥、建筑等领域的防水、防渗工程的防渗衬垫已发布建材行业标准《天然钠基膨润土防渗衬垫》（JC/T 2054—2011）。此标准所规定的防渗衬垫不适用于存在高浓度电解质溶液的防水、防渗工程。

1. 产品的分类和标记

天然钠基膨润土防渗衬垫按其制造工艺的不同，可分为针刺法防水衬垫、针刺覆膜法防水衬垫和胶粘法防水衬垫三类。针刺法防水衬垫是由两层土工布包裹天然钠基膨润土颗粒针刺制成的毯状材料，用 GCL-ZN 表示，如图 3-9（a）所示。针刺覆膜法防水衬垫是在针刺法防水衬垫的非织造土工布外表面上再复合一层高密度聚乙烯土工膜等制成的毯状材料，用

GCL-FN 表示，如图 3-9（b）所示。胶粘法防渗衬垫是用胶粘剂把天然钠基膨润土颗粒粘结到高密度聚乙烯板上或其他板上，压缩生产的一种膨润土防渗衬垫，用 JNL 表示，如图 3-9（c）所示。

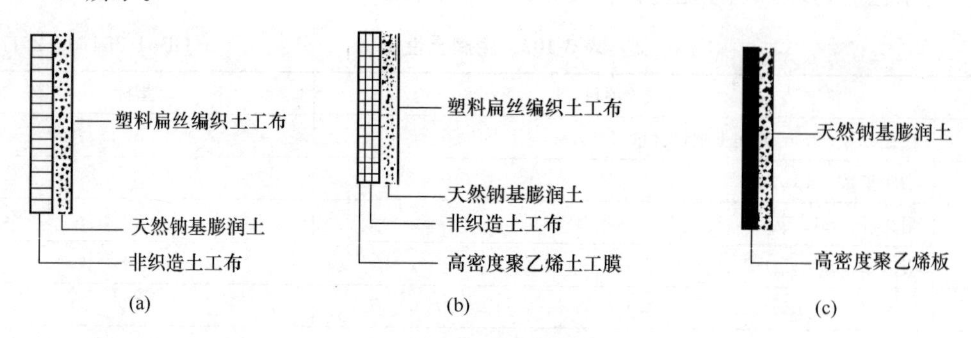

图 3-9　天然钠基膨润土防渗衬垫示意图

（a）针刺法防渗衬垫；（b）针刺覆膜法防渗衬垫；（c）胶粘法防渗衬垫

天然钠基膨润土防渗衬垫按其单位面积所含膨润土质量分为 4000g/m^2、4500g/m^2、5000g/m^2、5500g/m^2 四种型号，其他型号由供需双方商定。

防渗衬垫产品按产品类型代号（GCL-ZN、GCL-FN、JNL）、单位面积膨润土质量、长度和宽度、标准编号的顺序标记。

示例：

符合 JC/T 2054—2011，单位面积质量为 5000g/m^2、长度 30m、宽度 6m 的针刺法防渗衬垫标记为：GCL-ZN/5000/30-6 JC/T 2054—2011。

2. 产品技术性能要求

（1）防渗衬垫使用的原材料要求

① 防渗衬垫使用的天然钠基膨润土原料应符合表 3-104 的要求。

② 防渗衬垫使用的聚乙烯土工膜应符合 GB/T 17643—2011 的规定；使用的塑料扁丝编织土工布应符合 GB/T 17690—1999 的规定，其单位质量面积不应小于 100g/m^2；使用的非织造土工布应符合 GB/T 17639—2008 的规定，其单位面积质量不应小于 200g/m^2。

（2）防渗衬垫的外观质量

防渗衬垫应表面平整，厚度均匀，无破洞、破边，无残留断针，针刺均匀。

（3）防渗衬垫的长度和宽度

防渗衬垫的长度和宽度由供需双方商定。其负偏差不得大于公称尺寸的 1%。

（4）防渗衬垫的物理力学性能

防渗衬垫产品的物理力学性能应符合表 3-105 的规定。

表 3-104　天然钠基膨润土原料性能要求　　JC/T 2054—2011

项目		技术指标
0.2～2.0mm 颗粒含量（%）	≥	80
膨胀指数（mL/2g）	≥	22
膨胀指数变化率（%）	≥	80
滤失量（mL）	≤	18

表 3-105 防渗衬垫产品的物理力学性能指标 JC/T 2054—2011

序号	项目			技术指标		
				GCL-ZN	GCL-FN	JNL
1	单位面积膨润土质量（g/m²）			不小于规定值		
2	拉伸强度（N/100mm）		≥	600	700	600
3	最大负荷下伸长率（%）			10～20	10～20	8～15
4	剥离强度（N/100mm）	非织造布与编织布	≥	40	40	—
		高密度聚乙烯土工膜与非织造布	≥	—	30	—
5	渗透系数（m/s）		≤	5.0×10^{-11}	5.0×10^{-12}	1.0×10^{-12}
6	耐静水压			0.4MPa，1h，无渗漏	0.6MPa，1h，无渗漏	0.6MPa，1h，无渗漏
7	穿刺强度（N）		≥	445	635	220
8	厚度（mm）			6.0		

3.6.10 钠基膨润土防水毯

膨润土是指以蒙脱石为主要矿物成分的一类非金属矿产，其有钠基膨润土、钙基膨润土、氢基膨润土、有机膨润土等类型。

适用于地铁、隧道、人工湖、垃圾填埋场、机场、水利、路桥、建筑等领域的防水、防渗工程使用的，以钠基膨润土为主要原料，采用针刺法、针刺覆膜法或胶粘法生产的钠基膨润土防水毯（简称 GCL）已发布建筑工业行业标准《钠基膨润土防水毯》（JG/T 193—2006）。该标准不适用于存在高浓度电解质溶液的防水、防渗工程。

1. 产品的分类和标记

（1）产品的分类

① 钠基膨润土防水毯按其产品类型的不同，可分为针刺法钠基膨润土防水毯、针刺覆膜法钠基膨润土防水毯、胶粘法钠基膨润土防水毯。针刺法钠基膨润土防水毯是由两层土工布包裹钠基膨润土颗粒针刺而成的一类毯状材料，如图 3-10（a）所示，用 GCL-NP 表示。针刺覆膜法钠基膨润土防水毯，是在针刺法钠基膨润土防水毯的非织造土工布外表面上复合一层高密度聚乙烯薄膜，如图 3-10（b）所示，用 GCL-OF 表示。胶粘法钠基膨润土防水毯，是用胶粘剂把膨润土上颗粒粘结到高密度聚乙烯板上，压缩生产的一种钠基膨润土防水毯，如图 3-10（c）所示，用 GCL-AH 表示。

② 钠基膨润土防水毯按其膨润土品种的不同，可分为人工钠化膨润土，用 A 表示；天然钠基膨润土，用 N 表示。

③ 钠基膨润土防水毯按其单位面积质量的不同，可分为 4000g/m²、4500g/m²、5000g/m²、5500g/m² 等，用 4000、4500、5000、5500 等表示。

④ 钠基膨润土防水毯按其产品规格的不同进行分类，产品主要规格以长度和宽度区分，推荐系列如下：

产品长度以 m 为单位，用 20、30 等表示。

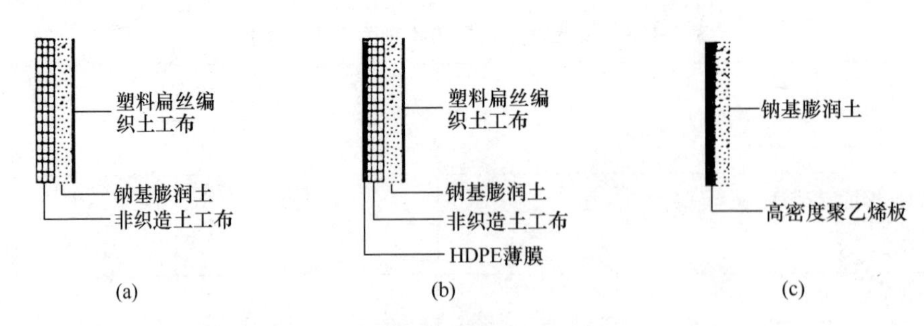

图 3-10　钠基膨润土防水毯

(a) 针刺法钠基膨润土防水毯；(b) 针刺覆膜法钠基膨润土防水毯；(c) 胶粘法钠基膨润土防水毯

产品宽度以 m 为单位，用 2.5、5.0、5.85 等表示。

特殊需要可根据要求设计。

(2) 产品的标记

钠基膨润土防水毯按其产品类型（GCL-NP、GCL-OF、GCL-AH）、膨润土品种（N、A）、单位面积质量（以 g/m^2 为单位）、产品规格：长度-宽度（以 m 为单位）、执行标准编号的顺序进行标记。

标记示例：

长度 30m、宽度 5.85m 的针刺法天然钠基膨润土防水毯，单位面积质量为 $4000g/m^2$ 可表示为：GCL-NP/N/4000/30-5.85 JG/T 193—2006。

2. 产品的技术性能要求

(1) 原材料要求

① 产品使用的膨润土应为天然钠基膨润土或人工钠化膨润土，粒径在 0.2～2mm 范围内的膨润土颗粒质量应至少占膨润土总质量的 80%。

② 产品使用的聚乙烯土工膜应符合 GB/T 17643 的规定，其他膜材也应符合相应标准的要求。

③ 产品使用的塑料扁丝编织土工布应符合 GB/T 17690 的要求，并宜使用具有抗紫外线功能的单位面积质量为 $120g/m^2$ 的塑料扁丝编织土工布。

④ 宜使用单位面积质量为 $220g/m^2$ 的非织造土工布。

(2) 外观质量

表面平整，厚度均匀，无破洞、破边，无残留断针，针刺均匀。

(3) 尺寸偏差

长度和宽度尺寸偏差应符合表 3-106 的要求。

(4) 物理力学性能

产品的物理力学性能应符合表 3-107 的要求。

表 3-106　钠基膨润土防水毯的尺寸偏差　　JG/T 193—2006

项目	指标	允许偏差（%）
长度（m）	按设计或合同规定	−1
宽度（m）	按设计或合同规定	−1

表3-107　钠基膨润土防水毯的物理力学性能指标　　JG/T 193—2006

项目		技术指标		
		GCL-NP	GCL-OF	GCL-AH
膨润土防水毯单位面积质量（g/m^2）		≥4000且 不小于规定值	≥4000且 不小于规定值	≥4000且 不小于规定值
膨润土膨胀指数（mL/2g）		≥24	≥24	≥24
吸蓝量（g/100g）		≥30	≥30	≥30
拉伸强度（N/100mm）		≥600	≥700	≥600
最大负荷下伸长率（%）		≥10	≥10	≥8
剥离强度（N/100mm）	非织造布与编织布	≥40	≥40	—
	PE膜与非织造布	—	≥30	—
渗透系数（m/s）		$\leqslant 5.0\times10^{-11}$	$\leqslant 5.0\times10^{-12}$	$\leqslant 1.0\times10^{-12}$
耐静水压		0.4MPa，1h，无渗漏	0.6MPa，1h，无渗漏	0.6MPa，1h，无渗漏
滤失量（mL）		≤18	≤18	≤18
膨润土耐久性（mL/2g）		≥20	≥20	≥20

3.7　沥青基防水卷材常用原材料

沥青基防水卷材常用原材料有沥青（见第2章）、胎基、玻璃纤维网布、彩砂等。

3.7.1　沥青防水卷材用基胎的聚酯非织造布（聚酯毡）

作为沥青防水卷材用基胎的聚酯非织造布（聚酯毡）现已发布适用于以涤纶纤维为原料，经针刺或热黏合加固后，再经热或化学黏合工艺制成的非织造布产品国家标准《沥青防水卷材用基胎　聚酯非织造布》（GB/T 17987—2000）。

1. 产品的规格和代号

（1）沥青防水卷材用聚酯非织造布基胎的规格包括单位面积质量和幅宽两项，按合同规定和实际需要设计。幅宽和单位面积质量推荐如下：幅宽（cm）：102；单位面积质量（g/m^2）：180、200、220、250、270。

（2）沥青防水卷材用聚酯非织造布基胎的代号内容应包括产品类型、产品规格以及生产企业的编号。形式按原材料［PES（F）—涤纶长丝，PES（S）—涤纶短纤］、黏合法（F—热黏合法，B—化学黏合法）、单位面积质量（g/m^2）、幅宽（cm）、企业编号的顺序编写。

示例：

单位面积质量为250g/m^2、幅宽为102cm的化学黏合聚酯长丝非织造布，产品代号为：PES（F）-B-250/102-××××。

2. 产品的技术性能要求

（1）外观质量

沥青防水卷材用聚酯非织造布基胎表面应均匀、平整、无折痕、无破洞、卷装整齐。

(2) 内在质量考核项目

内在质量考核项目包括幅宽偏差、断裂强力、断裂伸长率和热稳定性，技术要求按断裂强力分为A、B和C三级，见表3-108。

表3-108　沥青防水卷材用聚酯非织造布基胎考核项目技术要求 GB/T 17987—2000

<table>
<tr><th colspan="3">项目</th><th>A级</th><th>B级</th><th>C级</th><th>备注</th></tr>
<tr><td colspan="2">断裂强力（N）</td><td>≥</td><td>700</td><td>450</td><td>350</td><td>纵横向</td></tr>
<tr><td colspan="2">断裂强力最低单值（N）</td><td>≥</td><td>600</td><td>380</td><td>300</td><td>纵横向</td></tr>
<tr><td colspan="2">断裂伸长率（%）</td><td>≥</td><td>30</td><td>25</td><td>20</td><td>纵横向</td></tr>
<tr><td colspan="3">幅宽偏差</td><td>不允许负偏差</td><td>不允许负偏差</td><td>不允许负偏差</td><td>按标称值</td></tr>
<tr><td rowspan="2">热稳定性（%）</td><td>纵向伸长</td><td>≤</td><td>1.5</td><td>2</td><td>2.5</td><td rowspan="2"></td></tr>
<tr><td>横向收缩</td><td>≤</td><td>1.5</td><td>2</td><td>2.5</td></tr>
</table>

(3) 内在质量参考项目

下列项目不作为考核指标。如果合同有要求，则按下列条文执行。

① 单位面积质量偏差

按GB/T 17987—2000中5.1的要求试验后，A级为−5%，B级和C级为−6%。

② 浸渍性

按GB/T 17987—2000中5.5的要求试验后，应浸渍均匀，没有未浸渍部分。

③ 弯曲性

按GB/T 17987—2000中5.6的要求试验后，试样没有折痕或断裂。

④ 耐水性

按GB/T 17987—2000中5.7的规定处理后，其断裂强力不低于表3-108规定值的95%。

3.7.2　沥青防水卷材用胎基

适用于作为沥青防水卷材胎基的聚酯毡、玻纤毡、聚乙烯膜、玻纤毡与玻纤网格布复合毡、聚酯毡与玻纤网格布复合毡产品已发布国家标准《沥青防水卷材用胎基》（GB/T 18840—2018）。

聚酯毡是指以涤纶纤维为原料，采用热黏合或化学黏合方法生产的一类非织造布；玻纤毡是指以中碱或无碱玻璃纤维为原料，用黏合剂湿法成型的一类薄毡或加筋薄毡。聚乙烯膜是指以聚乙烯为原料成型的一类薄膜。玻纤毡与玻纤网格布复合毡是指以玻纤毡与中碱或无碱玻纤网格布复合成的一类胎基。聚酯毡与玻纤网格布复合毡是指以聚酯毡与中碱或无碱玻纤网格布复合成的一类胎基。

1. 产品的分类和标记

(1) 产品的类别和型号

产品按胎基材料分为5种类别，见表3-109。

表3-109　沥青防水卷材胎基的类别 GB/T 18840—2018

类别	聚酯毡	玻纤毡	聚乙烯膜	玻纤毡与玻纤网格布复合毡	聚酯毡与玻纤网格布复合毡
代号	PY	G	PE	GK	PYK

聚酯毡、玻纤毡与玻纤网格布复合毡、聚酯毡与玻纤网格布复合毡分为Ⅰ型和Ⅱ型。

（2）标记

产品按其产品的名称、本标准号、类别代号、型号（当划分型号时，Ⅰ型/Ⅱ型）、幅宽（mm）、单位面积质量（g/m^2）的顺序进行标记。

示例：

单位质量面积 180g/m^2、幅宽 1020mm、Ⅰ型的聚酯毡标记为：沥青防水卷材用胎基 GB/T 18840—2018 PYⅠ 1020/180。

（3）用途

本标准所规定胎基的主要用途如下：

① 聚酯毡：主要用于 GB 18242、GB 18243、GB/T 23457 规定的以其为胎基的卷材。

② 玻纤毡：主要用于 GB/T 20474 规定的以其为胎基的沥青瓦。

③ 聚乙烯膜：主要用于 GB 18967 规定的胎基与 GB 23441、GB/T 35467 规定的无胎或高分子膜基卷材。

④ 玻纤毡与玻纤网格布复合毡主要用于 JC/T 1076 规定的以其为胎基的卷材。

⑤ 聚酯毡与玻纤网格布复合毡主要用于 JC/T 1077 规定的以其为胎基的卷材。

2. 产品的技术性能要求

（1）外观及幅宽

① 胎基外观质量应表面平整、均匀、无折痕、无孔洞、无污迹、无缺口、边缘平直、卷装整齐。

② 产品的幅宽按生产厂标称值，不应有负偏差。

（2）产品的物理力学性能

① 聚酯毡的物理力学性能应符合表 3-110 的规定。

② 玻纤毡的物理力学性能应符合表 3-111 的规定。

③ 聚乙烯膜的物理力学性能应符合表 3-112 的规定。

④ 玻纤毡与玻纤网格布复合毡的物理力学性能应符合表 3-113 的规定。

⑤ 聚酯毡与玻纤网格布复合毡的物理力学性能应符合表 3-114 的规定。

表 3-110 聚酯毡的物理力学性能 GB/T 18840—2018

序号	项目		指标	
			Ⅰ	Ⅱ
1	单位面积质量[a]（g/cm^2）		明示值，无负偏差	
2	单位面积质量变异系数 C_V（%）		≤10	
3	厚度（mm）		≤1.2	≤1.5
4	拉力（N/50mm）	纵向	≥450	≥700
		横向		
5	拉力最小单值（N/50mm）	纵向	≥400	≥600
		横向		
6	最大拉力时延伸率（%）	纵向	≥25	≥35
		横向		

续表

序号	项目		指标	
			Ⅰ	Ⅱ
7	撕裂强度（N）	纵向	≥160	≥250
		横向		
8	含水率（%）		≤1.0	
9	浸渍后吸水率（%）		≤1.0	
10	耐水性（%）		≥92	
11	热尺寸稳定性（%）	纵向	伸长≤2.0	伸长≤1.5
		横向	缩短≤2.0	缩短≤1.5

a 生产企业的单位面积质量的明示值应在产品说明书、订货合同和包装上明示用户。

表 3-111 玻纤毡的物理力学性能 GB/T 18840—2018

序号	项目		指标
1	单位面积质量[a]（g/m^2）		明示值，无负偏差
2	单位面积质量变异系数 C_v（%）		≤10
3	拉力（N/50mm）	纵向	≥280
		横向	≥200
4	拉力最小单值（N/50mm）	纵向	≥220
		横向	≥160
5	撕裂强度（N）		≥9
6	弯曲性［(23±2)℃］		半径 35mm
			无折痕、断裂、分层
7	含水率（%）		≤1.0
8	浸渍后吸水率（%）		≤1.0
9	耐水性（%）		≥80
10	玻璃纤维含量（%）		≥70

a 生产企业的单位面积质量的明示值应在产品说明书、订货合同和包装上明示用户。

表 3-112 聚乙烯膜的物理力学性能 GB/T 18840—2018

序号	项目		指标
1	单位面积质量[a]（g/m^2）		明示值，无负偏差
2	单位面积质量变异系数 C_v（%）		≤5
3	拉力（N/50mm）	纵向	≥200
		横向	
4	拉力最小单值（N/50mm）	纵向	≥160
		横向	
5	断裂延伸率（%）	纵向	≥160
		横向	

续表

序号	项目			指标
6	撕裂强度（N）		纵向	≥25
			横向	
7	热尺寸稳定性（90℃，24h）（%）		纵向	伸长≤3.0； 缩短≤3.0
			横向	
8	热老化（80℃，168h）	拉力保持率（%）	纵向	≥90
			横向	
		断裂延伸率保持率（%）	纵向	≥80
			横向	

a　生产企业的单位面积质量的明示值应在产品说明书、订货合同和包装上明示用户。

表 3-113　玻纤毡与玻纤网格布复合毡的物理力学性能　GB/T 18840—2018

序号	项目		指标	
			Ⅰ	Ⅱ
1	单位面积质量[a]（g/m^2）		明示值，无负偏差	
2	单位面积质量变异系数 C_v（%）		≤10	
3	拉力（N/50mm）	纵向	≥350	≥550
		横向	≥250	≥450
4	拉力最小单值（N/50mm）	纵向	≥300	≥500
		横向	≥200	≥400
5	撕裂强度（N）	纵向	≥120	≥180
		横向	≥80	≥140
6	弯曲性［(23±2)℃］		半径 25mm	半径 35mm
			无折痕、断裂、分层	
7	含水率（%）		≤1.5	
8	浸渍后吸水率（%）		≤1.0	
9	耐水性（%）		≥80	
10	玻璃纤维含量（%）		≥70	

a　生产企业的单位面积质量的明示值应在产品说明书、订货合同和包装上明示用户。

表 3-114　聚酯毡与玻纤网格布复合毡的物理力学性能　GB/T 18840—2018

序号	项目		指标	
			Ⅰ	Ⅱ
1	单位面积质量[a]（g/m^2）		明示值，无负偏差	
2	单位面积质量变异系数 C_v（%）		≤10	
3	拉力（N/50mm）	纵向	≥450	≥550
		横向	≥350	≥450
4	拉力最小单值（N/50mm）	纵向	≥360	≥440
		横向	≥280	≥360

续表

序号	项目		指标	
			Ⅰ	Ⅱ
5	断裂延伸率（%）	纵向	≥20	≥25
		横向		
6	撕裂强度（N）	纵向	≥150	≥180
		横向	≥120	≥150
7	弯曲性［(23±2)℃］		半径 25mm	半径 35mm
			无折痕、断裂、分层	
8	含水率（%）		≤2.0	
9	浸渍后吸水率（%）		≤1.0	
10	耐水性（%）		≥85	

a 生产企业的单位面积质量的明示值应在产品说明书、订货合同和包装上明示用户。

3.7.3 耐碱玻璃纤维网布

耐碱玻璃纤维网布已发布适用于采用耐碱玻璃纤维纱织造，并经有机材料涂覆处理的网布建材行业标准《耐碱玻璃纤维网布》（JC/T 841—2007）。该产品主要用于水泥基制品的增强材料，如隔墙板、网架板、外墙保温工程用材料等，也可用作聚合物及石膏、沥青等基体的增强材料。

1. 产品的代号

耐碱网布的代号包括下列要素：

（1）所用玻璃的类型，AR 表示耐碱玻璃。

（2）表示网布类型的字母，NP 表示经涂覆处理的网布。

（3）经纱密度，以根/25mm 为单位表示的数值，后接乘号“×”。

（4）纬纱密度，以根/25mm 为单位表示的数值，后接连接号“-”。

（5）网布的宽度，以 cm 为单位。

（6）网布组织，L 表示纱罗组织，P 表示平纹组织。

（7）单位面积质量，放在括号内，以 g/m^2 为单位。

示例：经纬纱密度为 6 根/25mm、幅宽为 100cm、单位面积质量为 $180g/m^2$ 的纱罗组织的耐碱玻璃纤维网布代号为：ARNP6×6-100L(180)。

2. 产品的技术性能要求

1）理化性能

（1）氧化锆、氧化钛含量

应符合下列规定：

① ZrO_2 含量为（14.5±0.8）%，TiO_2 含量为（6.0±0.5）%。

② ZrO_2 和 TiO_2 的含量大于等于 19.2%，同时 ZrO_2 含量大于等于 13.7%。

③ ZrO_2 含量大于等于 16.0%。

（2）经纬密度

经纬密度由供需双方商定，实测值应不超过标称值的±10%。

（3）单位面积质量

单位面积质量由供需双方商定，实测值应不超过其标称值的±8%。

（4）拉伸断裂强力和断裂伸长率

拉伸断裂强力应符合表3-115的规定，断裂伸长率应不大于4.0%。经向或纬向单向加强的网布拉伸断裂强力由供需双方商定。

表3-115 拉伸断裂强力 JC/T 841—2007

标称单位面积质量（g/m²）	拉伸断裂强力（N/50mm）≥		标称单位面积质量（g/m²）	拉伸断裂强力（N/50mm）≥	
	经向	纬向		经向	纬向
≤100	700	700	191～210	1500	1500
101～120	800	800	211～230	1600	1600
121～130	900	900	231～250	1700	1700
131～140	1000	1000	251～270	1800	1800
141～150	1100	1100	271～290	1900	1900
151～160	1200	1200	291～310	2000	2000
161～170	1300	1300	311～330	2100	2100
171～190	1400	1400	＞331	2200	2200

（5）可燃物含量

可燃物含量应不小于12%。

（6）耐碱性

拉伸断裂强力保留率应不小于75%。

2）外观

（1）外观疵点分类按表3-116的规定。

（2）质量要求

① 凡临近的各类疵点应分别计算，疵点混在一起按主要疵点计。测量断续或分散的疵点长度时，间距在20mm以下的取其全部长度。

② 五个次要疵点计为一个主要疵点。每百平方米主要疵点数不得超过10个，不得有不允许出现的疵点。

（3）宽度和长度

① 耐碱网布的宽度和长度由供需双方商定。宽度的实测值应在标称值的±1.5%的范围内。

表3-116 外观疵点分类 JC/T 841—2007

序号	疵点名称	疵点特征	主要疵点⊙	次要疵点△
1	断经、断纬、缺经、缺纬	单根长度＜50mm 单根长度≥50mm或双根长度＜20mm 大于双根或双根长度≥20mm	 ⊙ 不允许	△
2	袋状变形凹凸状	清晰可见	⊙	
3	切口或撕裂	＞5mm～＜50mm ≥50mm	 ⊙	△

续表

序号	疵点名称	疵点特征	主要疵点⊙	次要疵点△
4	网眼不清	每平方米>5 个～<25 个 每平方米≥25 个	 ⊙	△
5	纬斜	每米幅宽，长度≥10mm～<50mm 长度≥50mm～<100mm 长度≥100mm	 ⊙ 不允许	△
6	污渍	>20mm～<50mm ≥50mm	 ⊙	△
7	接头痕迹轧梭痕迹	平整无毛刺≥60mm 不平整带毛刺<60mm 不平整带毛刺≥60mm	 ⊙	△ △
8	折痕	严重嵌入或自身折叠	⊙	
9	卷边不齐	凹凸≥5mm～<20mm 凹凸≥20mm	 ⊙	△
10	杂物	>100mm^2～≤300mm^2 >300mm^2	 ⊙	△

② 除非另有商定，网布的长度为 30m、50m 或其整数倍，实测值应在标称值的±1.5%范围内。卷长超过 60m 的允许拼段一次，每段长度不得少于 10m，拼段处应有明显标志，对于一个交付批，拼段的卷数不得超过总卷数的 5%。

3.7.4 沥青瓦用彩砂

沥青瓦用彩砂现已发布适用于玻纤胎沥青瓦上表面外露部位使用的矿物保护材料，其他外露使用防水材料的矿物保护材料也可参照建材行业标准《沥青瓦用彩砂》（JC/T 1071—2008）。

1. 产品的标记

按产品名称、颜色和标准号顺序标记。

示例：

紫红色沥青瓦用彩砂标记为：沥青瓦用彩砂　紫红色　JC/T 1071—2008。

注：颜色也可采用生产商代号。

2. 产品的技术性能要求

（1）原材料

生产彩砂的原材料宜为玄武岩，不得采用石英砂等透光的石料与含石灰石的石料。

彩砂着色的颜料宜采用无机颜料。

（2）外观

产品的外观应松散，颜色均匀，无结团、聚结。

（3）级配

产品的级配应符合表 3-117 的规定。

（4）理化性能

产品的理化性能应符合表3-118的规定。

表3-117　沥青瓦用彩砂的级配　　JC/T 1071—2008

序号	筛孔尺寸	累积筛余百分率（%）
1	2.36mm	0
2	1.70mm	0～10
3	1.18mm	20～50
4	850μm	45～90
5	600μm	70～100
6	300μm	98～100
7	150μm	99～100

表3-118　沥青瓦用彩砂的理化性能　　JC/T 1071—2008

序号	项目			指标
1	松散堆积密度（kg/m^3）		≥	1200
2	表观密度（kg/m^3）		≥	2500
3	含水率（%）		≤	1.0
4	粉尘含量（%）		≤	0.5
5	压碎指标（%）		≤	25
6	流动性（s）		≤	15
7	憎水性（min）		≥	1
8	含油率（%）			0.5～1.5
9	锈蚀性（个）			0
10	耐酸性（mL/100g）			≤10或呈酸性
11	耐沸水性	外观		无浑浊、结团
		ΔE	≤	4
12	耐高温性	外观		无浑浊
		ΔE	≤	4
13	耐紫外线光照	ΔE	≤	3

第 4 章　建筑防水涂料

涂料是一类呈现流动状态或可液化的固体粉末状态或厚浆状态的，能均匀涂覆并且能牢固地附着在被涂物体表面，并对被涂物体起到装饰作用、保护作用及特殊作用或几种作用兼而有之的成膜物质。涂料按其用途的不同，可分为建筑涂料、工业涂料和通用涂料及辅助材料三个主要类别。

建筑涂料是指涂敷于建筑构件表面，并能与构件表面材料很好地粘结，形成完整保护膜的一种成膜物质。建筑涂料的主要产品类型有墙面涂料、防水涂料、地坪涂料、功能性涂料等。建筑涂料主要产品类型见表 4-1。

表 4-1　建筑涂料主要产品类型　　GB/T 2705—2003

主要产品类型		主要成膜物质类型
墙面涂料	合成树脂乳液内墙涂料 合成树脂乳液外墙涂料 溶剂型外墙涂料 其他墙面涂料	丙烯酸酯类及其改性共聚乳液；醋酸乙烯及其改性共聚乳液；聚氨酯、氟碳等树脂；无机黏合剂等
防水涂料	溶剂型树脂防水涂料 聚合物乳液防水涂料 其他防水涂料	EVA、丙烯酸酯类乳液；聚氨酯、沥青、PVC胶泥或油膏、聚丁二烯等树脂
地坪涂料	水泥基等非水质地面用涂料	聚氨酯、环氧等树脂
功能性建筑涂料	防火涂料 防霉（藻）涂料 保温隔热涂料 其他功能性建筑涂料	聚氨酯、环氧、丙烯酸酯类、乙烯类、氟碳等树脂

注：主要成膜物质类型中树脂类型包括水性、溶剂型、无溶剂型等。

建筑防水涂料简称防水涂料，一般是由沥青、合成高分子聚合物、合成高分子聚合物与水泥等为主要成膜物质，掺入适量的体质颜料（填料）、助剂、溶剂等加工制成的水乳型、溶剂型或者反应型的，在常温下呈流动状态或可液化的固体粉末状态或厚浆状态的，可单独或与胎体增强材料进行复合，使用刷子、辊筒、刮板、喷枪等工具经刷涂、刮涂、喷涂工艺的涂布施工，通过溶剂的挥发或水分的蒸发或反应固化之后，在基层表面形成一层具有一定厚度和弹性的整体防水涂膜的，从而起到建（构）筑物防水抗渗功能的一类高分子合成材料的总称。建筑防水涂料是按照涂膜的性能进行分类所得出的一个建筑涂料的类别。

涂膜防水由于防水效果好且施工简单，尤其适合于表面形状复杂的结构防水工程，因而应用广泛，适合于建筑物的屋面、墙面、室内和地面、地下工程以及其他工程的防水。

4.1　建筑防水涂料的分类、性能特点和环保要求

4.1.1　建筑防水涂料的分类

目前，建筑防水涂料一般按照涂料的类型和涂料的成膜物质的主要成分进行分类。建筑防水涂料的分类如图 4-1 所示。

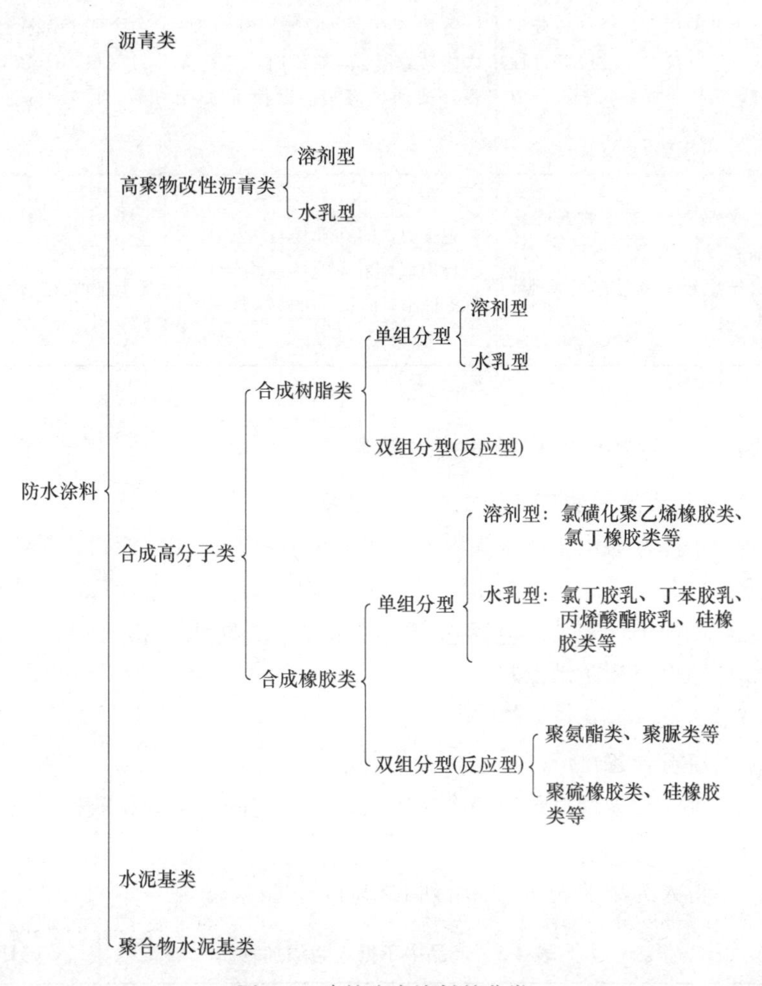

图 4-1　建筑防水涂料的分类

建筑防水涂料根据其主要成膜物质的不同，可分为沥青类、高分子聚合物改性沥青类、合成高分子类（合成树脂类和合成橡胶类）、水泥基类、聚合物水泥基类；根据其组分的不同，可分为单组分和双组分；根据其分散介质的不同，可分为水乳型、溶剂型和反应型。

4.1.2　建筑防水涂料的性能特点

建筑防水涂料的主要性能特点参见表 4-2。

表 4-2　各类型防水涂料的性能特点

种类	成膜特点	施工特点	贮存及注意事项
乳液型	通过水分蒸发，高分子材料经过固体微料靠近、接触、变形等过程而成膜，涂层干燥较慢，一次成膜的致密性较溶剂型涂料低	施工较安全，操作简单，不污染环境，可在较为潮湿的找平层上施工，一般不宜在5℃以下的气温下施工，生产成本较低	贮存期一般不宜超过半年，产品无毒、不燃，生产及贮存使用均比较安全
溶剂型	通过溶剂的挥发，经过高分子材料的分子链接触、搭接等过程而成膜，涂层干燥快，结膜较薄而致密	溶剂苯有毒，对环境有污染，人体易受侵害，施工时，应具备良好的通风环境，以保证人身安全	涂料贮存的稳定性较好，应密封存放，产品易燃、易爆、有毒，生产、运输、贮存和施工时均应注意安全、注意防火
反应型	通过液态高分子预聚物与固化剂等辅料发生化学反应而成膜，可一次结成致密的较厚的涂膜，几乎无收缩	施工时，需在现场按规定配方进行准确配料，搅拌应均匀，方可保证施工质量，价格较贵	双组分涂料每组分需分别桶装、密封存放，产品有异味，生产运输贮存和施工时均应注意防火

4.1.3　建筑防水涂料环境保护的技术要求

4.1.3.1　建筑防水涂料的环境标志产品技术要求

现已发布适用于挥发固化型防水涂料（双组分聚合物水泥防水涂料、单组分丙烯酸酯聚合物乳液防水涂料）和反应固化型防水涂料（聚氨酯防水涂料、改性环氧防水涂料、聚脲防水涂料）的国家环境保护标准《环境标志产品技术要求　防水涂料》（HJ 457—2009）。此标准不适用于煤焦油聚氨酯防水涂料。

1. 基本要求

（1）产品质量应符合各自产品质量标准的要求。

（2）产品生产企业污染物排放应符合国家或地方规定的污染物排放标准的要求。

2. 技术要求

（1）产品中不得人为添加表 4-3 中所列的物质。

表 4-3　产品中不得人为添加物质　　HJ 457—2009

类别	物质
乙二醇醚及其酯类	乙二醇甲醚、乙二醇甲醚醋酸酯、乙二醇乙醚、乙二醇乙醚醋酸酯、二乙二醇丁醚醋酸酯
邻苯二甲酸酯类	邻苯二甲酸二辛酯（DOP）、邻苯二甲酸二正丁酯（DBP）
二元胺	乙二胺、丙二胺、丁二胺、己二胺
表面活性剂	烷基酚聚氧乙烯醚（APEO）、支链十二烷基苯磺酸钠（ABS）
酮类	3，5，5-三甲基-2 环己烯基-1-酮（异佛尔酮）
有机溶剂	二氯甲烷、二氧乙烷、三氯甲烷、三氯乙烷、四氯化碳、正己烷

（2）产品中有害物质限值应满足表 4-4 和表 4-5 的要求。

表 4-4 挥发固化型防水涂料中有害物限值 HJ 457—2009

项目	双组分聚合物水泥防水涂料		单组分丙烯酸酯聚合物乳液防水涂料
	液料	粉料	
VOC（g/L） ≤	10	—	10
内照射指数 ≤	—	0.6	—
外照射指数 ≤		0.6	
可溶性铅（Pb）（mg/kg） ≤	90	—	90
可溶性镉（Cd）（mg/kg） ≤	75	—	75
可溶性铬（Cr）（mg/kg） ≤	60	—	60
可溶性汞（Hg）（mg/kg） ≤	60	—	60
甲醛（mg/kg） ≤	100	—	100

表 4-5 反应固化型防水涂料中有害物限值 HJ 457—2009

项目	环氧防水涂料	聚脲防水涂料	聚氨酯防水涂料	
			单组分	双组分
VOC（g/kg） ≤	150	50	100	
苯（g/kg） ≤	0.5			
苯类溶剂（g/kg） ≤	80	50	80	
可溶性铅（Pb）（mg/kg） ≤	90			
可溶性镉（Cd）（mg/kg） ≤	75			
可溶性铬（Cr）（mg/kg） ≤	60			
可溶性汞（Hg）（mg/kg） ≤	60			
固化剂中游离甲苯二异氰酸酯（TDI）（%） ≤	—	0.5	—	0.5

（3）企业应建立符合国家标准《化学品安全技术说明书内容和项目顺序》（GB/T 16483）要求的原料安全数据单（MSDS），并可向使用方提供。

4.1.3.2 建筑防水涂料中有害物质限量

已发布适用于建筑防水用各类涂料和防水材料配套用的液体材料的建材行业标准《建筑防水涂料中有害物质限量》（JC 1066—2008）。

1. 产品的分类

（1）建筑防水涂料按有害物质含量分为 A 级、B 级。

（2）建筑防水涂料按性质分为水性、反应型、溶剂型，表 4-6 给出了现有产品的分类示例。

表 4-6 防水涂料性质分类示例

分类	产品示例
水性	水乳型沥青基防水涂料、水性有机硅防水剂、水性防水剂、聚合物水泥防水涂料、聚合物乳液防水涂料（含丙烯酸、乙烯醋酸乙烯等）、水乳型硅橡胶防水涂料、聚合物水泥防水砂浆等
反应型	聚氨酯防水涂料（含单组分、水固化、双组分等）、聚脲防水涂料、环氧树脂改性防水涂料、反应型聚合物水泥防水涂料等
溶剂型	溶剂型沥青基防水涂料、溶剂型防水剂、溶剂型基层处理剂等

2. 产品的技术性能要求

（1）水性建筑防水涂料中有害物质的含量应符合表4-7的要求。

表4-7 水性建筑防水涂料中有害物质含量 JC 1066—2008

<table>
<tr><th rowspan="2">序号</th><th rowspan="2" colspan="2">项目</th><th colspan="2">含量</th></tr>
<tr><th>A</th><th>B</th></tr>
<tr><td>1</td><td colspan="2">挥发性有机化合物（VOC）(g/L) ≤</td><td>80</td><td>120</td></tr>
<tr><td>2</td><td colspan="2">游离甲醛（mg/kg） ≤</td><td>100</td><td>200</td></tr>
<tr><td>3</td><td colspan="2">苯、甲苯、乙苯和二甲苯总和（mg/kg） ≤</td><td colspan="2">300</td></tr>
<tr><td>4</td><td colspan="2">氨（mg/kg） ≤</td><td>500</td><td>1000</td></tr>
<tr><td rowspan="4">5</td><td rowspan="4">可溶性重金属[a]（mg/kg） ≤</td><td>铅 Pb</td><td colspan="2">90</td></tr>
<tr><td>镉 Cd</td><td colspan="2">75</td></tr>
<tr><td>铬 Cr</td><td colspan="2">60</td></tr>
<tr><td>汞 Hg</td><td colspan="2">60</td></tr>
</table>

a 无色、白色、黑色防水涂料不需要测定可溶性重金属。

（2）反应型建筑防水涂料中有害物质的含量应符合表4-8的要求。

表4-8 反应型建筑防水涂料中有害物质含量 JC 1066—2008

<table>
<tr><th rowspan="2">序号</th><th rowspan="2" colspan="2">项目</th><th colspan="2">含量</th></tr>
<tr><th>A</th><th>B</th></tr>
<tr><td>1</td><td colspan="2">挥发性有机化合物（VOC）(g/L) ≤</td><td>50</td><td>200</td></tr>
<tr><td>2</td><td colspan="2">苯（mg/kg） ≤</td><td colspan="2">200</td></tr>
<tr><td>3</td><td colspan="2">甲苯＋乙苯＋二甲苯（g/kg） ≤</td><td>1.0</td><td>5.0</td></tr>
<tr><td>4</td><td colspan="2">苯酚（mg/kg） ≤</td><td>200</td><td>500</td></tr>
<tr><td>5</td><td colspan="2">蒽（mg/kg） ≤</td><td>10</td><td>100</td></tr>
<tr><td>6</td><td colspan="2">萘（mg/kg） ≤</td><td>200</td><td>500</td></tr>
<tr><td>7</td><td colspan="2">游离 TDI[a]（g/kg） ≤</td><td>3</td><td>7</td></tr>
<tr><td rowspan="4">8</td><td rowspan="4">可溶性重金属[b]（mg/kg） ≤</td><td>铅 Pb</td><td colspan="2">90</td></tr>
<tr><td>镉 Cd</td><td colspan="2">75</td></tr>
<tr><td>铬 Cr</td><td colspan="2">60</td></tr>
<tr><td>汞 Hg</td><td colspan="2">60</td></tr>
</table>

a 仅适用于聚氨酯类防水涂料。

b 无色、白色、黑色防水涂料不需测定可溶性重金属。

（3）溶剂型建筑防水涂料中有害物质的含量应符合表4-9的要求。

表4-9 溶剂型建筑防水涂料有害物质含量 JC 1066—2008

<table>
<tr><th rowspan="2">序号</th><th rowspan="2">项目</th><th>含量</th></tr>
<tr><th>B</th></tr>
<tr><td>1</td><td>挥发性有机化合物（VOC）(g/L) ≤</td><td>750</td></tr>
<tr><td>2</td><td>苯（g/kg） ≤</td><td>2.0</td></tr>
<tr><td>3</td><td>甲苯＋乙苯＋二甲苯（g/kg） ≤</td><td>400</td></tr>
</table>

续表

序号	项目			含量
				B
4	苯酚（mg/kg）	≤		500
5	蒽（mg/kg）	≤		100
6	萘（mg/kg）	≤		500
7	可溶性重金属[a]（mg/kg）	≤	铅 Pb	90
			镉 Cd	75
			铬 Cr	60
			汞 Hg	60

a　无色、白色、黑色防水涂料不需测定可溶性重金属。

4.2　沥青基防水涂料

沥青基防水涂料是以沥青为主要成分配制而成的水乳型或溶剂型防水涂料。沥青基防水涂料包括沥青类防水涂料和高聚物改性沥青防水涂料。

高聚物改性沥青防水涂料一般是以沥青为基料，用合成高分子聚合物对其进行改性，配制而成的溶剂型或水乳型防水涂料。

4.2.1　水乳型沥青防水涂料

水乳型沥青防水涂料是指以水为介质，采用化学乳化剂和（或）矿物乳化剂制得的一类沥青防水涂料。此类产品已发布建材行业标准《水乳型沥青防水涂料》（JC/T 408—2005）。

产品按其性能分为 H 型和 L 型两类。

产品按产品类型和标准号顺序标记。例如，H 型水乳型沥青防水涂料标记为：水乳型沥青防水涂料 H JC/T 408—2005。

产品外观要求样品搅拌后均匀无色差、无凝胶、无结块、无明显沥青丝。

产品的物理力学性能应满足表 4-10 的要求。

表 4-10　水乳型沥青防水涂料物理力学性能　　JC/T 408—2005

项目		L	H
固体含量（%）	≥	45	
耐热度（℃）		80±2	110±2
		无流淌、滑动、滴落	
不透水性		0.10MPa，30min 无渗水	
粘结强度（MPa）	≥	0.30	
表干时间（h）	≤	8	
实干时间（h）	≤	24	

续表

项目		L	H
低温柔度[a]（℃）	标准条件	−15	0
	碱处理	−10	5
	热处理		
	紫外线处理		
断裂伸长率（%）　≥	标准条件	600	
	碱处理		
	热处理		
	紫外线处理		

a　供需双方可以商定温度更低的低温柔度指标。

4.2.2　非固化橡胶沥青防水涂料

非固化橡胶沥青防水涂料是指以橡胶、沥青为主要组分，加入助剂混合制成的在使用年限内保持黏性膏状体的一类防水涂料。

适用于建设工程非外露防水用的非固化橡胶沥青防水涂料已发布建材行业标准《非固化橡胶沥青防水涂料》(JC/T 2428—2017)。

1. 产品的标记

非固化橡胶沥青防水涂料产品按产品名称、标准编号顺序标记。

示例：

非固化橡胶沥青防水涂料的标记为：非固化防水涂料 JC/T 2428—2017。

2. 产品的技术性能要求

(1) 一般要求

产品的生产和应用不应对人体、生物与环境造成有害的影响，所涉及与使用有关的安全与环保要求，应符合我国的相关国家标准和规范的规定。

(2) 技术要求

① 外观

产品应均匀，无结块，无明显可见杂物。

② 物理力学性能

产品物理力学性能应符合表4-11的规定。

表4-11　非固化橡胶沥青防水涂料的物理力学性能　　JC/T 2428—2017

序号	项目		技术指标
1	闪点（℃）		≥180
2	固含量（%）		≥98
3	粘结性能	干燥基面	100%内聚破坏
		潮湿基面	
4	延伸性（mm）		≥15

续表

序号	项目		技术指标
5	低温柔性		−20℃，无断裂
6	耐热性（℃）		65
			无滑动、流淌、滴落
7	热老化（70℃，168h）	延伸性（mm）	≥15
		低温柔性	−15℃，无断裂
8	耐酸性（2%H_2SO_4溶液）	外观	无变化
		延伸性（mm）	≥15
		质量变化（%）	±0.2
9	耐碱性[0.1%NaOH+饱和$Ca(OH)_2$溶液]	外观	无变化
		延伸性（mm）	≥15
		质量变化（%）	±2.0
10	耐盐性（3%NaCl溶液）	外观	无变化
		延伸性（mm）	≥15
		质量变化（%）	±0.2
11	自愈性		无渗水
12	渗油性（张）		≤2
13	应力松弛（%）	无处理	≤35
		热老化（70℃，168h）	
14	抗窜水性（0.6MPa）		无窜水

4.2.3 道桥用防水涂料

适用于以水泥混凝土为面层的道路和桥梁表面，并在其上面加铺沥青混凝土层的防水涂料已发布建材行业标准《道桥用防水涂料》（JC/T 975—2005）。

1. 产品的分类和标记

道桥用防水涂料产品按其材料性质的不同，可分为道桥用聚合物改性沥青防水涂料（PB）、道桥用聚氨酯防水涂料（PU）、道桥用聚合物水泥防水涂料（JS）。

道桥用聚合物改性沥青防水涂料按其使用方式的不同可分为水性冷施工（L型）和热熔施工（R型）两种；按其性能的不同可分为Ⅰ、Ⅱ两类。

产品按名称、使用方式、类别和标准号顺序标记。

示例：

Ⅰ类道桥用水性聚合物改性沥青防水涂料，标记为：道桥用防水涂料 PBL Ⅰ JC/T 975—2005。

2. 产品的技术性能要求

1）一般要求

本标准包括的产品不应对人体、生物与环境造成有害的影响，所涉及与使用有关的安全与环保要求，应符合我国有关标准和规范的规定。

本标准的产品在应用时，应与增强材料或保护层结合使用，其中聚氨酯防水涂料与沥青混凝土层间需设过渡界面层。

2）技术要求

（1）外观

① L 型道桥用聚合物改性沥青防水涂料应为棕褐色或黑褐色液体，经搅拌后无凝胶、结块、呈均匀状态。

② R 型道桥用聚合物改性沥青防水涂料应为黑色块状物，无杂质。

③ 道桥用聚氨酯防水涂料应为均匀黏稠体，经搅拌后无凝胶、结块，呈均匀状态。

④ 道桥用聚合物水泥防水涂料的液料组分应为均匀黏稠体，无凝胶、结块；粉料组分应无杂质、结块。

（2）涂料通用性能

产品性能应符合表 4-12 的要求。

表 4-12　道桥用防水涂料通用性能　　JC/T 975—2005

<table>
<tr><th rowspan="2">序号</th><th rowspan="2" colspan="3">项目</th><th colspan="2">PB</th><th rowspan="2">PU</th><th rowspan="2">JS</th></tr>
<tr><th>Ⅰ型</th><th>Ⅱ型</th></tr>
<tr><td>1</td><td colspan="2">固体含量（%）</td><td>≥</td><td>45</td><td>50</td><td>98</td><td>65</td></tr>
<tr><td>2</td><td colspan="2">表干时间（h）</td><td>≤</td><td colspan="4">4</td></tr>
<tr><td>3</td><td colspan="2">实干时间（h）</td><td>≤</td><td colspan="4">8</td></tr>
<tr><td rowspan="2">4</td><td colspan="3" rowspan="2">耐热度（℃）</td><td>140</td><td>160</td><td colspan="2">160</td></tr>
<tr><td colspan="4">无流淌、滑动、滴落</td></tr>
<tr><td>5</td><td colspan="3">不透水性（0.3MPa，30min）</td><td colspan="4">不透水</td></tr>
<tr><td rowspan="2">6</td><td colspan="3" rowspan="2">低温柔度（℃）</td><td>−15</td><td>−25</td><td>−40</td><td>−10</td></tr>
<tr><td colspan="4">无裂纹</td></tr>
<tr><td>7</td><td colspan="2">拉伸强度（MPa）</td><td>≥</td><td>0.50</td><td>1.00</td><td>2.45</td><td>1.20</td></tr>
<tr><td>8</td><td colspan="2">断裂延伸率（%）</td><td>≥</td><td colspan="2">800</td><td>450</td><td>200</td></tr>
<tr><td rowspan="5">9</td><td rowspan="5">盐处理</td><td>拉伸强度保持率（%）</td><td>≥</td><td colspan="4">80</td></tr>
<tr><td>断裂延伸率（%）</td><td>≥</td><td colspan="2">800</td><td>400</td><td>140</td></tr>
<tr><td rowspan="2" colspan="2">低温柔度（℃）</td><td>−10</td><td>−20</td><td>−35</td><td>−5</td></tr>
<tr><td colspan="4">无裂纹</td></tr>
<tr><td>质量增加（%）</td><td>≤</td><td colspan="4">2.0</td></tr>
<tr><td rowspan="6">10</td><td rowspan="6">老热化</td><td>拉伸强度保持率（%）</td><td>≥</td><td colspan="4">80</td></tr>
<tr><td>断裂延伸率（%）</td><td>≥</td><td colspan="2">600</td><td>400</td><td>150</td></tr>
<tr><td rowspan="2" colspan="2">低温柔度（℃）</td><td>−10</td><td>−20</td><td>−35</td><td>−5</td></tr>
<tr><td colspan="4">无裂纹</td></tr>
<tr><td>加热伸缩率（%）</td><td>≤</td><td colspan="4">1.0</td></tr>
<tr><td>质量损失（%）</td><td>≤</td><td colspan="4">1.0</td></tr>
<tr><td>11</td><td colspan="2">涂料与水泥混凝土粘结强度（MPa）</td><td>≥</td><td>0.40</td><td>0.60</td><td>1.00</td><td>0.70</td></tr>
</table>

a　不适用于 R 型道桥用聚合物改性沥青防水涂料。

（3）涂料应用性能

涂料应用性能应符合表4-13的要求。

表4-13　道桥用防水涂料应用性能　　JC/T 975—2005

序号	项目		PB		PU	JS
			Ⅰ型	Ⅱ型		
1	50℃剪切强度[a]（MPa）	≥	0.15	0.20	0.20	
2	50℃粘结强度[a]（MPa）	≥	0.050			
3	热碾压后抗渗性		0.1MPa，30min不透水			
4	接缝变形能力		10000次循环无破坏			

a　供需双方根据需要可以采用其他温度。

4.2.4　路桥用水性沥青基防水涂料

水性沥青基防水涂料是指以水为介质、沥青为基料、橡胶等高聚物为改性材料配制生产而成的一类水乳型高聚物改性沥青防水材料。

路桥用水性沥青基防水涂料已发布适用于公路桥梁及涵洞等防水工程用水乳型改性沥青防水涂料，铁路、市政可参照执行的交通运输行业标准《路桥用水性沥青基防水涂料》（JT/T 535—2015）。

1. 产品的分类、代号和标记

水性沥青基防水涂料代号为SLT，水性沥青基防水涂料按其适用气候条件分为Ⅰ型、Ⅱ型两种。Ⅰ型适用于温热气候条件；Ⅱ型适用于寒冷气候条件。

产品按产品代号、产品型号、执行标准的顺序标记。

示例：

Ⅰ型路桥用水性沥青基防水涂料标记为：SLT-Ⅰ-JT/T 535—2015。

2. 产品的技术性能要求

水性沥青基防水涂料的技术性能应满足表4-14的要求。

表4-14　水性沥青基防水涂料的技术性能指标　　JT/T 535—2015

序号	项目		Ⅰ型	Ⅱ型
1	外观		搅拌后为黑色或蓝褐色均质液体，搅拌棒上不黏附任何明显颗粒	
2	固体含量（%）		≥50	
3	干燥时间（h）	表干时间	≤4	
		实干时间	≤10	
4	耐热性		160℃，无流淌、滑动、滴落	
5	不透水性		0.3MPa，30min不渗水	
6	粘结强度（MPa）		≥0.4	≥0.5
7	低温柔性		−15℃无裂纹、断裂	−25℃无裂纹、断裂
8	无处理延伸率（%）		≥500	≥600

续表

序号	项目		Ⅰ型	Ⅱ型
9	盐处理	断裂延伸率（%）	≥500	≥600
		低温柔性	−10℃无裂纹、断裂	−20℃无裂纹、断裂
		质量增加（%）	≤2.0	
10	耐腐蚀性	耐碱（20℃）	3%Ca（OH）$_2$溶液浸泡15d，无分层、变色、气泡	
		耐酸（20℃）	3%HCl溶液浸泡15d，无分层、变色、气泡	
11	高温抗剪（60℃）（MPa）		≥0.16	
12	热碾压后抗渗水		0.1MPa，30min不渗水	
13	热老化	断裂延伸率（%）	≥300	≥400
		低温柔性	−10℃无裂纹、断裂	−15℃无裂纹、断裂
		加热伸缩率（%）	≤1.0	
		质量损失（%）	≤1.0	

4.2.5 路桥用溶剂性沥青基防水粘结涂料

溶剂性沥青基防水粘结涂料是指以沥青为基料，添加各种有机高分子材料，由有机溶剂溶解稀释而制备的一类防水粘结涂料。

适用于以水泥混凝土为基面并加铺沥青混凝土的道路和桥面用防水粘结涂料的生产和使用，路桥面用防水粘结涂料可参照现已发布的交通运输行业标准《路桥用溶剂性沥青基防水粘结涂料》（JT/T 983—2015）。此标准对路桥用溶剂性沥青基防水粘结涂料提出的技术要求如下：

（1）防水粘结涂料应为黑色均质液体，经搅拌后无明显颗粒、凝胶、结块。

（2）防水粘结涂料按涂料性能分为Ⅰ型和Ⅱ型，其性能应符合表4-15的规定。

表4-15　防水粘结涂料的性能　　JT/T 983—2015

检验项目		技术指标	
		Ⅰ	Ⅱ
固体含量（%）		≥42	
表干时间（23℃）（h）		≤3	
实干时间（23℃）（h）		≤8	
120℃无流淌、滑动、滴落		90℃无流淌、滑动、滴落	
−25℃低温裂纹、断裂		−10℃，无裂纹、断裂	
不透水性（0.3MPa、30min）		不透水	
拉伸强度（23℃）（MPa）		≥0.80	≥1.00
断裂伸长率（23℃）（%）		≥400	≥600
粘结强度（23℃）（MPa）		≥0.80	≥1.50
耐腐蚀性（碱处理）	拉伸强度（23℃）（MPa）	≥0.80	≥1.00
	断裂伸长率（23℃）（%）	≥200	≥400
	低温柔性	−5℃无裂纹、断裂	−20℃无裂纹、断裂

续表

检验项目		技术指标	
		Ⅰ	Ⅱ
耐腐蚀性（盐处理）	拉伸强度（23℃）（MPa）	≥0.80	≥1.00
	断裂伸长率（23℃）（%）	≥200	≥400
	低温柔性	−5℃无裂纹、断裂	−20℃无裂纹、断裂
热老化	拉伸强度（23℃）（MPa）	≥0.80	≥1.00
	断裂伸长率（23℃）（%）	≥100	≥300
	低温柔性	−5℃无裂纹、断裂	−20℃无裂纹、断裂

（3）铺装沥青混凝土后防水粘结涂料的性能应符合表4-16的规定。

表4-16 铺装沥青混凝土后防水粘结涂料的性能 JT/T 983—2015

项目	技术指标	
	Ⅰ	Ⅱ
粘结强度（23℃）（MPa）	≥0.80	≥1.00
剪切强度（23℃）（MPa）	≥1.00	≥1.20
粘结强度（40℃）（MPa）	≥0.15	
剪切强度（40℃）（MPa）	≥0.30	

注：推荐用量为0.3～0.6kg/m²。

4.3 合成高分子防水涂料

合成高分子防水涂料是以合成橡胶或合成树脂为主要成膜物质，加入其他辅助材料配制而成的单组分或多组分的一类防水涂膜材料。合成高分子防水涂料的种类繁多，在通常情况下，一般都按其化学成分进行命名，如聚氨酯防水涂料、聚合物乳液防水涂料等。合成高分子防水涂料按其形态的不同，可分为乳液型、溶剂型和反应型三类。按其包装形式的不同，可分为单组分、多组分等类型。

4.3.1 聚氨酯防水涂料

聚氨酯防水涂料简称PU防水涂料。适用于工程防水用的聚氨酯防水涂料已发布国家标准《聚氨酯防水涂料》(GB/T 19250—2013)。

1. 产品的分类和标记

（1）产品的分类

聚氨酯防水涂料产品按其组分的不同分为单组分（S）和多组分（M）两种；按其基本性能的不同分为Ⅰ型、Ⅱ型和Ⅲ型；按其是否暴露使用分为外露（E）和非外露（N）；按其有限物质限量分为A类和B类。

聚氨酯防水涂料Ⅰ型产品可用于工业与民用建筑工程；Ⅱ型产品可用于桥梁等非直接通行部位；Ⅲ型产品可用于桥梁、停车场、上人屋面等外露通行部位。

室内、隧道等密闭空间宜选用有害物质限量A类的产品，施工与使用时应注意通风。

（2）产品的标记

聚氨酯防水涂料按其产品名称、组分、基本性能、是否暴露、有害物质限量和标准号的顺序标记。

示例：

A类Ⅲ型外露单组分聚氨酯防水涂料标记为：PU防水涂料 SⅢEA GB/T 19250—2013。

2. 产品的技术性能要求

（1）一般要求

产品的生产和应用不应对人体、生物与环境造成有害的影响，所涉及与使用有关的安全与环保要求，应符合我国的相关国家标准和规范的规定。

（2）外观

产品为均匀黏稠体，无凝胶、结块。

（3）物理力学性能

① 聚氨酯防水涂料的基本性能应符合表4-17的规定。

表4-17　聚氨酯防水涂料的基本性能　　GB/T 19250—2013

序号	项　目			技术指标		
				Ⅰ	Ⅱ	Ⅲ
1	固体含量(%)	单组分	≥	85.0		
		多组分		92.0		
2	表干时间(h)		≤	12		
3	实干时间(h)		≤	24		
4	流平性[a]			20min时，无明显齿痕		
5	拉伸强度(MPa)		≥	2.00	6.00	12.0
6	断裂伸长率(%)		≥	500	450	250
7	撕裂强度(N/mm)		≥	15	30	40
8	低温弯折性			−35℃，无裂纹		
9	不透水性			0.3MPa，120min，不透水		
10	加热伸缩率(%)			−4.0～+1.0		
11	粘结强度(MPa)		≥	1.0		
12	吸水率(%)		≤	5.0		
13	定伸时老化	加热老化		无裂纹及变形		
		人工气候老化		无裂纹及变形		
14	热处理（80℃，168h）	拉伸强度保持率(%)		80～150		
		断裂伸长率(%)	≥	450	400	200
		低温弯折性		−30℃，无裂纹		
15	碱处理[0.1%NaOH+饱和 $Ca(OH)_2$ 溶液，168h]	拉伸强度保持率(%)		80～150		
		断裂伸长率(%)	≥	450	400	200
		低温弯折性		−30℃，无裂纹		

续表

序号	项　目			技术指标		
				Ⅰ	Ⅱ	Ⅲ
16	酸处理（2% H_2SO_4 溶液，168h）	拉伸强度保持率（%）		80～150		
		断裂伸长率（%）	≥	450	400	200
		低温弯折性		－30℃，无裂纹		
17	人工气候老化[b]（1000h）	拉伸强度保持率（%）		80～150		
		断裂伸长率（%）	≥	450	400	200
		低温弯折性		－30℃，无裂纹		
18	燃烧性能[b]			B_2-E（点火15s，燃烧20s，Fs≤150mm，无燃烧滴落物引燃滤纸）		

a　该项性能不适用于单组分和喷涂施工的产品。流平性时间也可根据工程要求和施工环境由供需双方商定并在订货合同与产品包装上明示。

b　仅外露产品要求测定。

② 聚氨酯防水涂料的可选性能应符合表4-18的规定，根据产品应用的工程或环境条件由供需双方商定选用，并在订货合同与产品包装上明示。

表4-18　聚氨酯防水涂料的可选性能　　GB/T 19250—2013

序号	项　目		技术指标	应用的工程条件
1	硬度（邵氏AM）	≥	60	上人屋面、停车场等外露通行部位
2	耐磨性（750g，500r）（mg）	≤	50	上人屋面、停车场等外露通行部位
3	耐冲击性（kg·m）	≥	1.0	上人屋面、停车场等外露通行部位
4	接缝动态变形能力（10000次）		无裂纹	桥梁、桥面等动态变形部位

③ 聚氨酯防水涂料中的有害物质含量应符合表4-19的规定。

表4-19　聚氨酯防水涂料的有害物质限量　　GB/T 19250—2013

序号	项　目			有害物质限量	
				A类	B类
1	挥发性有机化合物（VOC）（g/L）		≤	50	200
2	苯（mg/kg）		≤	200	
3	甲苯＋乙苯＋二甲苯（g/kg）		≤	1.0	5.0
4	苯酚（mg/kg）		≤	100	100
5	蒽（mg/kg）		≤	10	10
6	萘（mg/kg）		≤	200	200
7	游离TDI（g/kg）		≤	3	7
8	可溶性重金属（mg/kg）[a] ≤	铅（Pb）		90	
		镉（Cd）		75	
		铬（Cr）		60	
		汞（Hg）		60	

a　可选项目，由供需双方商定。

4.3.2 脂肪族聚氨酯耐候防水涂料

聚氨酯材料按其化学结构的不同，可分为脂肪族聚氨酯和芳香族聚氨酯。脂肪族聚氨酯耐候防水涂料简称 APU 耐候防水涂料，是指以脂肪族氰酸酯类预聚物为主要成分，用于外露使用的一类防水涂料。

此类产品已发布适用于防水工程中外露使用的建材行业标准《脂肪族聚氨酯耐候防水涂料》(JC/T 2253—2014)。

1. 产品的标记

产品按标准编号、产品名称顺序标记。

示例：

脂肪族聚氨酯耐候防水涂料的标记为：JC/T 2253—2014 APU 耐候涂料。

2. 产品的技术性能要求

(1) 产品的一般要求：产品不应对人体、生物与环境造成有害的影响，所涉及与生产和使用有关的安全与环保要求，应符合我国的相关国家标准和规范的规定。

(2) 产品的外观：样品搅拌后应为均匀黏稠体，无色差、无凝胶、无结块。

(3) 产品的物理力学性能：脂肪族聚氨酯耐候防水涂料的基本性能应符合表 4-20 的规定；脂肪族聚氨酯耐候防水涂料的应用性能应符合表 4-21 的规定，项目可由供需双方商定。

表 4-20 脂肪族聚氨酯耐候防水涂料的基本性能 JC/T 2253—2014

序号	项目			技术指标
1	固含量 (%)		≥	60
2	细度 (μm)		≤	50
3	表干时间 (h)		≤	4
4	实干时间 (h)		≤	24
5	拉伸强度 (MPa)		≥	4.0
6	断裂伸长率 (%)		≥	200
7	低温弯折性 (℃)			−30℃，无裂纹
8	耐磨性 (750g，500r) (mg)		≤	40
9	耐冲击性 (kg·m)		≥	1.0
10	粘结强度 (MPa)		≥	2.5
11	热处理 (80±2)℃，168h	拉伸强度保持率 (%)		70～150
		断裂伸长率保持率 (%)	≥	70
		低温弯折性 (℃)	≤	−25℃无裂纹
12	荧光紫外线 老化 1500h	外观		涂层粉化 0 级，变色≤1 级，无起泡、无裂纹
		拉伸强度保持率 (%)		70～150
		断裂伸长率保持率 (%)	≥	70
		低温弯折性 (℃)	≤	−25℃无裂纹

表4-21 脂肪族聚氨酯耐候防水涂料的应用性能 JC/T 2253—2014

序号	项目			技术指标
1	碱处理 5%NaOH，240h	外观		涂层变色≤1级，无起泡、起皱
		拉伸强度保持率（%）		70～150
		断裂伸长率保持率（%）	≥	70
		低温弯折性（℃）	≤	−25℃无裂纹
2	酸处理 5%H_2SO_4，240h	外观		涂层变色≤1级，无起泡、起皱
		拉伸强度保持率（%）		70～150
		断裂伸长率保持率（%）	≥	70
		低温弯折性（℃）	≤	−25℃无裂纹
3	盐处理 10%NaCl，240h	外观		涂层变色≤1级，无起泡、起皱
		拉伸强度保持率（%）		70～150
		断裂伸长率保持率（%）	≥	70
		低温弯折性（℃）	≤	−25℃无裂纹
4	机油处理 40号机油，240h	外观		涂层变色≤1级，无起泡、起皱
		拉伸强度保持率（%）		70～150
		断裂伸长率保持率（%）	≥	70
		低温弯折性（℃）	≤	−25℃无裂纹
5	浸水处理 (23±2)℃，240h	外观		涂层变色≤1级，无起泡、起皱
		拉伸强度保持率（%）		70～150
		断裂伸长率保持率（%）	≥	70
		低温弯折性（℃）	≤	−25℃无裂纹

4.3.3 喷涂聚氨酯硬泡体保温材料

喷涂聚氨酯硬泡体保温材料（简称SPF）是指以异氰酸酯、多元醇（组合聚醚或聚酯）为主要原料加入添加剂组成的双组分，经现场喷涂施工的具有绝热和防水功能的一类硬质泡沫材料。

适用于现场喷涂法施工的聚氨酯硬泡体非外露保温材料已发布建材行业标准《喷涂聚氨酯硬泡体保温材料》(JC/T 998—2006)。

1. 产品的分类和标记

产品按其使用部位的不同分为Ⅰ型和Ⅱ型两种类型。用于墙体的为Ⅰ型；用于屋面的为Ⅱ型，其中用于非上人屋面的为Ⅱ-A型，用于上人屋面的为Ⅱ-B型。

产品按名称、类别、标准号顺序标记。

示例：

Ⅰ型喷涂聚氨酯硬泡体保温材料标记为：SPF Ⅰ JC/T 998—2006。

2. 产品的技术性能要求

（1）产品的物理力学性能应符合表4-22的要求。

表 4-22 喷涂聚氨酯硬泡体保温材料的物理力学性能 JC/T 998—2006

项次	项目		指标		
			Ⅰ	Ⅱ-A	Ⅱ-B
1	密度（kg/m^3）	≥	30	35	50
2	导热系数[W/(m·K)]	≤	0.024		
3	粘结强度（kPa）	≥	100		
4	尺寸变化率（70℃，48h）（%）	≤	1		
5	抗压强度（MPa）	≥	150	200	300
6	拉伸强度（MPa）	≥	250	—	—
7	断裂伸长率（%）	≥	10		
8	闭孔率（%）	≥	92		95
9	吸水率（%）	≤	3		
10	水蒸气透过率［ng/(Pa·m·s)］	≤	5		
11	抗渗性（mm）（1000mm 水柱，24h 静水压）	≤	5		

（2）产品的燃烧性能按 GB 8624 分级应达到 B_2 级。

4.3.4 喷涂聚脲防水涂料

喷涂聚脲防水涂料是指以异氰酸酯类化合物为甲组分，胺类化合物为乙组分，采用喷涂施工工艺使两组分混合，反应生成的一类双组分弹性体防水涂料。适用于建设工程、基础设施防水用的喷涂聚脲防水涂料已发布国家标准《喷涂聚脲防水涂料》（GB/T 23446—2009）。

1. 产品的分类和标记

喷涂聚脲防水涂料产品按其组成分为喷涂（纯）聚脲防水涂料（代号 JNC）和喷涂聚氨酯（脲）防水涂料（代号 JNJ）；按其物理力学性能分为Ⅰ型和Ⅱ型。

喷涂聚脲防水涂料的甲组分是异氰酸酯单体、聚合体、衍生物、预聚物或半预聚物。预聚物或半预聚物是由端氨基或端羟基化合物与异氰酸酯反应制得，异氰酸酯既可以是芳香族的，也可以是脂肪族的；喷涂聚脲防水涂料的乙组分若是由端氨基树脂和氨基扩链剂等组成的胺类化合物时，通常称之为喷涂（纯）聚脲防水涂料，乙组分若是由端羟基树脂和氨基扩链剂等组成的含有胺类的化合物时，通常称之为喷涂聚氨酯（脲）防水涂料。

喷涂聚脲防水涂料按其产品代号、类别和标准编号的顺序进行标记。

示例：

Ⅰ型喷涂聚氨酯（脲）防水涂料标记为：JNJ 防水涂料Ⅰ GB/T 23446—2009。

2. 产品的技术性能要求

（1）一般要求

产品不应对人体、生物与环境造成有害的影响，所涉及与使用有关的安全与环保要求，应符合我国的相关国家标准和规范的规定。

（2）产品的技术要求

① 外观：产品的各组分为均匀黏稠体，无凝胶、结块。

② 物理力学性能

喷涂聚脲防水涂料的基本性能应符合表4-23的规定；喷涂聚脲防水涂料的耐久性能应符合表4-24的规定；喷涂聚脲防水涂料的特殊性能应符合表4-25的规定。特殊性能根据产品特殊用途需要时或供需双方商定需要时测定，指标也可由供需双方另行商定。

③ 产品中有害物质含量应符合JC 1066—2008中反应型防水涂料A型的要求（表4-8）。

表4-23　喷涂聚脲防水涂料的基本性能　　GB/T 23446—2009

序号	项目			技术指标	
				Ⅰ型	Ⅱ型
1	固体含量（%）		≥	96	98
2	凝胶时间（s）		≤	45	
3	表干时间（s）		≤	120	
4	拉伸强度（MPa）		≥	10.0	16.0
5	断裂伸长率（%）		≥	300	450
6	撕裂强度（N/mm）		≥	40	50
7	低温弯折性（℃）		≤	−35	−40
8	不透水性			0.4MPa，2h不透水	
9	加热伸缩率（%）	伸长	≤	1.0	
		收缩	≤	1.0	
10	粘结强度（MPa）		≥	2.0	2.5
11	吸水率（%）		≤	5.0	

表4-24　喷涂聚脲防水涂料的耐久性能　　GB/T 23446—2009

序号	项目			技术指标	
				Ⅰ型	Ⅱ型
1	定伸时老化	加热老化		无裂纹及变形	
		人工气候老化		无裂纹及变形	
2	热处理	拉伸强度保持率（%）		80～150	
		断裂伸长率（%）	≥	250	400
		低温弯折性（℃）	≤	−30	−35
3	碱处理	拉伸强度保持率（%）		80～150	
		断裂伸长率（%）	≥	250	400
		低温弯折性（℃）	≤	−30	−35
4	酸处理	拉伸强度保持率（%）		80～150	
		断裂伸长率（%）	≥	250	400
		低温弯折性（℃）	≤	−30	−35
5	盐处理	拉伸强度保持率（%）		80～150	
		断裂伸长率（%）	≥	250	400
		低温弯折性（℃）	≤	−30	−35

续表

序号	项目		技术指标	
			Ⅰ型	Ⅱ型
6	人工气候老化	拉伸强度保持率（%）	80～150	
		断裂伸长率（%） ≥	250	400
		低温弯折性（℃） ≤	−30	−35

表 4-25　喷涂聚脲防水涂料的特殊性能　　GB/T 23446—2009

序号	项目	技术指标	
		Ⅰ型	Ⅱ型
1	硬度（邵氏 A） ≥	70	80
2	耐磨性(750g，500r)(mg) ≤	40	30
3	耐冲击性（kg·m） ≥	0.6	1.0

4.3.5　喷涂聚脲防护材料

适用于以端异氰酸酯基半预聚体、端氨基聚醚和胺扩链剂为基料，经高温高压撞击式混合设备喷涂而成的聚脲防护材料现已发布化工行业标准《喷涂聚脲防护材料》（HG/T 3831—2006）。

1. 产品的分类

根据喷涂聚脲防护材料的软硬度，本产品分为弹性材料和刚性材料两大类型，其中弹性材料又分为通用型和防水型两种。

2. 产品的技术性能要求

产品应符合表 4-26 的技术要求。

表 4-26　喷涂聚脲防护材料技术要求　　HG/T 3831—2006

项目		指标		
		弹性材料		刚性材料
		通用型	防水型	
外观		A 组分为无色、黄色或棕色透明液体，B 组分为各色液体		
固体含量（混合后）（%） ≥		95		
凝胶时间（s） ≤		45		30
干燥时间（表干）（min） ≤		10		5
硬度	邵氏 A	75～95		—
	邵氏 D	—		55～75
耐冲击性（kg·m） ≥		—		1.5
耐阴极剥离性[1.5V，(65±5)℃，48h]		—		无起泡，剥离距离≤15mm
拉伸强度（MPa） ≥		10	8	20

续表

项目		指标		
		弹性材料		刚性材料
		通用型	防水型	
断裂伸长率（%）　≥		150	300	20
撕裂强度（kN/m）　≥		40	25	60
附着力（MPa）	钢底材　≥	4.5	—	8.0
	混凝土底材　≥	2.0（或底材破坏）	2.0（或底材破坏）	—
耐磨性（750g，500r）（mg）　≤		40	—	—
低温柔性（－30℃在10mm轴180°弯折）		不开裂	不开裂	—
不透水性（0.3MPa/30min）		—	不透水	—
电气强度（MV/m）　≥		15	—	25
耐盐雾性（2000h）		无锈蚀、不起泡、不脱落	—	无锈蚀、不起泡、不脱落
耐水性（30d）		无锈蚀、不起泡、不脱落	—	无锈蚀、不起泡、不脱落
耐油性（0号柴油、原油，30d）		无锈蚀、不起泡、不脱落	—	无锈蚀、不起泡、不脱落
耐液体介质（10% H_2SO_4、10% HCl、10%NaOH、3%NaCl，30d）		无锈蚀、不起泡、不脱落	—	无锈蚀、不起泡、不脱落

4.3.6　单组分聚脲防水涂料

单组分聚脲防水涂料是指以含有多异氰酸酯NCO官能团的预聚体和/或化学封闭的多异氰酸酯官能团的预聚体与封端的氨基类物质、助剂等构成的单包装均质黏稠体混合物；其暴露于空气中，形成交联点全部为脲基的高分子聚合物弹性体，固化交联过程不产生二氧化碳的一类防水材料。适用于建设工程防水用的单组分聚脲防水涂料已发布建材行业标准《单组分聚脲防水涂料》（JC/T 2435—2018）。

1. 产品的分类和标记

产品按其用途分为Ⅰ型、Ⅱ型。Ⅱ型用于具有高耐磨和抗冲刷要求的防水工程；Ⅰ型用于其他防水工程。

产品按其产品名称、标准编号、类型的顺序标记。

示例：

Ⅱ型单组分聚脲防水涂料标记为：单组分聚脲防水涂料JC/T 2435—2018Ⅱ。

2. 产品的技术性能要求

（1）一般要求

产品的生产和应用不应对人体、生物与环境造成有害的影响，所涉及与使用有关的安全与环保要求，应符合我国相关国家标准和规范的规定。

（2）技术要求

① 产品的外观为均匀、无析出物的黏稠体，无凝胶、结块现象。

② 产品的基本性能应符合表 4-27 的规定。

表 4-27 单组分聚脲防水涂料的基本性能 JC/T 2435—2018

序号	项目		技术指标	
			Ⅰ型	Ⅱ型
1	固体含量（%）		≥80	
2	表干时间（h）		≤3	
3	实干时间（h）		≤6	
4	拉伸性能	拉伸强度（MPa）	≥15	≥20
		断裂伸长率（%）	≥300	≥200
5	撕裂强度（N/mm）		≥40	≥60
6	低温断裂伸长率（%）	−45℃	≥100	≥50
7	低温弯折性		−45℃，无裂纹	
8	不透水性		0.3MPa，120min，不透水	
9	厚涂起泡性		起泡密度 2 级及以下，起泡大小 S2 级及以下	
10	加热伸缩率（%）		−4.0～+1.0	
11	吸水率（%）		≤5	
12	粘结强度	标准试验条件（MPa）	≥2.5 或基材破坏	
		高低温浸水循环（MPa）	≥2.0 或基材破坏	
13	180℃粘结剥离强度	标准试验条件（N/mm）	≥2.0	≥4.0
		高低温浸水循环（N/mm）	≥1.5	≥3.0
14	热处理（80℃，168h）	拉伸强度保持率（%）	80～150	
		断裂伸长率（%）	≥250	≥150
		低温弯折性	−40℃，无裂纹	
15	酸处理（2%H_2SO_4 溶液，168h）	拉伸强度保持率（%）	70～150	
		断裂伸长率（%）	≥250	≥150
		低温弯折性	−40℃，无裂纹	
16	碱处理[0.1%NaOH 溶液+饱和 $Ca(OH)_2$ 溶液，168h]	拉伸强度保持率（%）	70～150	
		断裂伸长率（%）	≥250	≥150
		低温弯折性	−40℃，无裂纹	
17	盐处理（3%HaCl 溶液，168h）	拉伸强度保持率（%）	70～150	
		断裂伸长率（%）	≥250	≥150
		低温弯折性	−40℃，无裂纹	
18	人工气候老化[a]（1500h）	外观	无开裂	
		拉伸强度保持率（%）	80～150	
		断裂伸长率（%）	≥250	≥150
		低温弯折性	−40℃，无裂纹	

a 仅外露产品测试。

③ 产品的特殊性能应符合表4-28的规定，特殊性能根据产品特殊用途需要时或供需双方商定需要时测定。

表4-28 单组分聚脲防水涂料的特殊性能 JC/T 2435—2018

序号	项目		技术指标	
			Ⅰ型	Ⅱ型
1	硬度（邵氏A）		≥60	≥80
2	耐磨性（750g，500r）（mg）		≤40	≤30
3	耐冲击性（kg·m）		≥1.0	
4	流平性[a]		无划痕	
5	抗下垂性[b]	外观	无皱褶	
		下垂长度（mm）	≤3.0	

a 平面用产品测试。

b 立面或斜面用产品测试。

④ 产品的有害物质限量应符合表4-29的规定。

表4-29 单组分聚脲防水涂料的有害物质限量 JC/T 2435—2018

序号	项目		技术指标
1	挥发性有机物含量（VOC）（g/L）		≤200
2	苯（mg/kg）		≤200
3	甲苯+乙苯+二甲苯（g/kg）		≤5.0
4	苯酚（mg/kg）		≤100
5	蒽（mg/kg）		≤10
6	萘（mg/kg）		≤200
7	游离TDI（g/kg）		≤7.0
8	可溶性重金属[a]（mg/kg）	铅Pb	≤90
		镉Cd	≤75
		铬Cr	≤60
		汞Hg	≤60

a 可选项目，由供需双方确定。

⑤ 基层处理剂的物理力学性能应符合表4-30的要求。基层处理剂也称为底涂剂，是指预先涂敷在基层上，用于封闭基层微小孔隙、阻隔水汽和增强单组分聚脲防水涂料与基层之间的粘结力的一类材料。

表4-30 单组分聚脲防水涂料基层处理剂的性能 JC/T 2435—2018

序号	项目	技术指标
1	外观	均匀黏稠体，无凝胶、结块
2	表干时间（h）	≤3
3	粘结强度（MPa）	≥2.5或基材破坏

4.3.7 喷涂聚脲用底涂和腻子

适用于喷涂聚脲防水工程中水泥砂浆和混凝土基面用的底涂和腻子已发布建材行业标准《喷涂聚脲用底涂和腻子》(JC/T 2252—2014)。

1. 产品的标记

喷涂聚脲用底涂和腻子按其产品标准编号、名称的顺序标记。

示例:

喷涂聚脲用底涂标记为:JC/T 2252—2014 喷涂聚脲用底涂。

2. 一般要求

产品不应对人体、生物与环境造成有害的影响,所涉及与生产和使用有关的安全与环保要求,应符合我国的相关国家标准和规范的规定。

3. 技术要求

(1) 外观:样品液体组分搅拌后应为均匀黏稠体,无凝胶,无结块。粉体无结块。

(2) 物理力学性能:喷涂聚脲用底涂和腻子的物理力学性能应符合表4-31的规定。

表4-31 喷涂聚脲用底涂和腻子的物理力学性能 JC/T 2252—2014

序号	项目			技术指标	
				底涂	腻子
1	每个液体组分黏度(mPa·s)			控制值[a]×(1±10%)	控制值[a]×(1±20%)
2	表干时间(h)		≤	4	
3	实干时间(h)		≤	24	
4	固体含量(%)		≥	40	70
5	粘结强度	干燥基面(MPa)	≥	2.5	
		浸水后粘结强度保持率(%)	≥	70	
6	剥离强度	干燥基面(N/mm)	≥	6.0	
		热老化后剥离强度保持率(%)	≥	70	
		冻融循环后剥离强度保持率(%)	≥	70	

a 控制值由生产企业在产品出厂检验报告或产品说明书中明示,若控制值给出的是范围,则取其中值。

4.3.8 喷涂聚脲用层间处理剂

喷涂聚脲用层间处理剂简称JN处理剂。

适用于喷涂聚脲涂料超过规定复涂时间再次施工时,对原聚脲防水层复涂面进行涂覆的处理剂已发布建材行业标准《喷涂聚脲用层间处理剂》(JC/T 2254—2014)。

1. 产品的标记

产品按标准号、产品名称的顺序标记。

示例:

喷涂聚脲用层间处理剂标记为:JC/T 2254—2014 JN处理剂。

2. 一般要求

产品不应对人体、生物与环境造成有害的影响,所涉及与生产和使用有关的安全与环保要求，应符合我国的相关国家标准和规范的规定。

3. 技术要求

（1）外观：样品经搅拌后应为均匀黏稠体，无凝胶；

（2）物理力学性能：喷涂聚脲用层间处理剂的物理力学性能应符合表4-32的规定。

表4-32 喷涂聚脲用层间处理剂的物理力学性能 JC/T 2254—2014

序号	项目			技术指标
1	固体含量（%）		≥	50
2	表干时间（h）		≤	4
3	粘结强度（MPa）		≥	2.5
4	低温弯折性（℃）			−40℃，聚脲涂层间无分层
5	剥离强度（N/mm） ≥	无处理		6.0
		热处理[(80±2)℃，(168±2)h]		4.0
		热水处理[(60±2)℃，(168±2)h]		4.0
		冻融循环处理(25次)		4.0

4.3.9 聚合物水泥防水涂料

聚合物水泥防水涂料（简称JS防水涂料）是指以丙烯酸酯、乙烯-乙酸乙烯酯等聚合物乳液和水泥为主要原料，加入填料及其他助剂配制而成，经水分挥发和水泥水化反应固化成膜的一类双组分水性防水涂料。此类产品已发布国家标准《聚合物水泥防水涂料》（GB/T 23445—2009）。

1. 产品的分类和标记

聚合物水泥防水涂料按其物理力学性能分为Ⅰ型、Ⅱ型和Ⅲ型，Ⅰ型适用于活动量较大的基层，Ⅱ型和Ⅲ型适用于活动量较小的基层。

产品按产品名称、类型、标准号顺序进行标记。

示例：

Ⅰ型聚合物水泥防水涂料标记为：JS防水涂料Ⅰ GB/T 23445—2009。

2. 产品的技术性能要求

（1）一般要求

产品不应对人体与环境造成有害的影响，所涉及与使用有关的安全和环保要求应符合相关国家标准和规范的规定。产品中有害物质含量应符合JC 1066—2008 4.1中A级的要求（详见表4-7中A级的要求）。

（2）技术要求

① 外观

产品的两种组分经分别搅拌后，其液体组分应为无杂质、无凝胶的均匀乳液；其固体组分应为无杂质、无结块的粉末。

② 物理力学性能

产品的物理力学性能应符合表4-33的要求。

表 4-33　聚合物水泥防水涂料的物理力学性能　　GB/T 23445—2009

序号	试验项目			技术指标		
				Ⅰ型	Ⅱ型	Ⅲ型
1	固体含量(%)		≥	70	70	70
2	拉伸强度	无处理(MPa)	≥	1.2	1.8	1.8
		加热处理后保持率(%)	≥	80	80	80
		碱处理后保持率(%)	≥	60	70	70
		浸水处理后保持率(%)	≥	60	70	70
		紫外线处理后保持率(%)	≥	80	—	—
3	断裂伸长率	无处理(%)	≥	200	80	30
		加热处理(%)	≥	150	65	20
		碱处理(%)	≥	150	65	20
		浸水处理(%)	≥	150	65	20
		紫外线处理(%)	≥	150	—	—
4	低温柔性(ϕ10mm 棒)			−10℃无裂纹	—	—
5	粘结强度	无处理(MPa)	≥	0.5	0.7	1.0
		潮湿基层(MPa)	≥	0.5	0.7	1.0
		碱处理(MPa)	≥	0.5	0.7	1.0
		浸水处理(MPa)	≥	0.5	0.7	1.0
6	不透水性(0.3MPa，30min)			不透水	不透水	不透水
7	抗渗性(砂浆背水面)(MPa)		≥	—	0.6	0.8

③ 自闭性

产品的自闭性为可选项目，指标由供需双方商定。自闭性是指防水涂膜在水的作用下，经物理和化学反应使涂膜裂缝自行愈合、封闭的性能，以规定条件下涂膜裂缝自封闭的时间表示。

4.3.10　聚合物乳液建筑防水涂料

聚合物乳液建筑防水涂料是指以各类聚合物乳液为主要原料，加入其他添加剂而制得的一类单组分水乳型防水涂料，此类涂料以丙烯酸酯聚合物乳液防水涂料为代表。聚合物乳液建筑防水涂料已发布建材行业标准《聚合物乳液建筑防水涂料》(JC/T 864—2008)。此类产品可在屋面、墙面、室内等非长期浸水环境下的建筑防水工程中使用，若用于地下及其他建筑防水工程，其技术性能还应符合相关技术规程的规定。

1. 产品的分类和标记

产品按其物理性能分为Ⅰ类和Ⅱ类。Ⅰ类产品不用于外露场合。

产品按产品名称、分类、标准编号的顺序进行标记。

示例：

Ⅰ类聚合物乳液建筑防水涂料的标记为：聚合物乳液建筑防水涂料Ⅰ JC/T 864—2008。

2. 产品的技术要求

产品的外观要求：涂料经搅拌后无结块，呈均匀状态。产品的物理力学性能要求应符合表4-34的规定。

表4-34 聚合物乳液建筑防水涂料的物理力学性能　　JC/T 864—2008

<table>
<tr><th rowspan="2">序号</th><th rowspan="2" colspan="3">试验项目</th><th colspan="2">指标</th></tr>
<tr><th>Ⅰ型</th><th>Ⅱ型</th></tr>
<tr><td>1</td><td colspan="2">拉伸强度（MPa）</td><td>≥</td><td>1.0</td><td>1.5</td></tr>
<tr><td>2</td><td colspan="2">断裂延伸率（%）</td><td>≥</td><td colspan="2">300</td></tr>
<tr><td>3</td><td colspan="3">低温柔性（绕 ϕ10mm，棒弯 180°）</td><td>−10℃，无裂纹</td><td>−20℃，无裂纹</td></tr>
<tr><td>4</td><td colspan="3">不透水性（0.3MPa，30min）</td><td colspan="2">不透水</td></tr>
<tr><td>5</td><td colspan="2">固体含量（%）</td><td>≥</td><td colspan="2">65</td></tr>
<tr><td rowspan="2">6</td><td rowspan="2">干燥时间
（h）</td><td>表干时间</td><td>≤</td><td colspan="2">4</td></tr>
<tr><td>实干时间</td><td>≤</td><td colspan="2">8</td></tr>
<tr><td rowspan="4">7</td><td rowspan="4">处理后的拉伸强度
保持率（%）</td><td>加热处理</td><td>≥</td><td colspan="2">80</td></tr>
<tr><td>碱处理</td><td>≥</td><td colspan="2">60</td></tr>
<tr><td>酸处理</td><td>≥</td><td colspan="2">40</td></tr>
<tr><td colspan="2">人工气候老化处理[a]</td><td>—</td><td>80～150</td></tr>
<tr><td rowspan="4">8</td><td rowspan="4">处理后的断裂
延伸率（%）</td><td>加热处理</td><td>≥</td><td colspan="2" rowspan="3">200</td></tr>
<tr><td>碱处理</td><td>≥</td></tr>
<tr><td>酸处理</td><td>≥</td></tr>
<tr><td>人工气候老化处理[a]</td><td>≥</td><td>—</td><td>200</td></tr>
<tr><td rowspan="2">9</td><td rowspan="2">加热伸缩率
（%）</td><td>伸长</td><td>≤</td><td colspan="2">1.0</td></tr>
<tr><td>缩短</td><td>≤</td><td colspan="2">1.0</td></tr>
</table>

a　仅用于外露使用产品。

4.3.11 环氧树脂防水涂料

环氧树脂防水涂料简称EP防水涂料，是指以环氧树脂为主要组分，与固化剂反应后生成的具有防水功能的一类双组分反应型涂料。

适用于建设工程非外露使用的环氧树脂防水涂料已发布建材行业标准《环氧树脂防水涂料》(JC/T 2217—2014)。

1. 产品的标记

产品按名称、标准号顺序标记。

示例：

环氧树脂防水涂料标记为：EP防水涂料 JC/T 2217—2014。

2. 一般要求

产品的生产与应用不应对人体、生物与环境造成有害的影响，所涉及有关的安全与环保要求，应符合我国的相关国家标准和规范的规定。

3. 技术要求

（1）外观：产品各组分为均匀的液体，无凝胶、结块。

（2）物理力学性能：环氧树脂防水涂料的物理力学性能应符合表4-35的规定。

表4-35 环氧树脂防水涂料的物理力学性能 JC/T 2217—2014

序号	项目			技术指标
1	固体含量（%）		≥	60
2	初始黏度（mPa·s）		≤	生产企业标称值[a]
3	干燥时间（h）	表干时间	≤	12
		实干时间		报告实测值
4	柔韧性			涂层无开裂
5	粘结强度（MPa）	干基面	≥	3.0
		潮湿基面	≥	2.5
		浸水处理	≥	2.5
		热处理	≥	2.5
6	涂层抗渗压力（MPa）		≥	1.0
7	抗冻性			涂层无开裂、起皮、剥落
8	耐化学介质	耐酸性		涂层无开裂、起皮、剥落
		耐碱性		涂层无开裂、起皮、剥落
		耐盐性		涂层无开裂、起皮、剥落
9	抗冲击性（落球法）（500g，500mm）			涂层无开裂、脱落

a 生产企业标称值应在产品包装或说明书、供货合同中明示，告知用户。

4.3.12 聚甲基丙烯酸甲酯防水涂料

聚甲基丙烯酸甲酯防水涂料简称PMMA防水涂料，是指由甲基丙烯酸甲酯单体及其预聚物为主要成分和引发剂等组成的一类反应型多组分防水涂料。

适用于建设工程防水用的反应型聚甲基丙烯酸甲酯涂料已发布建材行业标准《聚甲基丙烯酸甲酯（PMMA）防水涂料》（JC/T 2251—2014）。

1. 产品的分类和标记

产品按其物理力学性能分为Ⅰ型和Ⅱ型。

产品按标准编号、产品名称和分类的顺序标记。

示例：

Ⅰ型聚甲基丙烯酸甲酯防水涂料标记为：JC/T 2251—2014 PMMA防水涂料Ⅰ。

2. 一般要求

产品不应对人体、生物与环境造成有害的影响，所涉及与生产和使用有关的安全与环保要求，应符合我国的相关国家标准和规范的规定。

3. 技术要求

（1）外观：单体及预聚物组分经搅拌后应均匀，无凝胶，无结块；引发剂组分应均匀、无结块。

（2）物理力学性能：PMMA防水涂料的基本性能应符合表4-36的规定；PMMA防水涂料的耐久性能应符合表4-37的规定；PMMA防水涂料的特殊性能应符合表4-38的规定。特殊性能根据供需双方商定选用。

表4-36　PMMA防水涂料的基本性能　　JC/T 2251—2014

序号	项目			技术指标	
				Ⅰ型	Ⅱ型
1	固体含量（%）		≥	92	
2	凝胶时间（min）		≥	20	
3	表干时间（min）		≤	60	
4	拉伸强度（MPa）		≥	10.0	
5	断裂伸长率（%）		≥	100	130
6	撕裂强度（N/mm）		≥	45	
7	低温柔性（℃）			0	−15
				无裂纹	
8	不透水性（0.3MPa，2h）			不透水	
9	加热伸缩率（%）	伸长	≤	1.0	
		收缩	≤		
10	粘结强度（MPa）		≥	2.5	
11	吸水率（%）		≤	1.5	

表4-37　PMMA防水涂料的耐久性能　　JC/T 2251—2014

序号	项目			技术指标	
				Ⅰ型	Ⅱ型
1	热处理	拉伸强度（MPa）	≥	10.0	
		断裂伸长率（%）	≥	60	100
		低温柔性（℃）		5	−10
				无裂纹	
2	酸处理	拉伸强度（MPa）	≥	8.0	
		断裂伸长率（%）	≥	60	100
		低温柔性（℃）		5	−10
				无裂纹	
3	碱处理	拉伸强度（MPa）	≥	8.0	
		断裂伸长率（%）	≥	60	100
		低温柔性（℃）		5	−10
				无裂纹	
4	盐处理	拉伸强度（MPa）	≥	8.0	
		断裂伸长率（%）	≥	60	100
		低温柔性（℃）		5	−10
				无裂纹	
5	荧光紫外线气候老化	拉伸强度（MPa）	≥	10.0	
		断裂伸长率（%）	≥	50	80
		低温柔性（℃）		5	−10
				无裂纹	

表 4-38 PMMA 防水涂料的特殊性能 JT/T 2251—2014

序号	项目		技术指标
1	硬度（邵氏 AM）	≥	70
2	耐磨性（750g，500r）（mg）	≤	30
3	耐冲击性（kg·m）	≥	1.0

4.3.13 硅改性丙烯酸渗透性防水涂料

渗透性防水涂料是指涂刷于混凝土或水泥砂浆等表面，能够渗透到基层内部并在表面形成涂膜，具有防水功能的一类涂料。

适用于以硅改性丙烯酸聚合物乳液和水泥为主要原料，加入活性化学物质和其他添加剂制成的双组分渗透性成膜型防水涂料已发布建筑工业行业标准《硅改性丙烯酸渗透性防水涂料》（JG/T 349—2011）。

硅改性丙烯酸渗透性防水涂料的产品技术性能要求应符合表 4-39 的规定。

表 4-39 硅改性丙烯酸渗透性防水涂料的技术要求 JG/T 349—2011

序号	项目		指标
1	外观		液体组分应为无杂质、无凝胶的均匀乳液，固体组分应为无杂质、无结块的粉末
2	固体含量（%）		≥70.0
3	渗透深度（mm）		≥1.0
4	透水压力比（%）		≥300
5	耐冻融循环性		无异常
6	耐热性		无异常
7	耐碱性		无异常
8	耐酸性		无异常
9	拉伸强度	无处理（MPa）	≥1.2
		人工气候老化处理后的拉伸强度保持率（%）	≥80
10	断裂伸长率	无处理（%）	≥200
		人工气候老化处理后的断裂伸长率（%）	≥150

4.3.14 用于陶瓷砖粘结层下的防水涂膜

用于陶瓷砖粘结层下的防水涂膜（LWIP）是指在粘贴陶瓷砖之前，涂刷于基层上的液态防水材料所形成的均匀防水层。防水层可以包括增强用无纺布或网格布。

适用于墙面、地面、游泳池等陶瓷砖粘结层下的防水涂膜已发布建材行业标准《用于陶瓷砖粘结层下的防水涂膜》（JC/T 2415—2017）。

1. 产品的分类、代号和标记

防水涂膜按其组分的不同可分为三类，并用英文字母表示：聚合物改性水泥基防水涂膜（代号为 CM）；乳液型防水涂膜（代号为 DM）；反应型树脂防水涂膜（代号为 RM）。聚合物改性水泥基防水涂膜（CM）是指由水硬性胶凝材料、集料、无机和有机添加剂等组成的混合物，与水或液态组分混合均匀涂覆使用所形成的一类防水层。乳液型防水涂膜（DM）是指由合成树脂乳液、外加剂和矿物填料混合制成的单组分乳液型材料，经涂覆后所形成的一类防水层。反应型树脂防水涂膜（RM）是指由合成树脂、矿物填料和外加剂等组成的多组分材料，混合涂覆使用并经化学反应固化后形成的一类防水层。

防水涂膜的产品根据其不同的可选性能有不同的分类，这些分类的代号采用下列数字、字母或其组合表示：在低温－5℃下具有桥接裂缝能力的防水涂膜代号为01；在极低温－20℃下具有桥接裂缝能力的防水涂膜代号为02；能抵抗含氯水侵蚀（例如在游泳池的应用）的防水涂膜代号为P。桥接裂缝能力是指防水涂膜承受基层裂纹扩散而不被拉伸破坏的能力。

防水涂膜根据其基本性能和可选性能可以组合成不同类型的产品。防水涂膜的这些类型用不同的代号来表示。产品代号由两部分组成，第一部分用字母表示产品的分类；第二部分用数字、字母或其组合表示不同的可选性能，其中第二部分允许空缺，表示没有可选性能。表4-40给出了目前比较常用的防水涂膜的分类和代号。防水涂膜的基本性能是指防水涂膜应具有的性能；防水涂膜的可选性能是指防水涂膜在特定的使用条件下，材料需要满足的特殊性能。

表4-40 防水涂膜的分类和代号 JC/T 2415—2017

代号		防水涂膜的类型
分类	可选性能	
CM		普通聚合物改性水泥基防水涂膜
DM		普通乳液型防水涂膜
RM		普通反应型树脂防水涂膜
CM	01	低温（－5℃）桥接裂缝能力的聚合物改性水泥基防水涂膜
CM	02	极低温（－20℃）桥接裂缝能力的聚合物改性水泥基防水涂膜
DM	01	低温（－5℃）桥接裂缝能力的乳液型防水涂膜
DM	02	极低温（－20℃）桥接裂缝能力的乳液型防水涂膜
RM	01	低温（－5℃）桥接裂缝能力的反应型树脂防水涂膜
RM	02	极低温（－20℃）桥接裂缝能力的反应型树脂防水涂膜
CM	P	抵抗含氯水侵蚀的聚合物改性水泥基防水涂膜
DM	P	抵抗含氯水侵蚀的乳液型防水涂膜
RM	P	抵抗含氯水侵蚀的反应型树脂防水涂膜
CM	01P	低温（－5℃）桥接裂缝能力并能抵抗含氯水侵蚀的聚合物改性水泥基防水涂膜
CM	02P	极低温（－20℃）桥接裂缝能力并能抵抗含氯水侵蚀的聚合物改性水泥基防水涂膜
DM	01P	低温（－5℃）桥接裂缝能力并能抵抗含氯水侵蚀的乳液型防水涂膜
DM	02P	极低温（－20℃）桥接裂缝能力并能抵抗含氯水侵蚀的乳液型防水涂膜
RM	01P	低温（－5℃）桥接裂缝能力并能抵抗含氯水侵蚀的反应型树脂防水涂膜
RM	02P	极低温（－20℃）桥接裂缝能力并能抵抗含氯水侵蚀的反应型树脂防水涂膜

防水涂膜产品按其标准号、产品名称、分类和代号、可选性能的顺序标记。

示例：

低温（－5℃）桥接裂缝能力的聚合物改性水泥基防水涂膜标记为：JC/T 2415—2017 LWIP CM 01。

2. 产品的技术性能要求

(1) 一般要求

本标准包括的产品的生产与使用不应对人体、生物与环境造成有害的影响，所涉及与生产、使用有关的安全和环保要求应符合我国相关标准和规范的规定。

(2) 技术要求

① 防水涂膜的基本性能应符合表 4-41 的规定。

表 4-41　防水涂膜的基本性能　　JC/T 2415—2017

序号	试验项目		指标
1	拉伸粘结强度（MPa）	标准试验条件	≥0.5
2		浸水	
3		热老化	
4		冻融循环	
5		碱处理	
6	抗渗性	0.6MPa，24h	不渗透
7	桥接裂缝能力（mm）	标准试验条件	≥0.75

② 防水涂膜的可选性能应符合表 4-42 的规定。

表 4-42　防水涂膜的可选性能　　JC/T 2415—2017

序号	试验项目		指标
1	拉伸粘结强度（MPa）	含氯水浸泡	≥0.5
2	桥接裂缝能力（mm）	−5℃	≥0.75
		−20℃	

4.3.15　混凝土结构防护用成膜型涂料

混凝土结构防护用成膜型涂料是指能够在混凝土基材表面形成保护膜，阻滞外部腐蚀介质进入，防止混凝土结构受腐蚀破坏，延长混凝土结构使用寿命的一类涂料。此类涂料产品已发布建筑工业行业标准《混凝土结构防护用成膜型涂料》(JG/T 335—2011)。

1. 产品的分类和标记

产品按其涂装工艺分为单一涂层（代号为 D），复合涂层（代号为 F）。单一涂层是指由一种涂料形成的涂层，其涂层可由环氧树脂类、丙烯酸类、聚氨酯类、氯化橡胶等成膜而成；复合涂层是指由两种或两种以上单一涂层形成的涂层。

产品按混凝土防护涂料、标准号、分类的顺序标记。

示例：

单一涂层成膜型涂料标记为：混凝土防护涂料-JG/T 335-D；

复合涂层成膜型涂料标记为：混凝土防护涂料-JG/T 335-F。

2. 产品的技术性能要求

涂料的物理性能应符合表 4-43 的规定；涂层性能应符合表 4-44 的规定。

表4-43 混凝土结构防护用成膜型涂料的物理性能 JG/T 335—2011

序号	项目		指标要求	
1	容器内状态		粉体	均匀，无结块
			液体	色泽呈均匀状态，内部无沉淀、无结块
2	细度（μm）		≤100	
3	涂膜外观		涂膜平整，颜色均匀	
4	干燥时间（h）	表干时间	≤4	
		实干时间	≤24	

表4-44 混凝土结构防护用成膜型涂料的涂层性能 JG/T 335—2011

序号	项目	指标要求
1	耐候性	人工加速老化1000h气泡、剥落、粉化等级为0
2	耐碱性	30d无气泡、剥落、粉化现象
3	耐酸性	30d无气泡、剥落、粉化现象
4	附着力（MPa）	≥1.5
5	碳化深度比（%）	≤20
6	抗冻性	200次冻融循环无脱落、破裂、起泡现象
7	抗氯离子渗透性［mg/（cm^2·d）］	≤1.0×10^{-3}

4.3.16 混凝土结构防护用渗透型涂料

混凝土结构防护用渗透型涂料是指能渗入混凝土内部并使混凝土表层具有憎水性，阻滞水与其他有害介质进入，延缓混凝土结构腐蚀破坏，并延长其使用寿命的一类防水材料。

此类材料已发布建筑工业行业标准《混凝土结构防护用渗透型涂料》（JG/T 337—2011）。

1. 产品的分类和标记

混凝土结构防护用渗透型涂料按其稀释剂类型可分为溶剂类渗透型涂料（代号为R型）、水性渗透型涂料（代号为S型）；按其产品状态可分为液体渗透型涂料（代号为Y）、膏体渗透型涂料（代号为G）、凝胶体渗透型涂料（代号为N）。溶剂类渗透型涂料是指以硅烷、硅氧烷等为主要组分，采用有机溶剂作为稀释剂的一类渗透型涂料；水性渗透型涂料是指以硅烷、硅氧烷等为主要组分，采用水作为稀释剂的一类渗透型涂料。

产品按混凝土防护涂料—标准号—类型—状态的顺序标记。

示例：

溶剂型液体渗透型涂料标记为：混凝土防护渗透型涂料-JG/T 337-R-Y。

2. 产品的技术性能要求

（1）产品的匀质性能应符合表4-45的规定。

表 4-45　混凝土结构防护用渗透型涂料的匀质性能　　JG/T 337—2011

序号	项目	指标要求
1	外观	颜色均匀无杂质
2	稳定性	无分层、无漂油、无明显沉淀
3	密度	偏差不超过生产厂控制值的±2%
4	pH 值	应在生产厂控制值的±1 之内

（2）产品的技术性能应符合表 4-46 的规定。

表 4-46　混凝土结构防护用渗透型涂料的技术性能　　JG/T 337—2011

序号	项目	指标要求	
1	渗透深度（mm）	氯化物环境	一般环境
		≥6	≥2
2	吸水量比（%）	≤10	≤20
3	氯离子渗透深度（mm）	≤7	—
4	耐紫外老化	1000h 紫外光照射后 吸水量比≤10%	1000h 紫外光照射后 吸水量比≤20%
5	耐碱性	碱处理后吸水量比≤12%	碱处理后吸水量比≤20%
6	挥发性有机化合物（VOC）	内墙满足 GB 18582 要求，外墙满足 GB 24408 要求	

注：氯化物环境是指海洋环境、除冰盐环境及氯离子含量较高的环境。

4.3.17　金属屋面丙烯酸高弹防水涂料

金属屋面丙烯酸高弹防水涂料是指应用在金属屋面，以丙烯酸乳液为主要原料，通过加入其他添加剂制得的一类单组分水性防水涂料。产品包括普通型和热反射型。热反射型金属屋面丙烯酸高弹防水涂料是指具有较高太阳光反射比和较高半球发射率的一类金属屋面丙烯酸高弹防水涂料。太阳光反射比是指物体反射到半球空间的太阳光辐射通量与入射在物体表面上的太阳光辐射通量的比值。半球发射率是指一个辐射源在半球方向上的辐射出射度与具有同一温度的黑体辐射源的辐射出射度的比值。

金属屋面丙烯酸高弹防水涂料已发布适用于金属屋面丙烯酸高弹防水涂料的生产、检验和应用的建筑工业行业标准《金属屋面丙烯酸高弹防水涂料》（JG/T 375—2012）。

1. 产品的分类和标记

产品按其使用性能分为普通型（P）和热反射型（R）。

产品按金属屋面丙烯酸高弹防水涂料其代号 JWF、分类、标准号的顺序进行标记。

示例：

热反射型金属屋面丙烯酸高弹防水涂料标记为：JWF R JG/T 375—2012。

2. 产品的技术性能要求

（1）产品的外观：产品经搅拌后应易于混合呈均匀状态，无结块、凝聚现象。

（2）金属屋面丙烯酸高弹防水涂料的物理性能应符合表 4-47 的要求。

表 4-47 金属屋面丙烯酸高弹防水涂料的物理性能 JG/T 375—2012

<table>
<tr><th rowspan="2">序号</th><th rowspan="2" colspan="2">项目</th><th colspan="2">技术指标</th></tr>
<tr><th>普通型</th><th>热反射型</th></tr>
<tr><td>1</td><td colspan="2">固体含量（%）</td><td colspan="2">≥65</td></tr>
<tr><td>2</td><td colspan="2">无处理拉伸强度（MPa）</td><td colspan="2">≥1.5</td></tr>
<tr><td>3</td><td colspan="2">无处理断裂伸长率（%）</td><td colspan="2">≥150</td></tr>
<tr><td>4</td><td colspan="2">撕裂强度（N/mm）</td><td colspan="2">≥12</td></tr>
<tr><td>5</td><td colspan="2">吸水率（%）</td><td colspan="2">≤15</td></tr>
<tr><td>6</td><td colspan="2">不透水性</td><td colspan="2">0.3MPa，30min 不透水</td></tr>
<tr><td>7</td><td colspan="2">耐热性</td><td colspan="2">90℃，5h 无起泡、剥落、裂纹</td></tr>
<tr><td>8</td><td colspan="2">低温弯折</td><td colspan="2">−30℃，1h 无裂纹，并不与底材脱离</td></tr>
<tr><td>9</td><td colspan="2">剥离粘结性（N/mm）</td><td colspan="2">≥0.30</td></tr>
<tr><td rowspan="2">10</td><td rowspan="2">加热处理</td><td>拉伸强度保持率（%）</td><td colspan="2">≥80</td></tr>
<tr><td>断裂伸长率（%）</td><td colspan="2">≥100</td></tr>
<tr><td rowspan="2">11</td><td rowspan="2">浸水处理</td><td>拉伸强度保持率（%）</td><td colspan="2">≥80</td></tr>
<tr><td>断裂伸长率（%）</td><td colspan="2">≥100</td></tr>
<tr><td rowspan="2">12</td><td rowspan="2">酸处理</td><td>拉伸强度保持率（%）</td><td colspan="2">≥80</td></tr>
<tr><td>断裂伸长率（%）</td><td colspan="2">≥100</td></tr>
<tr><td rowspan="2">13</td><td rowspan="2">人工气候老化处理</td><td>拉伸强度保持率（%）</td><td colspan="2">≥80</td></tr>
<tr><td>断裂伸长率（%）</td><td colspan="2">≥100</td></tr>
<tr><td rowspan="2">14</td><td rowspan="2">加热伸缩率</td><td>伸长（%）</td><td colspan="2">≤1.0</td></tr>
<tr><td>缩短（%）</td><td colspan="2">≤1.0</td></tr>
<tr><td>15</td><td colspan="2">耐沾污性（白色和浅色[a]）（%）</td><td>—</td><td><20</td></tr>
<tr><td>16</td><td colspan="2">太阳光反射比（白色）</td><td>—</td><td>≥0.80</td></tr>
<tr><td>17</td><td colspan="2">半球发射率</td><td>—</td><td>≥0.80</td></tr>
</table>

注：仅对白色涂料的太阳反射比提出要求，浅色涂料太阳反射比由供需双方商定。

a 浅色是指以白色涂料为主要成分，添加适量色浆后配制成的浅色涂料形成的涂膜干燥后所呈现的浅颜色，按 GB/T 15608—2006 规定明度值为 6～9（三刺激值中的 Y_{D65}≥31.26）。

4.3.18 公路工程用防水涂料

公路工程用防水材料其产品的种类有防水卷材（代号：RJ）、防水涂料（代号：RT）、防水板（代号：RB）三类。公路工程用防水涂料是指采用高分子聚合物及其改性材料以及合成高分子材料为原料，加入一定的功能性助剂等为辅料制成的一类防水糊状制品。公路工程用防水材料已发布适用于公路工程用防水材料，水运、铁路、水利、建筑、机场、海洋、环保和农业等领域工程用防水材料可参照执行的交通行业标准《公路工程土工合成材料 防水材料》（JT/T 664—2006）。

1. 产品的分类、规格和标记

公路工程用防水材料可分为防水卷材、防水涂料、防水板三类。

公路工程用防水材料其高分子聚合物原材料的名称及代号参见表 4-48。

表 4-48　高分子聚合物原材料名称与代号

名称	标识符	名称	标识符
聚乙烯	PE	聚酰胺	PA
聚丙烯	PP	乙烯共聚物沥青	ECB
聚酯	PET	SBS 改性沥青	SBS

注：未列塑料及树脂基础聚合物的名称按 GB/T 1844.1 等规定表示。

产品的型号标记由产品类型（防水材料，代号为 R）、产品种类名称（卷材为 J、涂料为 T、板为 B）、产品规格［标称不透水压力（MPa）］、原材料代号组成。公路工程用防水涂料的型号标记示例如下：采用聚氨酯为主要原料制成的防水涂料，不透水的水压力为 0.3MPa 的防水涂料（RT），表示为 RT0.3PU。

防水涂料产品规格系列为 RT0.1、RT0.2、RT0.3、RT0.4、RT0.5、RT0.6。

2. 产品的技术要求

（1）外观

防水涂料包装和商品标志完好无损、经搅拌分散均匀、无明显丝团等。

（2）理化性能

防水涂料的物理力学性能应满足表 4-49 规定的指标要求；抗光老化要求应符合表 4-50 的规定。

表 4-49　防水涂料的技术性能指标　　JT/T 664—2006

项目	规格					
	RT0.1	RT0.2	RT0.3	RT0.4	RT0.5	RT0.6
耐静水压力（MPa）	≥0.1	≥0.2	≥0.3	≥0.4	≥0.5	≥0.6
可操作时间（min）	≥30					
潮湿基面粘结强度（MPa）	≥0.3					
表面干燥时间（h）	≤8					
实体干燥时间（h）	≤24					
浸水 168h 后抗拉强度（MPa）	≥0.5					

表 4-50　防水材料的抗光老化　　JT/T 664—2006

项目	规格			
光老化等级	Ⅰ	Ⅱ	Ⅲ	Ⅳ
辐射强度为 550W/m² 照射 150h 时拉伸强度保持率（%）	<50	50～80	80～95	>95
炭黑含量（%）	—	2.0～2.5		

注：对采用非炭黑作抗光老化助剂的防水材料，光老化等级参照执行。

4.3.19　建筑防水涂料用聚合物乳液

建筑防水涂料用聚合物乳液是指以聚合物单体为主要原料，通过聚合反应而成，以水为分散介质，并在建筑防水涂料中起到成膜作用的各类聚合物乳液。此类产品已发布建材行业标准《建筑防水涂料用聚合物乳液》(JC/T 1017—2006)。

建筑防水涂料用聚合物乳液产品按名称、标准号顺序标记。

示例：建筑防水涂料用聚合物乳液 JC/T 1017—2006。

建筑防水涂料用聚合物乳液产品的一般要求如下：产品不应对人体、生物与环境造成有害的影响，所涉及与使用有关的安全与环保要求，应符合我国相关国家标准和规范的规定。

产品的技术性能应符合表 4-51 的要求。

表 4-51　建筑防水涂料用聚合物乳液技术指标　　JC/T 1017—2006

序号	试验项目		技术指标
1	容器中状态		均匀液体，无杂质，无沉淀，不分层
2	不挥发物含量 (%)		规定值±1
3	pH 值		规定值±1
4	残余单体总和 (%)	≤	0.10
5	冻融稳定性 (3 次循环，−5℃)		无异常
6	钙离子稳定性 (0.5% $CaCl_2$ 溶液，48h)		无分层，无沉淀，无絮凝
7	机械稳定性		不破乳，无明显絮凝物
8	贮存稳定性		无硬块，无絮凝，无明显分层和结皮
9	吸水率 (24h) (%)	≤	8.0
10	耐碱性 (0.1%NaOH 溶液，168h)		无起泡、溃烂

第5章　建筑防水密封材料

建筑防水密封材料是指能够承受接缝位移以达到气密、水密目的而嵌入建筑接缝中的一类建筑防水材料。

建筑防水密封材料在建筑工程领域中的应用范围十分广泛，如玻璃幕墙的安装，金属饰面的安装，门窗的安装，屋面的接缝处，混凝土和砌体的伸缩缝，桥梁、逆路、机场跑道的伸缩缝，排水管道的接缝等均需使用密封材料进行密封处理。

5.1　密封材料的分类、性能特点和环保要求

5.1.1　建筑防水密封材料的分类和分级

5.1.1.1　建筑防水密封材料的分类

建筑防水密封材料品种繁多，组成复杂，性状各异，故其有多种不同的分类方法。

建筑防水密封材料按其形态可分为预制密封材料和密封胶（密封膏）两大类。预制密封材料是指预先成型的，具有一定形状和尺寸的密封材料；密封胶是指以非成型状态嵌入接缝中，通过与接缝表面粘结而密封接缝的溶剂型、乳液型、化学反应型的黏稠状的一类密封材料，其包括弹性的和非弹性的密封胶、密封腻子和液体状的密封垫料等品种。广义上的密封胶还包括嵌缝材料，所谓的嵌缝材料是指采用填充挤压等方法将缝隙密封并具有不透水性的一类材料。常见的防水密封材料多为密封胶。

建筑防水密封材料按其基料的不同，可分为油基及高聚物改性沥青基建筑防水密封材料和合成高分子建筑防水密封材料。油基及高聚物改性沥青基建筑防水密封材料主要有沥青玛琋脂、建筑防水沥青嵌缝油膏、建筑门窗用油灰等类型的产品；合成高分子建筑防水密封材料主要有硅酮建筑密封胶、聚氨酯建筑密封胶、聚硫建筑密封胶、丙烯酸酯建筑密封胶等类型的产品。

建筑防水密封材料按其产品的用途可分为混凝土建筑接缝用密封胶、幕墙玻璃接缝用密封胶、彩色涂层钢板用建筑密封胶、石材用建筑密封胶、建筑用防霉密封胶、道桥用嵌缝密封胶、中空玻璃用弹性密封胶、中空玻璃用丁基热熔密封胶、建筑窗用弹性密封胶、水泥混凝土路面嵌缝密封材料等。

建筑防水密封材料按其材性可分为弹性和塑性两大类，弹性密封材料是嵌入接缝后，呈现明显弹性，当接缝位移时，在密封材料中引起的残余应力几乎与应变量成正比的密封材料。塑性密封材料是嵌下接缝后，呈现明显塑性，当接缝位移时，在密封材料中引起的残余应力迅速消失的密封材料。

建筑防水密封材料按其固化机理可分为溶剂型密封材料、乳液型密封材料、化学反应型密封材料等类别。溶剂型密封材料是通过溶剂挥发而固化的密封材料，乳液型密封材料是以水为介质，通过水蒸发而固化的密封材料，化学反应型密封材料是通过化学反应而固化的密封材料。

建筑防水密封材料按其结构粘结作用可分为结构型密封材料和非结构型密封材料。结构

型密封材料是在受力（包括静态或动态负荷）构件接缝中起结构粘结作用的密封材料，非结构型密封材料是在非受力构件接缝中不起结构粘结作用的密封材料。

建筑防水密封材料还可按其流动性分为自流平型密封材料和非下垂型密封材料；按其施工期可分为全年用、夏季用以及冬季用三类；按其组分及包装形式，使用方法可分为单组分密封材料、多组分密封材料以及加热型密封材料（热熔性密封材料）。

5.1.1.2　建筑密封胶的分级和要求

建筑用密封胶根据其性能及应用进行分类和分级，已发布国家标准《建筑密封胶分级和要求》(GB/T 22083—2008)，并给出了不同级别的要求和相应的试验方法。

（1）建筑密封胶的分级

建筑密封胶的分级如图5-1所示。

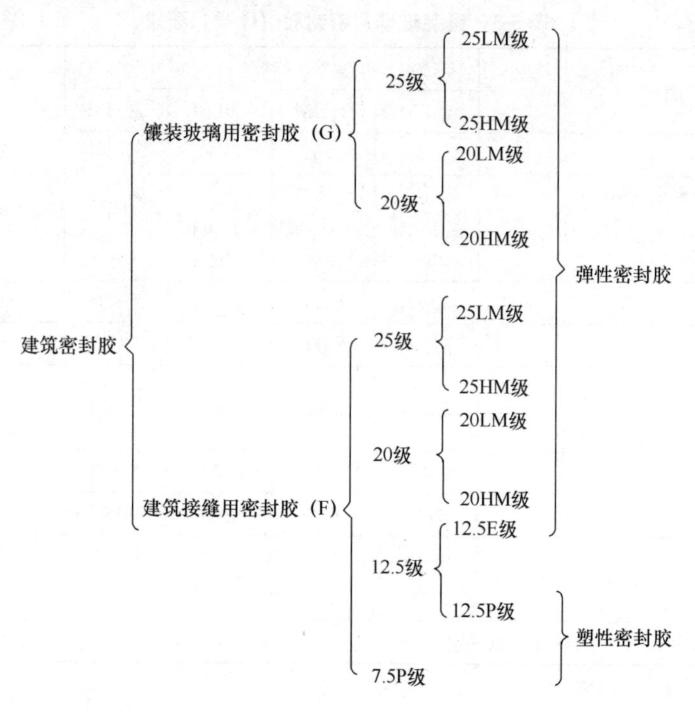

图5-1　建筑密封胶的分级

① 按照密封胶的用途可分为镶装玻璃接缝用密封胶（G类）、镶装玻璃以外的建筑接缝用密封胶（F类）两类。

② 密封胶按其满足接缝密封功能的位移能力进行分级，参见表5-1，高位移能力的弹性密封胶根据其在接缝中的位移能力进行分级，其推荐级别参见表5-2。

表5-1　密封胶级别　　GB/T 22083—2008

级别[a]	试验拉压幅度（%）	位移能力[b]（%）	级别[a]	试验拉压幅度（%）	位移能力[b]（%）
25	±25	25.0	12.5	±12.5	12.5
20	±20	20.0	7.5	±7.5	7.5

a　25级和20级适用于G类和F类密封胶，12.5级和7.5级仅适用于F类密封胶。

b　在设计接缝时，为了正确解释和应用密封胶的位移能力，应当考虑相关标准与有关文件。

表 5-2　高位移能力弹性密封胶级别　　GB/T 22083—2008

级别	试验拉压幅度（%）	位移能力（%）
100/50	+100/−50	100/50
50	±50	50
35	±35	35

③ 25 级和 20 级密封胶按其拉伸模量可进一步划分次级别为低模量（代号 LM）、高模量（代号 HM）两类。如果拉伸模量测试值超过下述一个或两个试验温度下的规定值，该密封胶应分级为“高模量”。其规定值（见表 5-3 和表 5-4 第二项）：在 23℃时 0.4MPa；在 −20℃时 0.6MPa。拉伸模量应取三个测试值的平均值并修约至 1 位小数。

表 5-3　镶装玻璃用密封胶（G 类）要求　　GB/T 22083—2008

性能	指标				试验方法
	25LM	25HM	20LM	20HM	
弹性恢复率（%）	≥60	≥60	≥60	≥60	GB/T 13477.17
拉伸粘结性，拉伸模量（MPa） 23℃下 −20℃下	≤0.4 和 ≤0.6	>0.4 或 >0.6	≤0.4 和 ≤0.6	>0.4 或 >0.6	GB/T 13477.8
定伸粘结性	无破坏	无破坏	无破坏	无破坏	GB/T 13477.10
冷拉-热压后粘结性	无破坏	无破坏	无破坏	无破坏	GB/T 13477.13
经过热、透过玻璃的人工光源和水曝露后粘结性[a]	无破坏	无破坏	无破坏	无破坏	GB/T 13477.15—2002
浸水后定伸粘结性	无破坏	无破坏	无破坏	无破坏	GB/T 13477.11
压缩特性	报告	报告	报告	报告	GB/T 13477.16
体积损失（%）	≤10	≤10	≤10	≤10	GB/T 13477.19
流动性[b]（mm）	≤3	≤3	≤3	≤3	GB/T 13477.6
“无破坏”按 GB/T 22083—2008 第 7 章确定					

a　所用标准曝露条件见 GB/T 13477.15—2002 的 9.2.1 或 9.2.2。

b　采用 U 形阳极氧化铝槽，宽 20mm、深 10mm，试验温度（50±2)℃和（5±2)℃，按步骤 A 和步骤 B 试验。如果流动值超过 3mm，试验可重复一次。

表 5-4　建筑接缝用密封胶（F 类）要求　　GB/T 22083—2008

性能		指标							试验方法
		25LM	25HM	20LM	20HM	12.5E	12.5P	7.5P	
弹性恢复率（%）		≥70	≥70	≥60	≥60	≥40	<40	<40	GB/T 13477.17
拉伸粘结性	拉伸模量（MPa） 23℃下 −20℃下	≤0.4 和 ≤0.6	>0.4 或 >0.6	≤0.4 和 ≤0.6	>0.4 或 >0.6	— —	— —	— —	GB/T 13477.8
	断裂伸长率（%） 23℃下	—	—	—	—	—	≥100	≥25	
定伸粘结性		无破坏	无破坏	无破坏	无破坏	无破坏	—	—	GB/T 13477.10

续表

性能	指标							试验方法
	25LM	25HM	20LM	20HM	12.5E	12.5P	7.5P	
冷拉-热压后粘结性	无破坏	无破坏	无破坏	无破坏	无破坏	—	—	GB/T 13477.13
同一温度下拉伸-压缩循环后粘结性	—	—	—	—	—	无破坏	无破坏	GB/T 13477.12
浸水后定伸粘结性	无破坏	无破坏	无破坏	无破坏	无破坏	—	—	GB/T 13477.11
浸水后拉伸粘结性，断裂伸长率（23℃下）（%）	—	—	—	—	—	≥100	≥25	GB/T 13477.9
体积损失（%）	≤10[a]	≤10[a]	≤10[a]	≤10[a]	≤25	≤25	≤25	GB/T 13477.19
流动性[b]（mm）	≤3	≤3	≤3	≤3	≤3	≤3	≤3	GB/T 13477.6
"无破坏"按 GB/T 22083—2008 第 7 章确定								

a　对水乳型密封胶，最大值 25%。

b　采用 U 形阳级氧化铝槽，宽 20mm、深 10mm，试验温度（50±2)℃和（5±2)℃。按步骤 A 和步骤 B 试验，如果流动值超过 3mm，试验可重复一次。

④ 12.5 级密封胶按其弹性恢复率可分级为：弹性恢复率等于或大于 40%，代号 E（弹性）；弹性恢复率小于 40%，代号 P（塑性）两类。

⑤ 25 级、20 级和 12.5E 级密封胶称为弹性密封胶；12.5P 级和 7.5P 级密封胶称为塑性密封胶。

（2）不同级别密封胶的要求

G 类和 F 类密封胶的要求参见表 5-3 和表 5-4，其试验条件参见表 5-5。

表 5-5　F 类和 G 类密封胶试验条件　　GB/T 22083—2008

项目	试验方法	级别						
		25LM	25HM	20LM	20HM	12.5E	12.5P	7.5P
伸长率[a]	GB/T 13477.8 GB/T 13477.10 GB/T 13477.11 GB/T 13477.15—2002 GB/T 13477.17	100%	100%	60%	60%	60%	60%	25%
幅度	GB/T 13477.12 GB/T 13477.13	±25%	±25%	±20%	±20%	±12.5%	±12.5%	±7.5%
压缩率	GB/T 13477.16	25%	25%	20%	20%	—	—	—

a　伸长率（%）为相对原始宽度的比例：伸长率＝［（最终宽度－原始宽度）/原始宽度］×100。

高位移能力弹性密封胶其 G 类和 F 类产品的要求参见表 5-6，其试验条件参见表 5-7。

表 5-6　高位移能力弹性密封胶要求　　GB/T 22083—2008

性能	指标			试验方法
	100/50	50	35	
弹性恢复率（%）	≥70	≥70	≥70	GB/T 13477.17

续表

性能	指标			试验方法
	100/50	50	35	
定伸粘结性	无破坏	无破坏	无破坏	GB/T 13477.10
冷拉-热压后粘结性	无破坏	无破坏	无破坏	GB/T 13477.13
经过热、透过玻璃的人工光源和水暴露后粘结性[a]	无破坏	无破坏	无破坏	GB/T 13477.15—2002
浸水后定伸粘结性	无破坏	无破坏	无破坏	GB/T 13477.11
体积损失（%）	≤10	≤10	≤10	GB/T 13477.19
流动性[b]（mm）	≤3	≤3	≤3	GB/T 13477.6

a　仅G类产品测试此项性能，所用标准曝露条件见GB/T 13477.15—2002的9.2.1或9.2.2。

b　采用U形阳极氧化铝槽，宽20mm、深10mm，试验温度（50±2)℃和（5±2)℃按GB/T 13477.6—2002的6.1.2试验，如果流动值超过3mm，试验可重复一次。

表5-7　高位移能力弹性密封胶的试验条件　　　GB/T 22083—2008

性能	试验方法	级别		
		100/50	50	35
伸长率[a]	GB/T 13477.10 GB/T 13477.11 GB/T 13477.15—2002 GB/T 13477.17	100%	100%	100%
幅度	GB/T 13477.13	+100/−50	±50%	±35%

a　伸长率(%)为相对原始宽度的比例：伸长率=[(最终宽度−原始宽度)/原始宽度]×100。

5.1.2　建筑防水密封材料的性能特点

建筑密封材料主要用于建筑构件、建筑材料之间接缝的密封处理，其填充于建筑物的接缝、裂缝、门窗框、玻璃周边以及管道接头，或与其他结构的连接处，阻塞介质透过渗漏通道，起着防水、保温、防腐、隔声、结构粘结等作用。为了满足这些建筑功能要求，建筑防水密封材料必须具备良好的水密性能和气密性能。

建筑防水密封材料按其形态分为预制密封材料和密封胶。建筑密封胶的基本功能是填充各种类型构造复杂且不易施工的缝隙，并能与缝隙、接头等凹凸不平的表面通过受压变型或流变润湿而紧密接触或粘结，且填充一定的缝隙空间而不下垂，从而达到其水密性能和气密性能。

建筑防水密封材料不但应在大气中能经受长年累月四季的风吹日晒、雨雪冻融及紫外线、臭氧、微生物、酸碱等恶劣环境条件的考验，而且还应随接缝运动和接缝处出现的运动速率变形，并经循环反复变形后，能充分恢复其原有的性能和状态，不断裂、不剥离，仍能使构件之间、材料之间、构件与材料之间在长年经受拉伸压缩、振动疲劳的状况下保持其完整的防水体系，即建筑防水密封材料必须具有较好粘结性、弹性、耐候性。

部分合成高分子建筑密封胶的特点参见表5-8。

表5-8 部分合成高分子建筑密封胶的特点

品种	主要特点
硅酮密封胶	产品具有优异的耐高低温性、耐水性、柔韧性、耐疲劳性，产品的粘结力强，延伸率大，耐腐蚀、耐老化，并能长期保持弹性等特点，是一种高档密封材料
聚氨酯密封胶	产品具有模量低、延伸率大、弹性高、粘结性好，耐低温、耐水、耐油、耐酸碱、耐疲劳以及使用年限长等优点
聚硫密封胶	产品具有良好的耐候、耐油、耐湿热、耐水和耐低温性能，其抗撕裂性强、粘结性能好，具有良好的气密性，产品的施工性能好，不需溶剂，无毒，使用安全
乳液型丙烯酸酯密封胶	产品具有良好的粘结性、延伸性、施工性、耐热性、耐低温性和抗大气老化性、无毒、无溶剂污染、不燃，并可与基层配色，调制成多种颜色

5.1.3 建筑胶粘剂有害物质的限量

建筑胶粘剂是指用于建筑行业及相关领域，通过黏合作用，使被黏物结合在一起的胶粘剂。

适用于粘结或密封用的溶剂型、水基型和本体型建筑胶粘剂已发布国家标准《建筑胶粘剂有害物质限量》（GB 30982—2014）。

溶剂型建筑胶粘剂是指以挥发性有机溶剂为主体分散介质的一类建筑胶粘剂；水基型建筑胶粘剂是指以水为溶剂或分散介质的一类建筑胶粘剂；本体型建筑胶粘剂是指溶剂含量或者水含量占胶体总质量在5%以内的一类建筑胶粘剂。

1. 建筑胶粘剂的分类

建筑胶粘剂可分为溶剂型建筑胶粘剂、水基型建筑胶粘剂和本体型建筑胶粘剂三大类。

2. 建筑胶粘剂对人体和环境有害物质容许限值的要求

（1）溶剂型建筑胶粘剂中有害物质限量值应符合表5-9的规定；水基型建筑胶粘剂中有害物质限量值应符合表5-10的规定；本体型建筑胶粘剂中有害物质限量值应符合表5-11的规定。

表5-9 溶剂型建筑胶粘剂中有害物质限量值　　GB 30982—2014

<table>
<tr><th rowspan="2">项目</th><th colspan="5">指标</th></tr>
<tr><th>氯丁橡胶胶粘剂</th><th>SBS胶粘剂</th><th>聚氨酯类胶粘剂</th><th>丙烯酸酯类胶粘剂</th><th>其他胶粘剂</th></tr>
<tr><td>苯（g/kg）</td><td colspan="5">≤5.0</td></tr>
<tr><td>甲苯+二甲苯（g/kg）</td><td>≤200</td><td>≤80</td><td colspan="3">≤150</td></tr>
<tr><td>甲苯二异氰酸酯（g/kg）</td><td colspan="2">—</td><td>≤10</td><td colspan="2">—</td></tr>
<tr><td>二氯甲烷（g/kg）</td><td rowspan="4">总量≤5.0</td><td>≤200</td><td rowspan="4">—</td><td colspan="2" rowspan="4">总量≤50</td></tr>
<tr><td>1，2-二氯乙烷（g/kg）</td><td rowspan="3">总量≤5.0</td></tr>
<tr><td>1，1，1-三氯乙烷（g/kg）</td></tr>
<tr><td>1，1，2-三氯乙烷（g/kg）</td></tr>
<tr><td>总挥发性有机物（g/L）</td><td>≤680</td><td>≤630</td><td>≤680</td><td>≤600</td><td>≤680</td></tr>
</table>

表 5-10　水基型建筑胶粘剂中有害物质限量值

项目	指标						
	聚乙酸乙烯酯类	缩甲醛类	橡胶类	聚氨酯类	VAE乳液类	丙烯酸酯类	其他类
游离甲醛（g/kg）	≤0.5	≤1.0	≤1.0	—	≤0.5	≤0.5	≤1.0
总挥发性有机物（g/L）	≤100	≤150	≤150	≤100	≤100	≤100	≤150

表 5-11　本体型建筑胶粘剂中有害物质限量值

项目	指标				
	有机硅类（含MS）	聚氨酯类	聚硫类	环氧类	
				A组分	B组分
总挥发性有机物（g/kg）	≤100	≤50	≤50	≤50	—
甲苯二异氰酸酯（g/kg）	—	≤10	—	—	—
苯（g/kg）	—	≤1	—	≤2	≤1
甲苯（g/kg）	—	≤1	—	—	—
甲苯+二甲苯（g/kg）	—	—	—	≤50	≤20

(2) 邻苯二甲酸酯类作为胶粘剂原料添加并超出了总质量的2%，应在外包装上予以注明其添加物质的种类名称及用量。

5.2　高聚物改性沥青密封胶

高聚物改性沥青密封胶是在石油沥青基料中加入适量的合成高分子聚合物、填充料和其他化学助剂配制而成的一类膏状密封材料。

5.2.1　建筑防水沥青嵌缝油膏

沥青类嵌缝材料是以石油沥青为基料，加入改性材料（如橡胶、树脂等）、稀释剂、填料等配制而成的一类黑色膏状嵌缝材料。沥青基密封胶有热熔型、溶剂型和水乳型三种类型，按其施工类型的不同，沥青类嵌缝材料可分为热施工型和冷施工型，溶剂型和水乳型沥青类嵌缝材料均可采用冷施工，冷施工型建筑防水沥青嵌缝油膏已发布建材行业标准《建筑防水沥青嵌缝油膏》(JC/T 207—2011)。

产品按其耐热性和低温柔性可分为702和801两个标号。

产品外观应为黑色均匀膏状，无结块和未浸透的填料。产品的物理力学性能要求应符合表5-12的规定。

表 5-12　建筑防水沥青嵌缝油膏的物理力学性能　　JC/T 207—2011

序号	项目		技术指标	
			702	801
1	密度（g/cm^3）		规定值±0.1	
2	施工度（mm）	≥	22.0	20.0

续表

序号	项目			技术指标	
				702	801
3	耐热性	温度（℃）		70	80
		下垂值（mm）	≤	4.0	
4	低温柔性	温度（℃）		−20	−10
		粘结状况		无裂纹和剥离现象	
5	拉伸粘结性（%）		≥	125	
6	浸水后拉伸粘结性（%）		≥	125	
7	渗出性	渗出幅度（mm）	≤	5	
		渗出张数（张）	≤	4	
8	挥发性（%）		≤	2.8	

注：规定值由厂方提供或供需双方商定。

5.2.2 聚氯乙烯建筑防水接缝材料

聚氯乙烯建筑防水接缝材料简称PVC接缝材料。适用于以聚氯乙烯为基料，加入改性材料及其他助剂配制而成的聚氯乙烯建筑防水接缝材料产品已发布建材行业标准《聚氯乙烯建筑防水接缝材料》(JC/T 798—1997)。

1. 产品的分类、型号和标记

(1) 产品的分类

PVC接缝材料按其施工工艺的不同，可分为J型和G型两种类型。J型是指用热塑法施工的产品，俗称聚氯乙烯胶泥；G型是指用热熔法施工的产品，俗称塑料油膏。

(2) 产品的型号

PVC接缝材料按其低温柔性的不同，可分为801、802两种型号。耐热性80℃和低温柔性−10℃为801；耐热性80℃和低温柔性−20℃为802。

(3) 标记

PVC接缝材料产品按名称、类型、型号、标准号顺序标记。

示例：PVC接缝材料J 802 JC/T 798—1997。

2. 产品的技术性能要求

(1) 产品的外观

① J型PVC接缝材料为均匀黏稠状物，无结块，无杂质。

② G型PVC接缝材料为黑色块状物，无焦渣等块状物，无流淌现象。

(2) 产品的物理力学性能

产品的物理力学性能要求应符合表5-13的规定。

表5-13 聚氯乙烯建筑防水接缝材料的物理力学性能 JC/T 798—1997

项目	技术要求	
	801	802
密度（g/cm^3）[a]	规定值±0.1[a]	

续表

项目			技术要求	
			801	802
下垂度（mm），80℃		不大于	4	
低温柔性	温度（℃）		−10	−20
	柔性		无裂缝	
拉伸粘结性	最大抗拉强度（MPa）		0.02～0.15	
	最大延伸率（%）	不小于	300	
浸水拉伸粘结性	最大抗拉强度（MPa）		0.02～0.15	
	最大延伸率（%）	不小于	250	
恢复率（%）		不小于	80	
挥发率（%）[b]		不大于	3	

a　规定值是指企业标准或产品说明书所规定的密度值。

b　挥发率仅限于G型PVC接缝材料。

5.2.3　建筑构件连接处防水密封膏

适用于建筑物的接缝、无害裂缝、管道穿墙和结构连接处，以及室内、屋面、地下工程局部维修补漏、节点处理的密封防水用的单组分密封膏已发布建筑工业行业标准《建筑构件连接处防水密封膏》（JG/T 501—2016）。防水密封膏是指以沥青为基料，通过橡胶改性，乳化而成的膏状材料。

1. 产品的分类和标记

建筑构件连接处防水密封膏按其性能分为Ⅰ型和Ⅱ型。

产品按名称（FSG）、性能、标准编号顺序标记。

示例：

Ⅱ型建筑构件连接处防水密封膏标记为：FSG-Ⅱ-JG/T 501—2016。

2. 产品的技术性能要求

（1）外观

产品搅拌后应为细腻、均匀膏状物，无凝胶、结块现象。

（2）性能

产品性能应符合表5-14的规定。

表5-14　建筑构件连接处防水密封膏的性能　　JG/T 501—2016

项目		技术指标	
		Ⅰ	Ⅱ
固体含量（%）		≥70	
表干时间（h）		≤2.0	
实干时间（h）		≤5.0	
粘结强度（MPa）	与水泥砂浆干燥基面	≥0.5，且100%内聚破坏	≥0.7，且100%内聚破坏
	与水泥砂浆潮湿基面	≥0.3，且100%内聚破坏	≥0.5，且100%内聚破坏

续表

项目		技术指标	
		Ⅰ	Ⅱ
粘结强度（MPa）	与铝板	≥0.5	
	与塑料		
	与玻璃		
同步固化粘结强度（MPa）	与水泥素浆	≥0.5，且100%内聚破坏	
	与混凝土		
	与水泥砂浆		
不透水性（0.3MPa，30min）		不透水	
自愈性		无渗水	
低温柔性		−10℃，2h，无裂纹	−20℃，2h，无裂纹
耐热性		85℃，5h，无流淌、滑动、滴落，表面无密集气泡	
抗窜水性		0.6MPa，无窜水	
熔老化（70℃×168h）	不透水性（0.3MPa，30min）	不透水	
	低温柔性	−10℃，2h，无裂纹	−15℃，2h，无裂纹
	水泥砂浆粘结强度（MPa）	≥0.5	≥0.7

（3）有害物质限量

产品中有害物质限量应符合表5-15的规定。

表5-15 建筑构件连接处防水密封膏的有害物质限量 JG/T 501—2016

项目		含量
挥发性有机化合物（VOD）（g/L）		≤80
游离甲醛（mg/kg）		≤100
苯、甲苯、乙苯和二甲苯总和（mg/kg）		≤300
氨（mg/kg）		≤500
可溶性重金属[a]（mg/kg）	铅 Pb	≤90
	镉 Cd	≤75
	铬 Cr	≤60
	汞 Hg	≤60

a 无色、白色、黑色防水涂料不需测定可溶性重金属。

5.2.4 路面加热型密封胶

路面加热型密封胶也称为路面加热型灌缝胶，是指以橡胶粉、聚合物改性沥青为主要成分，用于沥青路面裂缝修补和水泥路面填缝用的，施工时需要进行加热的一类密封胶。适用于沥青路面裂缝修补和水泥路面填缝用的加热型改性沥青封缝材料已发布交通运输行业标准《路面加热型密封胶》（JT/T 740—2015）。

1. 产品的分类

密封胶分为高温型、普通型、低温型、寒冷型和严寒型五类，分别适用于最低气温不低于0℃、−10℃、−20℃、−30℃和−40℃的地区。

2. 产品的技术要求

密封胶的技术要求应符合表5-16的规定。

表5-16 路面加热型密封胶的技术要求 JT/T 740—2015

序号	性能指标	高温型	普通型	低温型	寒冷型	严寒型
1	锥入度（0.1mm）	≤70	50～90	70～110	90～150	120～180
2	软化点（℃）	≥90	≥80	≥80	≥80	≥70
3	流动值（mm）	≤3	≤5	≤5	≤5	—
4	弹性恢复率（%）	30～70	30～70	30～70	30～70	30～70
5	低温拉伸[a]	0℃，25%，3次循环，通过	−10℃，50%，3次循环，通过	−20℃，100%，3次循环，通过	−30℃，150%，3次循环，通过	−40℃，200%，3次循环，通过

a 25%、50%、100%、150%和200%的拉伸量分别为3.75mm、7.5mm、15mm、22.5mm和30mm。

5.3 合成高分子密封胶

合成高分子密封胶是指以合成高分子材料为主体，加入一定的填充材料、化学助剂和着色剂，加工制成的一类膏状密封材料。

5.3.1 硅酮和改性硅酮建筑密封胶

硅酮建筑密封胶是指以聚硅氧烷为主要成分，室温固化的一类单组分和多组分密封胶，按其固化体系可分为酸性和中性。

改性硅酮建筑密封胶是指以端硅氧烷基聚醚为主要成分，室温固化的一类单组分和多组分密封胶。

适用于普通装饰装修和建筑幕墙非结构性装配用硅酮建筑密封胶，以及建筑接缝和干缩位移接缝用改性硅酮建筑密封胶已发布国家标准《硅酮和改性硅酮建筑密封胶》（GB/T 14683—2017）。

1. 产品的分类、级别和标记

（1）产品的类型

① 产品按组分不同，可分为单组分（Ⅰ）和双组分（Ⅱ）。

② 硅酮建筑密封胶按其用途的不同，可分为三类：F类适于建筑接缝用；Gn类适于普通装饰装修镶装玻璃用，不适用于中空玻璃；Gw类适于建筑幕墙非结构性装配用，不适用于中空玻璃。

③ 改性硅酮建筑密封胶按其用途的不同，可分为两类：F类适于建筑接缝用；R类适于干缩位移接缝用，常见于装配式预制混凝土外挂墙板接缝。

（2）级别

产品按GB/T 22083—2008中4.2的规定对位移能力进行分类，见表5-17。

表5-17　密封胶级别　　GB/T 14683—2017

级别	试验拉压幅度（%）	位移能力（%）
50	±50	50.0
35	±35	35.0
25	±25	25.0
20	±20	20.0

（3）次级别

产品按GB/T 22083—2008中4.3.1的规定，将其拉伸模量分为高模量（HM）和低模量（LM）两个次级别。

（4）标记

硅酮建筑密封胶标记为SR，改性硅酮建筑密封胶标记为MS。

产品按其名称、标准编号、类型、级别、次级别的顺序标记。

示例1：

以符合GB/T 14683，单组分，镶嵌玻璃用，25级，高模量的硅酮建筑密封胶其标记为：硅酮建筑密封胶（SR）GB/T 14683-Ⅰ-Gn-25HM。

示例2：

以符合GB/T 14683，多组分、干缩位移接缝用、20级、低模量的改性硅酮建筑密封胶，其标记为：改性硅酮建筑密封胶（MS）GB/T 14683-Ⅱ-R-20LM。

2. 产品的技术性能要求

（1）产品的外观要求

产品应为细腻、均匀膏状物，不应有气泡、结皮或凝胶。

（2）产品的理化性能要求

硅酮建筑密封胶（SR）的理化性能应符合表5-18的规定；改性硅酮建筑密封胶（MS）的理化性能应符合表5-19的规定。

表5-18　硅酮建筑密封胶（SR）的理化性能　　GB/T 14683—2017

序号	项目		技术指标							
			50LM	50HM	35LM	35HM	25LM	25HM	20LM	20HM
1	密度（g/cm³）		规定值±0.1							
2	下垂度（mm）		≤3							
3	表干时间[a]（h）		≤3							
4	挤出性（mL/min）		≥150							
5	适用期[b]		供需双方商定							
6	弹性恢复率（%）		≥80							
7	拉伸模量（MPa）	23℃	≤0.4和	>0.4或	≤0.4和	>0.4或	≤0.4和	>0.4或	≤0.4和	>0.4或
		−20℃	≤0.6	>0.6	≤0.6	>0.6	≤0.6	>0.6	≤0.6	>0.6
8	定伸粘结性		无破坏							
9	浸水后定伸粘结性		无破坏							
10	冷拉-热压后粘结性		无破坏							

续表

序号	项目	技术指标							
		50LM	50HM	35LM	35HM	25LM	25HM	20LM	20HM
11	紫外线辐照后粘结性[c]	无破坏							
12	浸水光照后粘结性[d]	无破坏							
13	质量损失率（%）	≤8							
14	烷烃增塑剂[e]	不得检出							

a 允许采用供需双方商定的其他指标值。

b 仅适用于多组分产品。

c 仅适用于 Gn 类产品。

d 仅适用于 Gw 类产品。

e 仅适用于 Gw 类产品。

表 5-19 改性硅酮建筑密封胶（MS）的理化性能 GB/T 14683—2017

序号	项目		技术指标				
			25LM	25HM	20LM	20HM	20LM-R
1	密度（g/cm³）		规定值±0.1				
2	下垂度（mm）		≤3				
3	表干时间（h）		≤24				
4	挤出性[a]（mL/min）		≥150				
5	适用期[b]（min）		≥30				
6	弹性恢复率（%）		≥70	≥70	≥60	≥60	—
7	定伸永久变形（%）		—	—	—	—	>50
8	拉伸模量（MPa）	23℃	≤0.4 和	>0.4 或	≤0.4 和	>0.4 或	≤0.4 和
		−20℃	≤0.6	>0.6	≤0.6	>0.6	≤0.6
9	定伸粘结性		无破坏				
10	浸水后定伸粘结性		无破坏				
11	冷拉-热压后粘结性		无破坏				
12	质量损失率（%）		≤5				

a 仅适用于单组分产品。

b 仅适用于多组分产品；允许采用供需双方商定的其他指标值。

5.3.2 聚氨酯建筑密封胶

聚氨酯建筑密封胶是指以氨基甲酸酯聚合物为主要成分的一类单组分和多组分建筑密封胶。此类产品已发布建材行业标准《聚氨酯建筑密封胶》（JC/T 482—2003）。

1. 产品的分类和标记

聚氨酯建筑密封胶产品按其包装形式的不同，可分为单组分（Ⅰ）和多组分（Ⅱ）两个品种；产品按流动性分为非下垂型（N）和自流平型（L）两个类型；产品按位移能力分为25、20 两个级别（表 5-20）；产品按拉伸模量分为高模量（HM）和低模量（LM）两个次级别。

表 5-20　聚氨酯建筑密封胶的级别　　　　JC/T 482—2003

级别	试验拉压幅度（%）	位移能力（%）
25	±25	25
20	±20	20

产品按名称、品种、类型、级别、次级别、标准号的顺序标记。

示例：

25 级低模量单组分非下垂型聚氨酯建筑密封胶的标记为：聚氨酯建筑密封胶 IN 25LM JC/T 483—2003。

2. 产品的技术性能要求

（1）外观

产品的外观应符合以下要求：

① 产品应为细腻、均匀膏状物或黏稠物，不应有气泡。

② 产品的颜色与供需双方商定的样品相比，不得有明显差异。多组分产品各组分的颜色间应有明显差异。

（2）物理力学性能

聚氨酯建筑密封胶的物理力学性能应符合表 5-21 的规定。

表 5-21　聚氨酯建筑密封胶的物理力学性能　　　　JC/T 482—2003

试验项目		技术指标		
		20HM	25LM	20LM
密度(g/cm^3)		规定值±0.1		
流动性	下垂度(N 型)(mm)	≤3		
	流平性(L 型)	光滑平整		
表干时间(h)		≤24		
挤出性[a](mL/min)		≥80		
适用期[b](h)		≥1		
弹性恢复率(%)		≥70		
拉伸模量(MPa)	23℃	>0.4 或>0.6	≤0.4 和≤0.6	
	−20℃			
定伸粘结性		无破坏		
浸水后定伸粘结性		无破坏		
冷拉-热压后的粘结性		无破坏		
质量损失率(%)		≤7		

a　此项仅适用于单组分产品。

b　此项仅适用于多组分产品，允许采用供需双方商定的其他指标值。

5.3.3　聚硫建筑密封胶

聚硫建筑密封胶是由液体聚硫橡胶为基料的室温硫化的一类双组分建筑密封胶。此类产品已发布应用于建筑工程接缝的建材行业标准《聚硫建筑密封胶》(JC/T 483—2006)。

1. 产品的分类和标记

产品按流动性能可分为非下垂型（N）和自流平型（L）两个类型；产品按位移能力分为25、20两个级别（表5-22）；产品按拉伸模量分为高模量（HM）和低模量（LM）两个次级别。

表5-22　聚硫建筑密封胶的级别　　JC/T 483—2006

级别	试验拉伸幅度（%）	位移能力（%）
25	±25	25
20	±20	20

产品按名称、类型、级别、次级别、标准号的顺序进行标记。

示例：

25级低模量非下垂型聚硫建筑密封胶的标记为：聚硫建筑密封胶 N25LM JC/T 483—2006。

2. 产品的技术性能要求

（1）外观

产品的外观要求如下：

① 产品应为均匀膏状物、无结皮结块，组分间颜色应有明显差别。

② 产品的颜色与供需双方商定的样品相比，不得有明显差异。

（2）物理力学性能

聚硫建筑密封胶的物理力学性能应符合表5-23的规定。

表5-23　聚硫建筑密封胶的物理力学性能　　JC/T 483—2006

<table>
<tr><th rowspan="2">序号</th><th rowspan="2" colspan="2">项　目</th><th colspan="3">技术指标</th></tr>
<tr><th>20HM</th><th>25LM</th><th>20LM</th></tr>
<tr><td>1</td><td colspan="2">密度(g/cm³)</td><td colspan="3">规定值±0.1</td></tr>
<tr><td rowspan="2">2</td><td rowspan="2">流动性</td><td>下垂度(N型)(mm)</td><td colspan="3">≤3</td></tr>
<tr><td>流平性(L型)</td><td colspan="3">光滑平整</td></tr>
<tr><td>3</td><td colspan="2">表干时间(h)</td><td colspan="3">≤24</td></tr>
<tr><td>4</td><td colspan="2">适用期(h)</td><td colspan="3">≥2</td></tr>
<tr><td>5</td><td colspan="2">弹性恢复率(%)</td><td colspan="3">≥70</td></tr>
<tr><td rowspan="2">6</td><td rowspan="2">拉伸模量(MPa)</td><td>23℃</td><td rowspan="2">>0.4或>0.6</td><td colspan="2" rowspan="2">≤0.4和≤0.6</td></tr>
<tr><td>−20℃</td></tr>
<tr><td>7</td><td colspan="2">定伸粘结性</td><td colspan="3">无破坏</td></tr>
<tr><td>8</td><td colspan="2">浸水后定伸粘结性</td><td colspan="3">无破坏</td></tr>
<tr><td>9</td><td colspan="2">冷拉-热压后粘结性</td><td colspan="3">无破坏</td></tr>
<tr><td>10</td><td colspan="2">质量损失率(%)</td><td colspan="3">≤5</td></tr>
</table>

注：适用期允许采用供需双方商定的其他指标值。

5.3.4　丙烯酸酯建筑密封胶

适用于以丙烯酸酯乳液为基料的单组分水乳型建筑密封胶已发布建材行业标准《丙烯酸

酯建筑密封胶》(JC/T 484—2006)。此标准规定了建筑接缝用丙烯酸酯密封胶的产品的分类、要求、试验方法、检验规则及标志、包装、运输、贮存的基本要求。

1. 产品的分类和标记

(1) 级别

丙烯酸酯建筑密封胶产品按其位移能力分为12.5和7.5两个级别。

① 12.5级为位移能力12.5%，其试验拉伸压缩幅度为±12.5%。

② 7.5级为位移能力7.5%，其试验拉伸压缩幅度为±7.5%。

(2) 次级别

12.5级密封胶按其弹性恢复率又分为两个次级别：

① 弹性体（记号12.5E)：弹性恢复率大于或等于40%，12.5E级为弹性密封胶，主要用于接缝密封。

② 塑性体（记号12.5P和7.5P)：弹性恢复率小于40%，12.5P和7.5P级为塑性密封胶，主要用于一般装饰装修工程的填缝。

12.5E、12.5P和7.5P级产品均不宜用于长期浸水的部位。

(3) 产品的标记

产品按名称、级别、次级别、标准号的顺序标记。

示例：

12.5E级丙烯酸酯建筑密封胶的标记为：丙烯酸酯建筑密封胶 12.5E JC/T 484—2006。

2. 产品的技术性能要求

(1) 产品的外观要求

产品应为无结块、无离析的均匀细腻膏状体。

产品的颜色与供需双方商定的样品相比，应无明显差异。

(2) 产品的物理力学性能

丙烯酸酯建筑密封胶的物理力学性能应符合表5-24的规定。

表5-24　丙烯酸酯建筑密封胶的物理力学性能　　JC/T 484—2006

序号	项目	技术指标		
		12.5E	12.5P	7.5P
1	密度(g/cm³)	规定值±0.1		
2	下垂度(mm)	≤3		
3	表干时间(h)	≤1		
4	挤出性(mL/min)	≥100		
5	弹性恢复率(%)	≥40	见表注	
6	定伸粘结性	无破坏	—	
7	浸水后定伸粘结性	无破坏	—	
8	冷拉-热压后粘结性	无破坏	—	
9	断裂伸长率(%)	—	≥100	
10	浸水后断裂伸长率(%)	—	≥100	
11	同一温度下拉伸-压缩循环后粘结性	—	无破坏	
12	低温柔性(℃)	−20	−5	
13	体积变化率(%)	≤30		

注：报告实测值。

5.3.5 单组分聚氨酯泡沫填缝剂

适用于以多元醇和多异氰酸酯为主要原料的气雾罐装单组分聚氨酯泡沫填缝剂（以下简称 PU 填缝剂）产品已发布建材行业标准《单组分聚氨酯泡沫填缝剂》(JC 936—2004)。

1. 产品的分类和标记

PU 填缝剂按其燃烧性能等级分为 B2 级、B3 级，见《建筑材料燃烧性能分级方法》(GB 8624—1997) 中 5.2、5.3；PU 填缝剂按其包装结构分为枪式（Q）和管式（G）。

产品按名称、燃烧性能等级、包装结构、标准号的顺序标记。

示例：

B2 级枪式单组分聚氨酯泡沫填缝剂标记为：单组分聚氨酯泡沫填缝剂 B2 Q JC 936—2004。

2. 产品的技术性能要求

（1）原材料

PU 填缝剂的原材料应符合国家环境保护局（原）等环控〔1997〕366 号文件的规定，禁止使用 CFCs。CFCs 系指 PU 填缝剂中可能使用的发泡剂一氟二氯甲烷（F-11）、二氟二氯甲烷（F-12）、三氟三氯乙烷（F-113）。

（2）外观

PU 填缝剂在气雾罐中为液体，喷射出的物料为颜色均匀的泡沫体，无未分散的颗粒、杂质，固化后为泡孔均匀的硬质泡沫塑料。

（3）物理性能

PU 填缝剂的物理性能应符合表 5-25 的规定。

表 5-25 PU 填缝剂的物理性能 JC 936—2004

序号	项目			指标
1	密度(kg/m^3)		不小于	10
2	导热系数，35℃[W/(m·K)]		不大于	0.050
3	尺寸稳定性(23±2)℃，48h(%)		不大于	5
4	燃烧性[a]		级	B2 或 B3
5	拉伸粘结强度[b] (kPa) 不小于	铝板	标准条件，7d	80
			浸水，7d	60
		PVC 塑料板	标准条件，7d	80
			浸水，7d	60
		水泥砂浆板	标准条件，7d	60
6	剪切强度(kPa)		不小于	80
7	发泡倍数(倍)		不小于	标示值−10

注：表中第 4 项为强制性的，其余为推荐性的。

a 仅测 B2 级产品。

b 试验基材可在三种基材中选择一种或多种。

5.3.6　遇水膨胀止水胶

遇水膨胀止水胶是指以聚氨酯预聚体为基础，含有特殊接枝的脲烷膏状体，固化成形后具有遇水体积膨胀密封止水作用的一类非定型密封材料。其适用于工业与民用建筑地下工程、隧道、防护工程、地下铁道、污水处理池等土木工程的施工缝（含后浇带）、变形缝和预埋构件的防水，以及既有工程的渗漏水治理。此类产品已发布建筑工业行业标准《遇水膨胀止水胶》（JG/T 312—2011）。

1. 产品的分类和标记

产品按照其体积膨胀倍率分为：

（1）膨胀倍率为≥220％且＜400％的遇水膨胀止水胶，代号为 PJ-220。

（2）膨胀倍率为≥400％的遇水膨胀止水胶，代号为 PJ-400。

该产品按其产品名称、代号、所执行标准号的顺序进行标记。

示例：

体积膨胀倍率不小于 400％的遇水膨胀止水胶的标记为：遇水膨胀止水胶 PJ-400 JG/T 312—2011。

2. 产品的技术性能要求

产品的外观应为细腻、黏稠、均匀的膏状物，应无气泡、结皮和凝胶现象。

产品的性能指标应符合表 5-26 的规定。

表 5-26　遇水膨胀止水胶的性能指标　　JG/T 312—2011

项目		指标	
		PJ-220	PJ-400
固含量（％）		≥85	
密度（g/cm³）		规定值±0.1	
下垂度（mm）		≤2	
表干时间（h）		≤24	
7d 拉伸粘结强度（MPa）		≥0.4	≥0.2
低温柔性		−20℃，无裂纹	
拉伸性能	拉伸强度（MPa）	≥0.5	
	断裂伸长率（％）	≥400	
体积膨胀倍率（％）		≥220	≥400
长期浸水体积膨胀倍率保持率（％）		≥90	
抗水压（MPa）		1.5，不渗水	2.5，不渗水
实干厚度（mm）		≥2	
浸泡介质后体积膨胀倍率保持率[a]（％）	饱和 $Ca(OH)_2$ 溶液	≥90	
	5％NaCl 溶液	≥90	
有害物质含量	VOC（g/L）	≤200	
	游离甲苯二异氰酸酯 TDI（g/kg）	≤5	

a　此项根据地下水性质由供需双方商定执行。

5.3.7 建筑用硅酮结构密封胶

建筑用硅酮结构密封胶简称硅酮结构胶。结构密封胶是指用于建筑结构中，能够传递结构构件间的静态荷载或动态荷载的一类密封胶。适用于建筑幕墙及其他结构粘结装配用的硅酮结构密封胶已发布国家标准《建筑用硅酮结构密封胶》(GB 16776—2005)。

1. 产品的分类和标记

(1) 产品的型别

产品按其组成的不同，可分为单组分型和双组分型，分别用数字 1 和 2 表示。

(2) 产品的适用基材类别

产品适用基材类别用字母 M、G、Q 表示。M (适用的基材为金属)、G (适用的基材为玻璃)、Q (适用的基材为其他)。

(3) 产品的标记

产品按型别、适用基材类别、标准号的顺序标记。

示例：

适用于金属、玻璃的双组分硅酮结构胶的标记为：2 M G GB 16776—2003。

2. 产品的技术性能要求

(1) 外观要求

① 产品应为细腻、均匀膏状物，无气泡、结块、凝胶、结皮，无不易分散的析出物。

② 双组分产品其两组分的颜色应有明显的区别。

(2) 产品的物理力学性能

产品的物理力学性能应符合表 5-27 的要求。

表 5-27 产品物理力学性能 GB 16776—2005

<table>
<tr><th>序号</th><th colspan="4">项目</th><th>技术指标</th></tr>
<tr><td rowspan="2">1</td><td rowspan="2" colspan="2">下垂度</td><td colspan="2">垂直放置 (mm)</td><td>≤3</td></tr>
<tr><td colspan="2">水平放置</td><td>不变形</td></tr>
<tr><td>2</td><td colspan="4">挤出性[a] (s)</td><td>≤10</td></tr>
<tr><td>3</td><td colspan="4">适用期[b] (min)</td><td>≥20</td></tr>
<tr><td>4</td><td colspan="4">表干时间 (h)</td><td>≤3</td></tr>
<tr><td>5</td><td colspan="4">硬度 (邵氏 A)</td><td>20～60</td></tr>
<tr><td rowspan="7">6</td><td rowspan="7">拉伸粘结性</td><td rowspan="5" colspan="2">拉伸粘结强度 (MPa)</td><td>23℃</td><td>≥0.60</td></tr>
<tr><td>90℃</td><td>≥0.45</td></tr>
<tr><td>−30℃</td><td>≥0.45</td></tr>
<tr><td>浸水后</td><td>≥0.45</td></tr>
<tr><td>水-紫外线光照后</td><td>≥0.45</td></tr>
<tr><td colspan="3">粘结破坏面积 (%)</td><td>≤5</td></tr>
<tr><td colspan="3">23℃时最大拉伸强度时伸长率 (%)</td><td>≥100</td></tr>
<tr><td rowspan="3">7</td><td rowspan="3">热老化</td><td colspan="3">热失重 (%)</td><td>≤10</td></tr>
<tr><td colspan="3">龟裂</td><td>无</td></tr>
<tr><td colspan="3">粉化</td><td>无</td></tr>
</table>

a 仅适用于单组分产品。

b 仅适用于双组分产品。

（3）硅酮结构胶与结构装配系统用附件的相容性应符合国家标准《建筑用硅酮结构密封胶》（GB 16776—2005）中附录A规定，硅酮结构胶与实际工程用基材的粘结性应符合国家标准《建筑用硅酮结构密封胶》（GB 16776—2005）中附录B规定。

（4）报告23℃时伸长率为10％、20％及40％时的模量。

5.3.8　石材用建筑密封胶

适用于建筑工程中天然石材接缝嵌填用弹性密封胶已发布国家标准《石材用建筑密封胶》（GB/T 23261—2009）。

1. 产品的分类和标记

（1）品种

石材接缝用建筑密封胶按其聚合物的不同，可分为硅酮（SR）、改性硅酮（MS）、聚氨酯（PU）等；石材接缝用建筑密封胶按其组分的不同，可分为单组分型（1）和双组分型（2）。

（2）级别

产品按其位移能力分为12.5、20、25、50级别，详见表5-28。

表5-28　石材用建筑密封胶的级别　　GB/T 23261—2009

级别	试验拉压幅度（％）	位移能力（％）
12.5	±12.5	12.5
20	±20	20
25	±25	25
50	±50	50

（3）次级别

20、25、50级密封胶按其拉伸模量分为低模量（LM）和高模量（HM）两个次级别；12.5级密封胶按其弹性恢复率不小于40％为弹性体（E），50、25、20、12.5E密封胶为弹性密封胶。

（4）标记

产品按名称、品种、级别、次级别、标准号顺序标记。

示例：

高模量25级位移能力的石材用单组分硅酮密封胶标记为：石材密封胶1 SR 25HM GB/T 23261—2009。

2. 产品的技术性能要求

（1）产品的外观要求

① 密封胶应为细腻、均匀膏状物或黏稠体，不应有气泡、结块、结皮或凝胶，无不易分散的析出物。

② 双组分密封胶的各组分的颜色应有明显差异。产品的颜色也可由供需双方商定，产品的颜色与供需双方商定的样品相比，不得有明显差异。

（2）产品的物理力学性能

① 双组分密封胶的适用期由供需双方商定。

② 密封胶的物理力学性能应符合表 5-29 的规定。

表 5-29 石材用建筑密封胶的物理力学性能 GB/T 23261—2009

序号	项目		技术指标						
			50LM	50HM	25LM	25HM	20LM	20HM	12.5E
1	下垂度(mm)	垂直 ≤	3						
		水平	无变形						
2	表干时间(h) ≤		3						
3	挤出性(mL/min) ≥		80						
4	弹性恢复率(%) ≥		80						40
5	拉伸模量(MPa)	+23℃ −20℃	≤0.4 和 ≤0.6	>0.4 或 >0.6	≤0.4 和 ≤0.6	>0.4 或 >0.6	≤0.4 和 ≤0.6	>0.4 或 >0.6	— —
6	定伸粘结性		无破坏						
7	冷拉热压后粘结性		无破坏						
8	浸水后定伸粘结性		无破坏						
9	质量损失(%) ≤		5.0						
10	污染性(mm)	污染宽度 ≤	2.0						
		污染深度 ≤	2.0						

5.3.9 建筑用阻燃密封胶

建筑用具有阻燃功能的密封胶已发布国家标准《建筑用阻燃密封胶》(GB/T 24267—2009)。

1. 产品的分类和标记

(1) 品种

产品按其聚合物可分为硅酮(SR)、改性硅酮(MS)、聚硫(PS)、聚氨酯(PU)、丙烯酸(AC)、丁基(BU)等。

(2) 阻燃性能

产品阻燃性能为 FV-0 级。

(3) 级别

产品按其位移能力分为 7.5、12.5、20、25 级别,见表 5-30。

表 5-30 建筑用阻燃密封胶的级别 GB/T 24267—2009

级别	试验拉压幅度(%)	位移能力(%)
7.5	±7.5	7.5
12.5	±12.5	12.5
20	±20	20
25	±25	25

(4) 次级别

20、25 级别按拉伸模量分为低模量(LM)和高模量(HM)。

12.5级密封胶按弹性恢复率为弹性体（E），25、20、12.5E级密封胶为弹性密封胶。

7.5级为塑性体（P）。

（5）标记

产品按其名称、品种、阻燃性能、级别、次级别、标准编号的顺序标记。

示例：

高模量20级位移能力阻燃性能FV-0（3.0mm）级硅酮密封胶标记为：阻燃密封胶SR FV-0（3.0mm）20 HM GB/T 24267—2009。

2. 产品的技术性能要求

（1）产品的外观要求

① 密封胶应为细腻、均匀膏状物或黏稠体，不应有气泡、结块、结皮或凝胶，无不易分散的析出物。

② 双组分密封胶的各组分的颜色应有明显差异。产品的颜色也可由供需双方商定，产品的颜色与供需双方商定的样品相比，不得有明显差异。

（2）产品的阻燃性能

阻燃性能应符合FV-0级要求，见表5-31。

表5-31　建筑用阻燃密封胶的阻燃性能　　GB/T 24267—2009

序号	判据	级别[a]
		FV-0
1	每个试件的有焰燃烧时间（t_1+t_2）（s）	≤10
2	对于任何状态调节条件，每组五个试件有焰燃烧时间总和 t_f（s）	≤50
3	每个试件第二次施焰后有焰加上无焰燃烧时间（t_2+t_3）（s）	≤30
4	每个试件有焰或无焰燃烧蔓延到夹具现象	无
5	滴落物引燃脱脂棉现象	无

a　若一组五个试件中，只有一个不符合要求，可采用另一组五个试件同样进行试验，应都满足要求。应在分级标志中标明试件的最小厚度，精确到0.1mm。

用于防火封堵工程时还应符合GB 23864—2009的要求。

（3）产品的物理力学性能

① 双组分密封胶的适用期由供需双方商定。

② 密封胶的物理力学性能应符合表5-32的规定。

表5-32　建筑用阻燃密封胶的物理力学性能　　GB/T 24267—2009

序号	项目			技术指标					
				25LM	25HM	20LM	20HM	12.5E	7.5P
1	下垂度（mm）	垂直	≤	3					
		水平		无变形					
2	表干时间（h）		≤	3					
3	挤出性（mL/min）		≥	80					
4	弹性恢复率（%）			≥70	≥70	≥60	≥60	≥40	报告

续表

序号	项目			技术指标					
				25LM	25HM	20LM	20HM	12.5E	7.5P
5	拉伸粘结性	拉伸模量（MPa）	+23℃	≤0.4 和	>0.4 或	≤0.4 和	>0.4 或	—	—
			−20℃	≤0.6	>0.6	≤0.6	>0.6	—	—
		断裂伸长率（%）		—	—	—	—	—	≥25
6	定伸粘结性		无破坏	无破坏	无破坏	无破坏	无破坏	—	
7	冷拉热压后粘结性		无破坏	无破坏	无破坏	无破坏	无破坏	—	
8	同一温度下拉伸压缩循环后粘结性		—	—	—	—	—	无破坏	
9	浸水后定伸粘结性		无破坏	无破坏	无破坏	无破坏	无破坏	—	
10	浸水后断裂伸长率（%）		—	—	—	—	—	≥25	
11	质量损失（%）		≤10[a]	≤10[a]	≤10[a]	≤10[a]	≤25	≤25	

a 对水乳型密封胶，最大值为25%。

5.3.10 中空玻璃用硅酮结构密封胶

中空玻璃用硅酮结构密封胶简称中空玻璃硅酮结构胶。已发布国家标准《中空玻璃用硅酮结构密封胶》（GB 24266—2009）。本标准适用于结构装配中空玻璃单元第二道密封用硅酮密封胶。本标准不适用于建筑幕墙结构粘结装配用硅酮结构密封胶。

1. 产品的分类和标记

中空玻璃用硅酮结构密封胶产品按其组分可分为单组分型（1）和双组分型（2）。

中空玻璃用硅酮结构密封胶产品按名称、分类、标准编号顺序标记。

示例：

双组分中空玻璃用硅酮结构密封胶标记为：中空玻璃硅酮结构胶 2 GB 24266—2009。

2. 产品的技术性能要求

（1）产品的外观要求

① 密封胶应为细腻、均匀膏状物或黏稠体，不应有气泡、结块、结皮或凝胶，无不易分散的析出物。

② 双组分密封胶各组分的颜色应有明显差异。产品的颜色也可由供需双方商定，产品的颜色与供需双方商定的样品相比，不得有明显差异。

（2）产品的物理力学性能

① 双组分密封胶的适用期由供需双方商定。

② 密封胶的物理力学性能应符合表5-33的规定。

表5-33 中空玻璃用硅酮结构密封胶的物理力学性能 GB 24266—2009

序号	项目		技术指标
1	下垂度（mm）	垂直 ≤	3
		水平	不变形
2	表干时间（h） ≤		3

续表

序号	项目				技术指标
3	挤出性（s）			≤	10
4	硬度，邵氏A				30～60
5	拉伸粘结性	拉伸粘结强度（MPa）	23℃	≥	0.60
			90℃	≥	0.45
			−30℃	≥	0.45
			浸水后	≥	0.45
			水-紫外线光照后	≥	0.45
		粘结破坏面积（%）		≤	5
6	伸长率10%时的拉伸模量（MPa）			≥	0.15
7	定伸粘结性				定伸25%，无破坏
8	热老化	热失重（%）		≤	6.0
		龟裂			无
		粉化			无

③ 中空玻璃硅酮结构胶与第一道丁基密封胶、接缝耐候胶的相容性应符合GB 24266—2009附录A规定。

④ 中空玻璃硅酮结构胶与实际工程用玻璃基材等的粘结性应符合GB 16776—2005附录B的规定。

5.3.11　中空玻璃用弹性密封胶

现已发布适用于非结构装配中空玻璃二道密封用双组分密封胶，单组分中空玻璃密封胶可参考使用国家标准《中空玻璃用弹性密封胶》（GB/T 29755—2013）。

1. 产品的分类和标记

中空玻璃用弹性密封胶其产品按密封胶的聚合物种类分为聚硫（PS）、硅酮（SR）、聚氨酯（PU）等密封胶。

中空玻璃用弹性密封胶产品按密封胶名称、聚合物种类、标准编号顺序标记。

示例：

聚硫中空玻璃密封胶标记为：中空玻璃密封胶 PS GB/T 29755—2013。

2. 产品的技术性能要求

（1）产品的外观要求

① 密封胶为细腻、均匀膏状物或黏稠体，不应有气泡、结皮或凝胶。

② 各组分的颜色宜有明显差异。

（2）密封胶的性能

密封胶的物理力学性能应符合表5-34的规定。

表 5-34　中空玻璃用弹性密封胶的物理力学性能　GB/T 29755—2013

序号	项目			指标
1	密度（g/cm^3）	A 组分		规定值±0.1
		B 组分		规定值±0.1
2	下垂度（mm）	垂直	≤	3
		水平		不变形
3	表干时间（h）		≤	2
4	适用期[a]（min）		≥	20
5	硬度（邵氏 A）			30～60
6	弹性恢复率（%）		≥	80
7	拉伸粘结性	拉伸粘结强度（MPa）	≥	0.60
		最大拉伸强度时伸长率（%）	≥	50
		粘结破坏面积（%）	≤	10
8	定伸粘结性			无破坏
9	水-紫外线处理后拉伸粘结性	拉伸粘结强度（MPa）	≥	0.45
		最大拉伸强度时伸长率（%）	≥	40
		粘结破坏面积（%）	≤	30
10	热空气老化后拉伸粘结性	拉伸粘结强度（MPa）	≥	0.60
		最大拉伸强度时伸长率（%）	≥	40
		粘结破坏面积（%）	≤	30
11	热失重（%）		≤	6.0
12	水蒸气透过率 [g/（m^2·d）]			报告值

注：中空玻璃用第二道密封胶使用时关注与相接触材料的相容性或粘结性，相接触材料包括一道密封胶、中空玻璃单元接缝密封胶、间隔条、密闭垫块等，试验参考 GB 16776—2005 和 GB 24266—2009 相应规定。

a　适用期也可由供需双方商定。

5.3.12　中空玻璃用丁基热熔密封胶

此类产品已发布建材行业标准《中空玻璃用丁基热熔密封胶》（JC/T 914—2014）。此标准规定了中空玻璃用丁基热熔密封胶（简称丁基密封胶）的技术要求、试验方法、检验规则以及包装、标志、运输和贮存。此标准适用于中空玻璃用第一道丁基密封胶。

此类产品的技术性能要求如下：

（1）外观

产品的外观要求如下：

① 产品应为细腻、无可见颗粒的均质胶泥。

② 产品颜色为黑色或供需双方商定的颜色。

（2）物理力学性能

丁基密封胶的物理力学性能应符合表 5-35 的要求。当用户提出要求时，可进行持黏性检验，试验方法参见建材行业标准《中空玻璃用丁基热熔密封胶》（JC/T 914—2014）附录 A。

表 5-35 中空玻璃用丁基热熔密封胶的物理力学性能 JC/T 914—2014

序号	项目		技术指标
1	密度（g/cm³）		规定值±0.05
2	针入度（1/10mm）	25℃	35～55
		130℃	210～330
3	剪切强度	标准试验条件（MPa）	≥0.15
		紫外线处理168h后变化率（%）	≤20
4	水蒸气透过率［g/（m²·d）］		≤0.8
5	热失重（%）		≤0.75

5.3.13 建筑门窗幕墙用中空玻璃弹性密封胶

建筑门窗幕墙用中空玻璃弹性密封胶是指实现中空玻璃单元构件周边弹性粘结，具有可供建筑门窗幕墙结构极限承载力状态设计选用的强度标准值、设计值、模量等技术指标的橡胶态高弹性密封胶。

适用于建筑门窗幕墙中空玻璃粘结密封用双组分弹性密封胶已发布建筑工业行业标准《建筑门窗幕墙用中空玻璃弹性密封胶》（JG/T 471—2015）。

1. 产品的分类和标记

产品按其基础聚合物类型分为三类：①硅酮型密封胶，代号为SR；②聚硫型密封胶，代号为PS；③其他，以基础聚合物缩写为代号。

按密封胶在中空玻璃安装典型应用中的承载用途分类，承载形式如图5-2所示。①承受永久荷载的密封胶，代号为P；②承受玻璃永久荷载用密封胶，代号为H；③承受阵风和/或气压水平荷载用密封胶，代号为W。

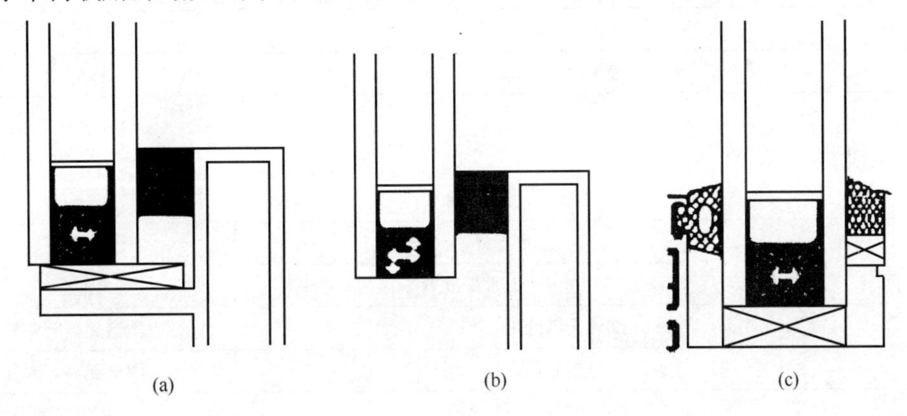

说明：

W—承受阵风和/或气压水平荷载用密封胶；

H—承受玻璃永久荷载用密封胶；

P—承受永久荷载的密封胶。

图 5-2 典型安装中空玻璃密封胶承载形式图例

（a）WH类；（b）WPH类；（c）W类

产品按其名称（ES：弹性密封胶）、用途型别、聚合物类别、强度标准值、初始刚度模量、标准号顺序标记。强度标准值及初始刚度模量分别以规定值标记。

示例：

承受水平荷载、永久荷载，强度标准值 $\sigma_{R,S}$ =1.0MPa，初始刚度模量 E_s =2.0MPa 的隐框用硅酮类中空玻璃弹性密封胶标记为：ES-WPH-SR-1.0-2.0 JG/T 471—2015。

2. 产品的技术性能要求

（1）一般要求

① 粘结件密封胶受拉伸或剪切的初始变形阶段的边界应为法向应变 25%。

② 初始刚度应以应变 12.5%对应的应力表示。

③ 中空玻璃实际应用中密封胶水蒸气透过率宜参照 JG/T 471—2015 附录 B 试验。

④ 充气中空玻璃用密封胶气体渗透率指标可仅当工厂有要求时进行测试。

（2）外观

建筑门窗幕墙用中空玻璃弹性密封胶其产品应为细腻、均匀膏状物，无可见颗粒、结块和结皮，无不易迅速均匀分散的析出物。颜色应与供需双方商定的样品颜色相符。

（3）物理性能

建筑门窗幕墙用中空玻璃弹性密封胶其产品的物理性能应符合表 5-36 的规定。

表 5-36 建筑门窗幕墙用中空玻璃弹性密封胶其产品的物理性能 JG/T 471—2015

序号	项目		技术要求
1	密度（g/cm³）	A 组分	规定值±0.05
		B 组分	
2	黏度（Pa·s）	A 组分	规定值±10%规定值
		B 组分	
3	适用期（min）		≥30
4	表干时间（h）		≤3
5	硬度（邵氏 A）	4h	规定值±10%规定值
		24h	
		14d	
6	下垂度	垂直放置（mm）	≤3
		水平放置	无变形
7	红外光谱分析		图谱无显著差异
8	热重分析		图谱无显著差异
9	水蒸气透过率［g/（m²·d）］		≤规定值
10	气体渗透率[a]（%）	初始气体含量	报告值
		气体密封耐久性能试验后气体含量	报告值

a 仅适用于充气中空玻璃用密封胶。

（4）力学性能

建筑门窗幕墙用中空玻璃弹性密封胶其产品的力学性能应符合表 5-37 的规定。

表 5-37　建筑门窗幕墙用中空玻璃弹性密封胶其产品的力学性能JG/T 471—2015

序号	项目			技术要求	适用范围
1	拉伸粘结性	23℃拉伸粘结性	拉伸粘结强度平均值 $\sigma_{X,23℃}$（MPa）	≥0.6	适用于全部类型
			拉伸粘结强度标准值 $\sigma_{R,5,23℃}$（MPa）	≥规定值，且规定值≥0.5	
			破坏状态	粘结破坏面积≤10%；*OAB* 区间无透视性破坏[a]	
			初始刚度 $K_{12.5,23℃}$（MPa）	报告值	
			初始刚度模量 E_S（MPa）	规定值±20%	
			应力-应变曲线	曲线-*AB* 线交点应力与型式检验报告 23℃曲线的差值应≤0.02MPa	
2		−20℃拉伸粘结性	① 拉伸粘结强度平均值（MPa） ② 破坏状态 ③ 应力-应变曲线	≥0.75$\sigma_{X,23℃}$； 粘结破坏面积≤10% *OAB* 区间无透视性破坏； 曲线-*AB* 线交点应力与型式检验同条件曲线的差值应≤0.02MPa	适用于全部类型
3		80℃拉伸粘结性			仅适用于 H 和 P 型
4		60℃拉伸粘结性			仅适用于 W 型
5		盐雾环境后拉伸粘结性			仅适用于 H 和 P 型
6		酸雾环境后拉伸粘结性			
7		水-紫外光辐照后拉伸粘结性	拉伸粘结强度平均值（MPa）	≥0.75$\sigma_{X,23℃}$	适用于全部类型
			初始刚度 $K_{c,12.5}$（MPa）	0.5≤$K_{c,12.5}/K_{12.5,23℃}$≤1.10	
			粘结破坏面积（%）	≤10	
			应力-应变曲线	报告	
8	剪切性能	23℃剪切性能	剪切强度平均值，$\tau_{X,23℃}$（MPa）	报告	仅适用于 WH 和 WP 型
			剪切强度标准值，$\tau_{R,5}$（MPa）	≥0.5	
			粘结破坏面积（%）	≤10	
			应力-应变曲线	报告	
		−20℃剪切性能	剪切强度平均值（MPa） 粘结破坏面积（%）	≥0.75$\tau_{X,23℃}$； 粘结破坏面积≤10	
		80℃剪切性能			
9	弹性恢复率（%）			≥95	
10	抗撕裂性能		拉伸撕裂强度平均值（MPa）	≥0.75$\sigma_{X,23℃}$	仅适用于 H 和 P 型
			粘结破坏面积（%）	≤10	
11	疲劳性能		拉伸粘结强度平均值（MPa）	≥0.75$\sigma_{X,23℃}$	
			初始刚度 $K_{f,12.5}$（MPa）	0.75≤$K_{f,12.5}/K_{12.5,23℃}$≤1.25	
			粘结破坏面积（%）	≤10	
12	蠕变性能		位移（mm）	≤0.10	仅适用于 P 型

a　“*OAB* 区间”如图 5-3 所示。

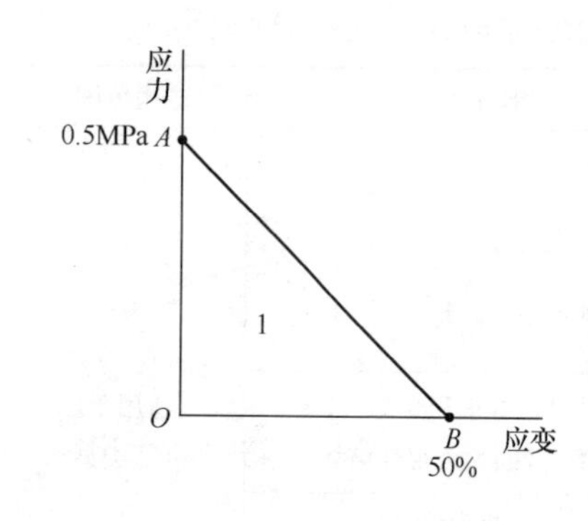

说明：
O—应力-应变坐标原点；
1—OAB 区；
A—应变为 0，应力为 0.5MPa 的点；
B—应力为 0，应变为 50%试件宽度的点。

图 5-3 应力-应变曲线 OAB 示意图

5.3.14 幕墙玻璃接缝用密封胶

其产品已发布适用于玻璃幕墙工程中嵌填玻璃与玻璃接缝的硅酮耐候密封胶，玻璃与铝等金属材料接缝的耐候密封胶也可参照建材行业标准《幕墙玻璃接缝用密封胶》（JC/T 882—2001）。该标准不适用于玻璃幕墙工程中结构性装配用密封胶。

1. 产品的分类和标记

幕墙玻璃接缝用密封胶按其组分的不同，分为单组分（Ⅰ）和多组分（Ⅱ）两个品种；按其位移能力分为25、20 两个级别（表 5-38）；按其拉伸模量分为低模量（LM）和高模量（HM）两个次级别。25、20 级密封胶为弹性密封胶。

产品按名称、品种、级别、次级别、标准号顺序标记。

示例：幕墙玻璃接缝密封胶Ⅰ 25 LM JC/T 882—2001。

表 5-38 幕墙玻璃用接缝密封胶的级别 JC/T 882—2001

级别	试验拉伸幅度（%）	位移能力（%）
25	±25.0	25
20	±20.0	20

2. 产品的技术性能要求

（1）外观

① 密封胶应为细腻、均匀膏状物，不应有气泡、结皮或凝胶。

② 密封胶的颜色与供需双方商定的样品相比，不得有明显差别。多组分密封胶各组分的颜色应有明显差异。

（2）性能要求

① 密封胶的适用期指标由供需双方商定。

② 密封胶的物理力学性能应符合表 5-39 的规定。

表 5-39 幕墙玻璃用接缝密封胶的物理力学性能 JC/T 882—2001

序号	项目		技术指标			
			25LM	25HM	20LM	20HM
1	下垂度（mm）	垂直	≤3			
		水平	无变形			
2	挤出性（mL/min）		≥80			
3	表干时间（h）		≤3			
4	弹性恢复率（%）		≥80			

续表

序号	项　目		技术指标			
			25LM	25HM	20LM	20HM
5	拉伸模量(MPa)	标准条件	≤0.4 和 ≤0.6	>0.4 或 >0.6	≤0.4 和 ≤0.6	>0.4 或 >0.6
		−20℃				
6	定伸粘结性		无破坏			
7	热压·冷拉后的粘结性		无破坏			
8	浸水光照后的定伸粘结性		无破坏			
9	质量损失率(%)		≤10			

5.3.15　建筑幕墙用硅酮结构密封胶

适用于设计使用年限不低于25年的建筑幕墙工程用硅酮结构密封胶(简称硅酮结构胶),已发布建筑工业行业标准《建筑幕墙用硅酮结构密封胶》(JG/T 475—2015)。

1. 产品的分类和标记

建筑幕墙用硅酮结构密封胶产品按其组成分为单组分型(1)和双组分型(2);按适用的基材分为铝材(AL)、玻璃(G)、其他金属(M)。

产品按名称、分类、标准编号的顺序标记。

示例:

铝材和玻璃基材用双组分建筑幕墙用硅酮结构密封胶标记为:硅酮结构胶2 ALG JG/T 475—2015。

2. 产品的技术性能要求

(1) 一般要求

硅酮结构胶的设计使用年限不应低于25年,应明确规定使用条件及保持的性能特性。产品一般要求见表5-40。

表5-40　建筑幕墙用硅酮结构密封胶的一般要求　　JG/T 475—2015

序号	项目		要求
1	刚度	初始刚度 $K_{12.5}$	报告
		水-紫外线光照后刚度比 $K_{c,12.5}/K_{12.5}$	$0.5 \leq K_{c,12.5}/K_{12.5} \leq 1.10$
2	一致性评价	热重分析	报告
		红外光谱	报告
3	拉伸模量		报告23℃拉伸粘结性在伸长率为5%、10%、15%、20%和25%时的强度
4	12.5%时弹性模量		报告

硅酮结构胶的刚度和弹性模量试验应符合JG/T 475—2015附录A的规定;施工过程中的硅酮结构胶检测可按GB 16776—2005附录D的规定进行。

（2）外观

① 硅酮结构胶应为细腻、均匀膏状物或黏稠体，不应有气泡、结块、结皮或凝胶，搅拌后应无不易分散的析出物。

② 双组分硅酮结构胶各组分的颜色应有明显差异。产品的颜色也可由供需双方商定。产品的颜色与供需双方商定的样品相比，不应有明显差异。

（3）物理力学性能

产品的物理力学性能应符合表5-41的要求。

表5-41　建筑幕墙用硅酮结构密封胶的物理力学性能　JG/T 475—2015

序号	项目			技术指标
1	下垂度（mm）		垂直	≤3
			水平	无变形
2	表干时间（h）			≤3
3	挤出性[a]（s）			≤10
4	适用期[b]（min）			≥20
5	邵氏硬度A			20～60
6	气泡			无可见气泡
7	拉伸粘结性	23℃拉伸粘结强度标准值 $R_{u,5}$（MPa）		≥0.50
		拉伸粘结强度保持率（%）	80℃	≥75
			−20℃	≥75
			水-紫外线光照	≥75
			NaCl盐雾	≥75
			SO_2 酸雾	≥75
			清洗剂	≥75
			100℃ 7d高温	≥75
		粘结破坏面积（所有拉伸粘结性项目）（%）		≤10
8	剪切强度	23℃剪切强度标准值 $R_{u,5}$（MPa）		≥0.50
		剪切强度保持率（%）	80℃	≥75
			−20℃	≥75
		粘结破坏面积（所有剪切性能项目）（%）		≤10
9	撕裂性能	拉伸粘结强度保持率（%）		≥75
10	疲劳循环	拉伸粘结强度保持率（%）		≥75
		粘结破坏面积（%）		≤10
11	质量变化-热失重	热失重（%）		≤6.0
12	烷烃增塑剂	红外光谱		无烷烃增塑剂
13	弹性恢复率[c]（%）			≥95
14	耐紫外线拉伸强度保持率[c]（%）			≥75
15	蠕变性能[d]	91d受力后位移（mm）		≤1
		力卸载24h后最大位移（mm）		≤0.1

a　仅适用于单组分产品。

b　仅适用于双组分产品。

c　仅需要时检测。

d　仅适用于硅酮结构胶承受所有粘结密封单元的应力，在粘结密封单元底部没有设置防止粘结失效产生危险用支撑装置的幕墙系统。

（4）相容性

① 硅酮结构胶与结构装配系统用附件的相容性应符合 GB 16776—2005 附录 A 的规定。

② 硅酮结构胶与实际工程用基材的粘结性应符合 GB 16776—2005 附录 B 的规定。

③ 硅酮结构胶与相邻接触材料的相容性应符合 JG/T 475—2015 附录 B 的规定。

5.3.16　建筑窗用弹性密封胶

适用于硅酮、改性硅酮、聚硫、聚氨酯、丙烯酸酯、丁基、丁苯、氯丁等合成高分子材料为主要成分的建筑门窗及玻璃镶嵌用的弹性密封胶现已发布建材行业标准《建筑窗用弹性密封胶》(JC/T 485—2007)。

1. 产品的分类和标记

（1）产品的分类

① 产品按基础聚合物划分系列，见表 5-42。

表 5-42　建筑窗用弹性密封胶的产品系列　　JC/T 485—2007

系列代号	密封胶基础聚合物
SR	硅酮聚合物
MS	改性硅酮聚合物
PS	聚硫橡胶
PU	聚氨酯甲酸酯
AC	丙烯酸酯聚合物
BU	丁基橡胶
CR	氯丁橡胶
SB	丁苯橡胶

注：以其他聚合物为基础的密封胶，标记取聚合物通用代号。

② 产品按其允许承受接缝位移能力，分为 1 级（±30%）、2 级（±20%）、3 级（±5%～±10%）三个级别。

③ 产品按其适用基材分为以下类别，见表 5-43。

表 5-43　建筑窗用弹性密封胶的类别　　JC/T 485—2007

类别代号	适用基材
M	金属
C	混凝土、水泥砂浆
G	玻璃
Q	其他

④ 产品按其适用季节分为以下型别：S 型（夏季施工型）、W 型（冬期施工型）、A 型（全年施工型）。

⑤ 产品按其固化机理分为四个品种，见表 5-44。

表 5-44　建筑窗用弹性密封胶的品种　JC/T 485—2007

品种代号	固化形式
K	湿气固化、单组分
E	水乳液干燥固化、单组分
Y	溶剂挥发固化、单组分
Z	化学反应固化、多组分

（2）产品的标记

产品按其系列、级别、类别、型别、品种、标准号的顺序标记。

示例：

位移能力 1 级；适用于金属、混凝土、玻璃基材；全年施工型；湿气固化硅酮密封胶的标记为：SR 1 MCG AK JC/T 485—2007。

2. 产品的技术性能要求

（1）产品的外观要求

① 产品不应有结块、凝胶、结皮及不易迅速均匀分散的析出物。

② 产品的颜色应与供需双方商定的样品相符。多组分产品各组分的颜色间应有明显差异。

（2）产品的物理力学性能

产品的物理力学性能应符合表 5-45 的要求。

表 5-45　建筑窗用弹性密封胶的物理力学性能要求　JC/T 485—2007

序号	项目			1 级	2 级	3 级
1	密度（g/cm^3）			规定值±0.1		
2	挤出性（mL/min）		≥	50		
3	适用期（h）		≥	3		
4	表干时间（h）		≤	24	48	72
5	下垂度（mm）		≤	2	2	2
6	拉伸粘结性能（MPa）		≤	0.40	0.50	0.60
7	低温贮存稳定性[a]			无凝胶、离析现象		
8	初期耐水性[a]			不产生浑浊		
9	污染性[a]			不产生污染		
10	热空气-水循环后定伸性能（%）			100	60	25
11	水-紫外线辐照后定伸性能（%）			100	60	25
12	低温柔性（℃）			−30	−20	−10
13	热空气-水循环后弹性恢复率（%）		≥	60	30	5
14	拉伸-压缩循环性能	耐久性等级		9030	8020，7020	7010，7005
		粘接破坏面积（%）	≤	25		

a　仅对乳液（E）品种产品。

5.3.17　混凝土接缝用建筑密封胶

适用于混凝土接缝用建筑密封胶已发布建材行业标准《混凝土接缝用建筑密封胶》(JC/T 881—2017)。

1. 产品的分类和标记

混凝土接缝用建筑密封胶产品按其组分分为单组分（Ⅰ）和多组分（Ⅱ）两个品种；按其流动性分为非下垂型（N）和自流平型（L）两个类型；产品按照满足接缝密封功能的位移能力进行分级，见表 5-46。50、35、25、20 级别按 GB/T 22083—2008 中 4.3.1 划分；产品按拉伸模量分为高模量（HM）和低模量（LM）两个次级别；12.5 级别按 GB/T 22083—2008 中 4.3.2 划分的次级别为 12.5E，即弹性恢复率等于或大于 40%的弹性密封胶。

表 5-46　混凝土接缝用建筑密封胶的级别　　JC/T 881—2017

级别	试验拉压幅度（%）	位移能力（%）
50	±50	50.0
35	±35	35.0
25	±25	25.0
20	±20	20.0
12.5	±12.5	12.5

产品按名称、标准编号、品种、类型、级别、次级别顺序标记。

示例：

符合 JC/T 881，多组分，自流平型，50 级；低模量的混凝土接缝用建筑密封胶，其标记为：混凝土接缝用建筑密封胶 JC/T 881—Ⅱ—L—50LM。

2. 产品的技术性能要求

（1）外观

① 产品应为细腻、均匀膏状物或黏稠液体，不应有气泡、结皮或凝胶。

② 产品的颜色与供需双方商定的样品相比，不得有明显差异。

（2）理化性能

混凝土接缝用建筑密封胶的理化性能应符合表 5-47 的规定。

表 5-47　混凝土接缝用建筑密封胶的理化性能　　JC/T 881—2017

序号	项目		技术指标						
			50LM	35LM	25LM	25HM	20LM	20HM	12.5E
1	流动性	下垂度[a]（mm）	≤3						
		流平性[b]	光滑平整						
2	表干时间（h）		≤24						
3	挤出性[c]（mL/min）		≥150						
4	适用期[d]（min）		≥30						
5	弹性恢复率（%）		≥80		≥70		≥60		

续表

序号	项目		技术指标						
			50LM	35LM	25LM	25HM	20LM	20HM	12.5E
6	拉伸模量（MPa）	23℃	≤0.4和≤0.6			＞0.4或＞0.6	≤0.4和≤0.6	＞0.4或＞0.6	—
		−20℃							
7	定伸粘结性		无破坏						
8	浸水后定伸粘结性		无破坏						
9	浸油后定伸粘结性[e]		无破坏						—
10	冷拉-热压后粘结性		无破坏						
11	质量损失（%）		≤8						

a　仅适用于非下垂型产品；允许采用供需双方商定的其他指标值。

b　仅适用于自流平型产品；允许采用供需双方商定的其他指标值。

c　仅适用于单组分产品。

d　仅适用于多组分产品；允许采用供需双方商定的其他指标值。

e　为可选项目，仅适用于长期接触油类的产品。

5.3.18　金属板用建筑密封胶

适用于金属板接缝用中性建筑密封胶现已发布建材行业标准《金属板用建筑密封胶》（JC/T 884—2016）。

1. 产品的分类和标记

产品按其基础聚合物种类分为硅酮（SR）、改性硅酮（MS）、聚氨酯（PU）、聚硫（PS）等；产品按其组分分为单组分（Ⅰ）和双组分（Ⅱ）。产品按位移能力分为12.5、20、25级别（表5-48）；产品的次级别按GB/T 22083—2008进行分类，LM、HM、E为弹性密封胶。

表5-48　金属板用建筑密封胶的级别　　JC/T 884—2016

级别	试验拉压幅度（%）	位移能力（%）
12.5	±12.5	12.5
20	±20	20
25	±25	25

金属板用建筑密封胶产品按产品名称、标准编号、组分、聚合物种类、级别、次级别的顺序标记。

示例：

单组分高模量25级位移能力的硅酮金属板密封胶标记为：金属板密封胶 JC/T 884—2016 Ⅰ SR 25 HM。

2. 产品的技术性能要求

(1) 外观

① 密封胶为细腻、均匀膏状物或黏稠体，不应有气泡、结块、结皮或凝胶，无不易分散的析出物。

② 双组分密封胶各组分的颜色应有明显差异。产品的颜色也可由供需双方商定，产品的颜色与供需双方商定的样品相比，不应有明显差异。

(2) 物理力学性能

① 金属板用建筑密封胶的物理力学性能应符合表 5-49 的规定。

② 双组分密封胶的适用期由供需双方商定。

③ 密封胶与工程用金属板基材的剥离粘结性应符合表 5-50 的规定。

④ 需要时污染性由供需双方商定，试件应无变色、流淌和粘结破坏。

表 5-49　金属板用建筑密封胶的物理力学性能　JC/T 884—2016

序号	项目		技术指标				
			25LM	25HM	20LM	20HM	12.5E
1	下垂度	垂直 (mm)	≤3				
		水平	无变形				
2	表干时间 (h)		≤3				
3	挤出性 (mL/min)		≥80				
4	弹性恢复率 (%)		≥70		≥60		≥40
5	拉伸模量 (MPa)	23℃	≤0.4 和	>0.4 或	≤0.4 和	>0.4 或	—
		−20℃	≤0.6	>0.6	≤0.6	>0.6	—
6	定伸粘结性		无破坏				
7	冷拉-热压后粘结性		无破坏				
8	浸水后定伸粘结性		无破坏				
9	质量损失 (%)		≤7.0				

表 5-50　金属板用建筑密封胶与工程金属板基材剥离粘结性　JC/T 884—2016

序号	项目		技术指标
1	剥离粘结性	剥离强度 (N/mm)	≥1.0
		粘结破坏面积 (%)	≤25

5.3.19　建筑用防霉密封胶

适用于建筑接缝用防霉密封胶已发布建材行业标准《建筑用防霉密封胶》(JC/T 885—2016)。

1. 产品的分类和标记

产品按其基础聚合物种类分为硅酮 (SR)、改性硅酮 (MS)、聚氨酯 (PU)、聚硫 (PS) 等；产品按其组分分为单组分 (Ⅰ) 和双组分 (Ⅱ)。产品按位移能力分为 7.5、12.5、20、25 级别 (表 5-51)；产品的次级别按 GB/T 22083—2008 进行分类，LM、HM、E 为弹性密封胶，P 为塑性密封胶。产品按其防霉等级分为 0 级、1 级。

表 5-51　建筑用防霉密封胶级别　　JC/T 885—2016

级别	试验拉压幅度（%）	位移能力（%）
7.5	±7.5	7.5
12.5	±12.5	12.5
20	±20	20
25	±25	25

建筑用防霉密封胶按其产品名称、标准编号、组分、聚合物种类、级别、次级别、防霉等级的顺序标记。

示例：

单组分防霉等级Ⅰ级的高模量 25 级位移能力的硅酮防霉密封胶标记为：防霉密封胶 JC/T 885—2016 Ⅰ SR 25 HM 1 级。

2. 产品的技术性能要求

（1）一般要求

产品的生产和应用不应对人体、生物与环境造成有害的影响，所涉及与使用有关的安全与环保要求，应符合我国的相关国家标准和规范的规定。

（2）外观

① 密封胶应为细腻、均匀膏状物或黏稠体，不应有气泡、结块、结皮或凝胶，无不易分散的析出物。

② 双组分密封胶各组分间应有明显区别。产品的颜色也可由供需双方商定，产品的颜色与供需双方商定的样品相比，不应有明显差异。

（3）物理力学性能

① 密封胶物理力学性能应符合表 5-52 的规定。

表 5-52　建筑用防霉密封胶的物理力学性能　　JC/T 885—2016

序号	项目		技术指标						
			25LM	25HM	20LM	20HM	12.5E	12.5P	7.5P
1	下垂度	垂直（mm）	≤3						
		水平	无变形						
2	表干时间（h）		≤3						
3	挤出性[a]（mL/min）		≥80						
4	弹性恢复率（%）		≥70		≥60		≥40	—	—
5	拉伸模量（MPa）	23℃ −20℃	≤0.4 和 ≤0.6	>0.4 或 >0.6	≤0.4 或 ≤0.6	>0.4 或 >0.6	—	—	—
6	拉伸粘结性-断裂伸长率（%）		—					≥100	≥25
7	定伸粘结性		无破坏					—	—
8	冷拉-热压后粘结性		无破坏					—	—

续表

序号	项目	技术指标						
		25LM	25HM	20LM	20HM	12.5E	12.5P	7.5P
9	同一温度下拉伸-压缩循环后粘结性	—					无破坏	
10	浸水后定伸粘结性	无破坏					—	—
11	浸水后拉伸粘结性-断裂伸长率（%）	—					≥100	≥25
12	质量损失（%）	≤10.0						

a　仅对单组分产品。

② 双组分适用期由供需双方商定。

（4）防霉性

防霉等级应为 0 级或 1 级。

5.3.20　建筑室内装修用环氧接缝胶

建筑室内装修用环氧接缝胶是指以环氧树脂为基料，添加各种填料和助剂组成的，用于基材缝填充、粘结，具有防开裂功能的一类双组分环氧胶粘剂。适用于建筑室内装修工程接缝用双组分环氧胶粘剂已发布建筑工业行业标准《建筑室内装修用环氧接缝胶》（JG/T 542—2018）。

建筑室内装修用环氧接缝胶产品的技术性能要求如下：

（1）接缝胶外观：要求其各组分分别搅拌后应为细腻、均匀的膏状物。

（2）接缝胶的性能指标应符合表 5-53 的规定。

（3）接缝胶中有害物质限量要求应符合表 5-54 的规定。

表 5-53　建筑室内装修用环氧接缝胶的性能指标　　JG/T 542—2018

项目		性能指标
表干时间（h）		≤2
可操作时间（min）		≥30
下垂度（mm）	垂直	≤3
	水平	无变形
白度保留率（%）		≥95
不均匀扯离强度（N/cm）		≥10
粘结强度（MPa）		≥2.5

表 5-54　建筑室内装修用环氧接缝胶的有害物质限量要求　　JG/T 542—2018

项目	限量（g/kg）	
	A 组分	B 组分
游离甲醛	≤0.5	≤0.5
苯	≤2	≤1
甲苯+二甲苯	≤50	≤20
总挥发性有机物	≤50	—

5.3.21 陶瓷砖填缝剂

陶瓷砖是指由黏土、长石和石英为主要原料制造的用于覆盖墙面和地面的板状或块状建筑陶瓷制品；陶瓷砖填缝剂则是指适用于填充陶瓷砖间接缝的一类材料。

适用于墙面和地面用陶瓷砖间接缝的填缝剂已发布建材行业标准《陶瓷砖填缝剂》(JC/T 1004—2017)。此标准不包含如何指导设计安装陶瓷砖方面的技术要求。

1. 产品的分类和标记

1）分类和代号

陶瓷砖填缝剂按其组成分为两类（代号用英文字母表示）：水泥基填缝剂（CG）和反应型树脂填缝剂（RG）。

（1）水泥基填缝剂是指由水硬性胶凝材料、矿物集料、有机和无机外加剂等组成的一类混合物。水泥基填缝剂的产品有不同的分类，这些分类的代号采用下列的数字、字母表示：

——普通型填缝剂，代号为 1；

——改进型填缝剂，代号为 2；应至少满足一项附加性能的要求：

① 低吸水性填缝剂（W）；

② 高耐磨性填缝剂（A）；

③ 柔性填缝剂（S）。

——快硬性填缝剂（F）；

——低吸水性填缝剂（W）；

——高耐磨性填缝剂（A）；

——柔性填缝剂（S）。

（2）反应型树脂填缝剂是指由合成树脂、集料、有机和无机外加剂等组成的一类混合物，其通过化学反应而硬化。产品可以是单组分或多组分的。反应型树脂填缝剂根据树脂类型分为溶剂型反应型树脂填缝剂（Ⅰ）、水性反应型树脂填缝剂（Ⅱ）。

陶瓷砖填缝剂根据基本性能、附加性能和特殊性能可以组合成不同类型的产品。填缝剂的这些类型用不同的代号来表示，产品代号由三部分组成：第一部分用字母表示产品的分类；第二部分用数字表示产品的性能；第三部分用字母表示不同的特殊性能，其中第三部分允许空缺，表示没有特殊性能。表 5-55 给出了目前比较常用的填缝剂的分类和代号。

表 5-55 陶瓷砖填缝剂的分类和代号 JC/T 1004—2017

代号			填缝剂的类型
分类	数字	字母	
CG	1		普通型水泥基填缝剂
CG	1	F	快硬性普通型水泥基填缝剂
CG	2	A	高耐磨性改进型水泥基填缝剂
CG	2	W	低吸水性改进型水泥基填缝剂
CG	2	S	柔性改进型水泥基填缝剂
CG	2	WA	低吸水高耐磨性改进型水泥基填缝剂
CG	2	AF	高耐磨快硬性改进型水泥基填缝剂

续表

代号			填缝剂的类型
分类	数字	字母	
CG	2	WF	低吸水快硬性改进型水泥基填缝剂
CG	2	WAF	低吸水高耐磨快硬性改进型水泥基填缝剂
CG	2	WAS	低吸水高耐磨柔性改进型水泥基填缝剂
RG	Ⅰ		溶剂型反应型树脂填缝剂
RG	Ⅱ		水性反应型树脂填缝剂

2）标记

产品按标准号、产品分类和代号顺序标记。

示例1：

普通型水泥基填缝剂标记为：JC/T 1004—2017CG1。

示例2：

高耐磨性改性型水泥基填缝剂标记为：JC/T 1004—2017 CG2A。

2. 产品的技术性能要求

（1）一般要求

JC/T 1004—2017标准包括的产品的生产与使用不应对人体、生物与环境造成有害的影响，所涉及与生产、使用有关的安全和环保要求应符合我国相关标准和规范的规定。

（2）技术要求

① 水泥基填缝剂应符合表5-56中的技术要求，表5-57给出了快硬性填缝剂和在特定条件下可能需要的特殊性能要求，水泥基填缝剂所有的性能指标，应在其拌合水或者液态混合物的用量保持一致的情况下规定。

② 反应型树脂填缝剂应符合表5-58中的技术要求。

表5-56　水泥基填缝剂（CG）的技术要求　　JC/T 1004—2017

分类	性能		指标
CG1的基本性能	耐磨性（mm^3）		≤2000
	抗折强度（MPa）	标准试验条件下	≥2.50
		冻融循环后	
	挤压强度（MPa）	标准试验条件下	≥15.0
		冻融循环后	
	收缩值（mm/m）		≤3.0
	吸水量（g）	30min	≤5.0
		240min	≤10.0
CG2的附加性能	增强性能		除满足CG1所有的要求之外，填缝剂要满足至少一项特殊性能要求：（W）低吸水性、（A）高耐磨性或（S）柔性

表 5-57 水泥基填缝剂（CG）的技术要求——特殊性能 JC/T 1004—2017

特殊性能			指标
F—快硬性	24h 抗压强度（MPa）		≥15.0
A—高耐磨性	耐磨性（mm^3）		≤1000
W—低吸水性	吸水量（g）	30min	≤2.0
		240min	≤5.0
S—柔性	横向变形（mm）		≥2.0

表 5-58 反应型树脂填缝剂（RG）的技术要求 JC/T 1004—2017

分类	性能		指标	
			RGⅠ	RGⅡ
RG 的基本性能	耐磨性（mm^3）		≤250	
	抗折强度（MPa）	标准试验条件下	≥30.0	≥10.0
	抗压强度（MPa）	标准试验条件下	≥45.0	≥45.0
	收缩值（mm/m）		≤1.5	
	吸水量（g）	240min	≤0.1	≤0.2

③ 抗化学侵蚀性。

关于抗化学侵蚀性，JC/T 1004—2017 标准中没有给出规定值或化学介质的种类。当工程需要具体的抗化学侵蚀性数据时，应按照 JC/T 1004—2017 中 7.7 规定的方法进行；试验用化学介质浓度以及浸泡温度应模拟所处的具体环境。试验用化学介质应涵盖填缝剂所处环境中所有的介质种类。试验条件（温度等）应尽可能接近预期的防腐项目和环境条件。

5.3.22 道桥嵌缝用密封胶

已发布适用于水泥混凝土道路、桥梁、嵌缝用低模量弹性密封胶，其他用途如机场跑道、堆场、停车场等也可参照建材行业标准《道桥嵌缝用密封胶》（JC/T 976—2005）。

1. 产品的分类和标记

道桥嵌缝用密封胶产品按其聚合物种类可分为聚氨酯（PU）、聚硫（PS）、硅酮（SR）密封胶；按其包装形式的不同，可分为单组分（Ⅰ）和多组分（Ⅱ）；按其流动性可分为非下垂型（N）和自流平型（S）两个型号；按其产品的位移能力±20%、±25%分为 20、25 两个级别。此类产品为低模量（LM）弹性密封胶。

产品按聚合物名称、包装形式、型号、级别、标准号的顺序标记。示例：位移能力±25%的低模量非下垂型双组分聚氨酯密封胶标记为：道桥嵌缝密封胶 PU Ⅱ N 25LM JC/T 976—2005。

2. 产品的技术性能要求

（1）外观

① 密封胶应为细腻、均匀膏状物或黏稠体，不应有气泡、结皮或凝胶。

② 产品的颜色与供需双方商定的样品相比，不得有明显差异。多组分密封胶的各组分的颜色应有明显差异。

（2）密封胶性能

① 多组分密封胶的适用期由供需双方商定。

② 密封胶性能应符合表5-59的规定。

表5-59　道桥嵌缝用密封胶性能　　JC/T 976—2005

序号	项目			技术指标	
				25LM	20LM
1	流动性	下垂度（N型）（mm）	垂直 ≤	3	
			水平 ≤	无变形	
		流平性（S型）		光滑平整	
2	表干时间（h） ≤			8	
3	挤出性[a]（mL/min） ≥			80	
4	弹性恢复率（%） ≥			定伸100%时	定伸60%时
				70	
5	拉伸模量（MPa）		23℃ ≤	0.4和0.6	
			−20℃ ≤		
6	定伸粘结性			定伸100%时	定伸60%时
				无破坏	
7	浸水后定伸粘结性			定伸100%时	定伸60%时
				无破坏	
8	冷拉-热压后粘结性			拉伸-压缩率±25%	拉伸-压缩率±20%
				无破坏	
9	质量损失（%） ≤			8	
10	热处理后定伸粘结性			定伸100%时	定伸60%时
				无破坏	
11	热处理后硬度变化（邵氏A） ≤			10	

a　仅适用于单组分密封胶。

③ 浸油处理后定伸粘结性、浸油处理后质量变化为可选项目，技术指标由供需双方商定。

5.3.23　公路水泥混凝土路面接缝材料

公路水泥混凝土路面接缝材料是水泥混凝土路面接缝所用的接缝板和填缝料的统称。适用于水泥混凝土路面工程中使用的接缝板和填缝料已发布交通运输行业标准《公路水泥混凝土路面接缝材料》（JT/T 203—2014）。

1. 接缝板的分类及技术性能要求

接缝板是指为防止水泥混凝土路面板膨胀压屈，安装在胀缝或隔离缝中的可压缩定制板材。接缝板的品种主要有塑料板、橡胶泡沫板、沥青纤维板、浸油木板等。接缝板的技术性能要求如下：

（1）各种接缝板的厚度应为[(20～25)±2]mm。

（2）各种接缝板的性能要求应符合表5-60的规定。

表 5-60　接缝板的性能要求

试验项目	接缝板种类		
	塑料板、橡胶（泡沫）板	沥青纤维板	浸油木板[a]
压缩应力（MPa）	0.2～0.6	2.0～10.0	5.0～20.0
弹性恢复率（%）	≥90	≥65	≥55
挤出量（mm）	＜5.0	＜3.0	＜5.5
弯曲荷载（N）	0～50	5～40	100～400

a　浸油木板在加工时应风干，去除结疤并用木材填实，浸渍时间不应少于 4h。

2. 填缝料的分类及技术性能要求

填缝料是指为防止水分流入及砂、石等硬杂物嵌入水泥混凝土路面的各种接缝内部，在接缝上部填灌的密封材料。填缝料按其主要成分的不同可分为聚氨酯类填缝料，硅酮类填缝料、橡胶类填缝料、道路石油沥青填缝料、橡胶沥青填缝料、SBS 改性沥青填缝料。聚氨酯类填缝料是指以聚氨基甲酸酯、固化剂等为主要成分的非定型常温固化的一种填缝料。硅酮类填缝料是指以聚硅氧烷等有机硅为主要成分的常温施工固化的一种非定型填缝料。橡胶类填缝料是指以聚硫橡胶、氯丁橡胶等为主要成分的常温施工固化的一种非定型填缝料。橡胶沥青填缝料是指用废轮胎胶粉与沥青等按一定比例，经加热均化而得到的一种热灌填缝料。改性沥青填缝料是指在基质沥青中，按一定比例掺加 SBS 等改性剂，经加热均化而得到的一种热灌填缝料。

填缝料按其拉伸模量的不同，可分为低模量型填缝料和高模量型填缝料。低模量型填缝料是指具有良好弹性变形、适用于低温地区的常温施工式填缝料；高模量型填缝料是指具有良好硬度、适用于高温地区的常温施工式填缝料。

填缝料按其施工方式的不同，可分为常温施工式填缝料和加热施工式填缝料。常温施工式填缝料的品种主要有聚氨酯类填缝料、橡胶类填缝类、硅酮类填缝料等。加热施工式填缝料的品种主要有道路石油沥青填缝料、SBS 改性沥青填缝料、橡胶沥青填缝料等。

常温施工式填缝料的性能要求如下：聚氨酯类填缝料和橡胶类填缝料的性能要求应符合表 5-61 的规定；硅酮类填缝料的性能要求应符合表 5-62 的规定。

表 5-61　常温施工式聚氨酯类和橡胶类填缝料的性能要求　JT/T 203—2014

序号	试验项目		低模量型	高模量型
1	表干时间（h）		≤8	≤6
2	失黏-固化时间（h）		≤14	≤12
3	拉伸模量（MPa）	23℃	0.20～0.40	＞0.40
		−20℃	0.30～0.60	＞0.60
4	定伸粘结性 23℃干态		定伸 60%粘结面无裂缝	定伸 60%粘结面无裂缝
5	耐水性，水泡 4d 粘结性		定伸 60%无破坏	定伸 60%无破坏
6	弹性恢复率（%）		≥75	≥90
7	（−10℃）拉伸量[a]（mm）		≥25	≥15

续表

序号	试验项目	低模量型	高模量型
8	固化后针入度（0.1mm）	40～60	20～40
9	耐高温性	(60±2)℃，168h，倾斜45°，表面不流淌、开裂、发黏	(80±2)℃，168h，倾斜45°，表面不流淌、开裂、发黏
10	负温抗裂性	(−40±2)℃，168h，弯曲90°不开裂	(−20±2)℃，168h，弯曲90°不开裂
11	耐油性	93号汽油浸泡48h后，在温度（23±3)℃；湿度（50±5)%下静置72h，拉伸模量下降≤20%	
12	抗光、氧热加速老化（采用氙弧光灯照射法）	180h照射后，外观：无流淌、变色、脱落、开裂，−10℃拉伸量不小于未老化前的80%，与混凝土的定伸粘结试验无裂缝	

a 根据自然气候区可选择在−20℃或−30℃下实测拉伸模量。

表5-62 常温施工式硅酮类填缝料的性能要求 JT/T 203—2014

序号	试验项目		低模量型	高模量型
1	表干时间（h）		≤3	
2	针入度（0.1mm）		≤80	≤50
3	伸长100%拉伸模量（MPa）	23℃	≤0.40	>0.40
		−20℃	≤0.60	>0.60
4	定伸粘结性	定伸60%	无破坏	无破坏
5	弹性恢复率（%）		≥75	≥90
6	抗拉强度（MPa）	无处理（23℃）	≥0.20	≥0.40
		热老化（80℃，168h）	≥0.15	≥0.30
		紫外线（300W，168h）	≥0.15	≥0.30
		浸水（4d）	≥0.15	≥0.30
7	延伸率（%）	无处理（23℃）	≥600	≥500
		热老化（80℃，168h）	≥500	≥400
		紫外线（300W，168h）	≥500	≥400
		浸水（4d）	≥600	≥500
8	耐高温性		(90±2)℃，168h，倾斜45°，表面不流淌、开裂、发黏	
9	负温抗裂性		(−40±2)℃，168h，弯曲90°，不开裂	
10	耐油性		90号汽油浸泡48h，前后质量变化±5%，且浸泡48h后，试件表面不发黏	

加热施工式填缝料的性能要求如下：道路石油沥青填缝料、SBS改性沥青填缝料的性能要求应符合表5-63的规定；橡胶沥青填缝料的性能要求应符合JT/T 740的规定（参见5.2.4节）。

表 5-63　加热施工式道路石油沥青填缝料、SBS 改性沥青填缝料的性能要求

JT/T 203—2014

<table>
<tr><th>试验项目</th><th>70 号石油沥青</th><th>50 号石油沥青</th><th>SBS 类Ⅰ-C</th><th>SBS 类Ⅰ-D</th></tr>
<tr><td>针入度（25℃，5s，100g）（0.1mm）</td><td>60～80</td><td>40～60</td><td>60～80</td><td>40～60</td></tr>
<tr><td>软化点（R&B）（℃）</td><td>≥45</td><td>≥49</td><td>≥55</td><td>≥60</td></tr>
<tr><td>10℃延度（cm）</td><td colspan="2">≥15</td><td>—</td><td>—</td></tr>
<tr><td>5℃延度（5cm/min）（cm）</td><td colspan="2">—</td><td>≥30</td><td>≥20</td></tr>
<tr><td>闪点（℃）</td><td colspan="2">≥260</td><td colspan="2">≥230</td></tr>
<tr><td>25℃弹性恢复（%）</td><td>≥40</td><td>≥60</td><td>≥65</td><td>≥75</td></tr>
<tr><td colspan="5">老化试验 TFOT 后</td></tr>
<tr><td>质量变化（%）</td><td colspan="2">≤±0.8</td><td colspan="2">≤±0.1</td></tr>
<tr><td>残留针入度比（%）（25℃）</td><td>≥61</td><td>≥63</td><td>≥60</td><td>≥65</td></tr>
<tr><td>残留延度（cm）（25℃）</td><td>≥16</td><td>≥4</td><td>—</td><td>—</td></tr>
<tr><td>残留延度（cm）（5℃）</td><td>—</td><td>—</td><td>≥20</td><td>≥15</td></tr>
</table>

5.3.24　沥青路面有机硅密封胶

沥青路面有机硅密封胶是指以有机硅为主要原料的一类用于沥青路面裂缝修补的密封材料。适用于沥青路面裂缝修补用的有机硅密封胶，其他路面有机硅密封胶可参考使用此类材料已发布的交通运输行业标准《沥青路面有机硅密封胶》（JT/T 970—2015）。

1. 产品的分类

沥青路面有机硅密封胶分为高温型、普通型、低温型、寒冷型和严寒型五类，分别适用于最低温度不低于 0℃、－10℃、－20℃、－30℃和－40℃的地区。

2. 产品的技术性能要求

密封胶应具有与沥青混凝土缝壁粘结能力强，不渗水，高温时不流淌、不粘轮，低温时不脆裂，耐久性好等性能。密封胶的技术要求应符合表 5-64 的规定。

表 5-64　沥青路面有机硅密封胶的技术要求　　JT/T 970—2015

<table>
<tr><th>序号</th><th colspan="2">性能指标</th><th>高温型</th><th>普通型</th><th>低温型</th><th>寒冷型</th><th>严寒型</th></tr>
<tr><td>1</td><td colspan="2">表干时间（h）</td><td colspan="5">≤3</td></tr>
<tr><td>2</td><td colspan="2">固化时间（d）</td><td colspan="5">≤21</td></tr>
<tr><td>3</td><td colspan="2">流平性</td><td colspan="5">自流平</td></tr>
<tr><td>4</td><td rowspan="4">低温
拉伸</td><td>最大拉伸量</td><td>0℃
≥100%</td><td>－10℃
≥200%</td><td>－20℃
≥300%</td><td>－30℃
≥400%</td><td>－40℃
≥600%</td></tr>
<tr><td>5</td><td>拉伸强度（MPa）</td><td colspan="5">≤0.4</td></tr>
<tr><td>6</td><td>浸水老化后最大
拉伸量保持率（%）</td><td colspan="5">≥85</td></tr>
<tr><td>7</td><td>定伸粘结性</td><td>50%放置
1d，通过</td><td>100%放置
1d，通过</td><td>150%放置
1d，通过</td><td>200%放置
1d，通过</td><td>300%放置
1d，通过</td></tr>
</table>

5.4　预制密封材料

建筑预制密封材料是指按照基层接缝的形状预先成型制成的，具有一定形状和尺寸的，以便填嵌建筑构件接缝等部位缝隙从而达到建筑物防水要求的一类建筑密封材料。

建筑预制密封材料有遇水非膨胀预制密封材料和遇水膨胀预制密封材料。

建筑预制密封材料习惯上可分为刚性和柔性两大类，大多数刚性预制密封材料是由金属制成的，如金属止水带等；柔性预制密封材料一般是采用天然橡胶或合成橡胶、聚氯乙烯等材料制成的，多用于止水带、密封垫和其他各种密封目的。

建筑预制密封材料的性能特点：①具有良好的弹塑性和强度。优良的压缩变形性能及回复性能以及防水、耐热、耐低温性能；②密封性能好且持久；③一般均由工厂预制成型，尺寸精度高。

5.4.1　建筑门窗、幕墙用密封胶条

适用于建筑门窗、幕墙用硫化橡胶类、热塑性弹性体类弹性密封胶条已发布国家标准《建筑门窗、幕墙用密封胶条》(GB/T 24498—2009)。此标准不适用于发泡类、复合类密封胶条。

1. 产品的分类、代号和标记

(1) 产品的分类、代号

① 产品的名称代号以胶条的主体材料化学名称缩写代号标记，常用胶条材料名称代号见表5-65。

表5-65　常用胶条材料名称代号　　GB/T 24498—2009

硫化橡胶类		热塑性弹性体类	
胶条主体材料	名称代号	胶条主体材料	名称代号
三元乙丙橡胶	EPDM	热塑性硫化胶	TPV
硅橡胶	MVQ	热塑性聚氨酯弹性体	TPU
氯丁橡胶	CR	增塑聚氨乙烯	PPVC

② 产品的主参数代号由代表硬度、回弹、热老化后回弹性能的三个主参数代号组成。

硬度参数代号：以实际的硬度标记。

回弹参数代号：以实际的回弹恢复分级标记。

热老化后回弹参数代号：以实际的热老化后回弹恢复分级标记。

(2) 产品的标记

建筑门窗、幕墙用密封胶条其产品按产品名称代号，主参数代号的顺序进行标记，示例如下：

示例1：

硫化橡胶类三元乙丙密封胶条，硬度为60，回弹为70%，热老化后回弹为60%，标记为：EPDM 60-4-3。

示例2：

热塑性弹性体类增塑聚氯乙烯密封胶条，硬度为65，回弹为45%，热老化后回弹为35%，标记为：PPVC 65-2-1。

2. 产品的技术性能要求

1）外观

外观应光滑、无扭曲变形，表面无裂纹、无气泡、无明显杂质及其他缺陷，颜色（可选颜色参见GB/T 24498—2009附录B）均匀一致。

2）尺寸公差

（1）密封胶条截面尺寸公差按GB/T 3627.1—2002中表2执行，其中装配尺寸按E1级，非装配尺寸按E2级。

（2）密封胶条几何公差按GB/T 3672.2—2002中N级执行。

3）性能

（1）材料的物理性能

硫化橡胶类密封胶条所用的材料的物理性能应符合表5-66的规定；热塑性弹性体类密封胶条所用的材料的物理性能应符合表5-67的规定。

表5-66　硫化橡胶类密封胶条材料的物理性能　　GB/T 24498—2009

<table>
<tr><th colspan="3">项目</th><th>试验条件</th><th>要求</th></tr>
<tr><td rowspan="5">基本物理性能</td><td colspan="2">硬度（邵氏A）</td><td>按GB/T 531—1999规定的条件</td><td>符合设计硬度要求
（允许偏差±5）</td></tr>
<tr><td colspan="2">拉伸强度[a]（MPa）</td><td>按GB/T 528—1998规定的条件</td><td>≥5.0</td></tr>
<tr><td rowspan="2">拉断伸长率（%）</td><td>硬度（邵氏A）<55</td><td rowspan="2">按GB/T 528—1998规定的条件</td><td>≥300</td></tr>
<tr><td>硬度（邵氏A）≥55</td><td>≤250</td></tr>
<tr><td colspan="2">压缩永久变形（%）</td><td>100℃×168h，25%的压缩率A法</td><td>≤35</td></tr>
<tr><td rowspan="2">热空气老化性能</td><td colspan="2">硬度（邵氏A）变化应在要求范围内
拉伸强度变化率（%）
拉断伸长率变化率（%）
加热失重（%）</td><td>100℃×168h</td><td>−5～+10
<25
<40
≤3.0</td></tr>
<tr><td colspan="2">热老化后回弹恢复（Da）分级</td><td>70℃×504h</td><td>1级：30%<Da≤40%
2级：40%<Da≤50%
3级：50%<Da≤60%
4级：60%<Da≤70%
5级：70%<Da≤80%
6级：80%<Da≤90%
7级：90%<Da</td></tr>
<tr><td colspan="3" rowspan="3">硬度变化应在要求范围内</td><td>−20～0℃</td><td rowspan="3">−10～+10</td></tr>
<tr><td>0～23℃</td></tr>
<tr><td>23～70℃</td></tr>
<tr><td colspan="3">低温脆性温度</td><td>−40℃时</td><td>不破裂</td></tr>
</table>

a　幕墙用胶条拉伸强度应不小于10.3MPa。

表5-67　热塑性弹性体类密封胶条材料的物理性能　　GB/T 24498—2009

项目		试验条件	要求
基本物理性能	硬度（邵氏A）	按GB/T 531—1999规定的条件	符合设计硬度要求（允许偏差±5）
	拉伸强度（MPa）	按GB/T 528—1998规定的条件	≥5.0
	拉断伸长率（%）	按GB/T 528—1998规定的条件	≥250
热空气老化性能	硬度（邵氏A）变化应在要求范围内 拉伸强度变化率（%） 拉断伸长率变化率（%） 加热失重（%）	100℃×72h	−5～+10 <15 <30 ≤3.0
	热老化后回弹恢复（*Da*）分级	70℃×504h	1级：30%<*Da*≤40% 2级：40%<*Da*≤50% 3级：50%<*Da*≤60% 4级：60%<*Da*≤70% 5级：70%<*Da*≤80% 6级：80%<*Da*≤90% 7级：90%<*Da*
硬度变化应在要求范围内		−10～0℃	−10～+10
		0～23℃	−15～+15
		23～40℃	−10～+10
低温脆性温度		−20℃时	不破裂

（2）密封胶条制品的性能

① 回弹恢复

70℃×22h，密封胶条制品的回弹恢复（*Dr*）分级：

1级：30%<*Dr*≤40%；

2级：40%<*Dr*≤50%；

3级：50%<*Dr*≤60%；

4级：60%<*Dr*≤70%；

5级：70%<*Dr*≤80%；

6级：80%<*Dr*≤90%；

7级：90%<*Dr*。

② 加热收缩率

70℃，24h，密封胶条制品的长度收缩率应小于2%。

③ 密封胶条制品的拉伸恢复应大于97%。

④ 污染及相容性

密封胶条与型材、玻璃的污染及相容性试验后，在型材、玻璃上允许留有胶条试样浅黄色的污染轮廓，不允许留有深色轮廓或实心印痕。型材、玻璃、胶条试样表面不应出现发泡、发黏、凹凸不平。

密封胶条与硅酮结构胶、硅酮密封胶相容性试验后，结构胶、密封胶试验试样与结构胶、密封胶对比试样颜色变化应满足 GB 16776—2005 表 A.1 中小于等于 2 级的要求。

⑤ 老化性能

耐臭氧老化性能：耐臭氧老化试验 168h 后，试样表面不出现龟裂。

光老化性能：光老化试验 8GJ/m² （4000h）后，试样表面不出现龟裂，颜色按 GB 250—1995 灰卡等级进行评定，不应小于 3 级；静态拉伸伸长率达到 50%时，试样不应断裂。

5.4.2 中空玻璃用复合密封胶条

中空玻璃用复合密封胶条是指以丁基胶为主要原料，嵌入波浪形支撑带并挤压成一定形状，内部含有干燥剂，用于中空玻璃内部分隔支撑、边部密封的一类制品。适用于中空玻璃以及镶嵌玻璃的复合密封胶条现已发布建材行业标准《中空玻璃用复合密封胶条》（JC/T 1022—2007）。

1. 产品的分类

（1）中空玻璃用复合密封条按其结构和形状的不同，可分为矩形胶条和凹形胶条（图 5-4和图 5-5）。

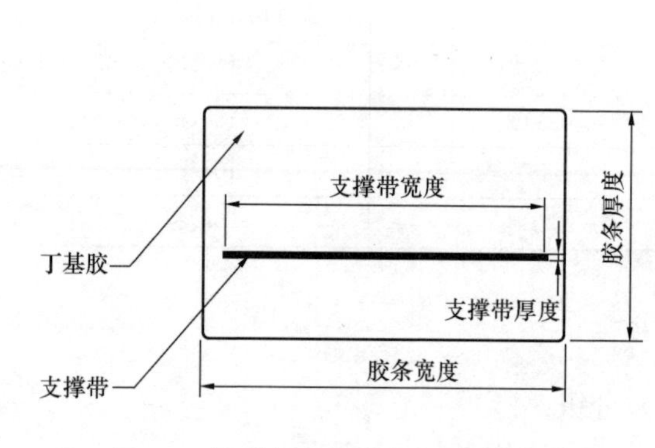

图 5-4　矩形复合密封胶条截面示意图

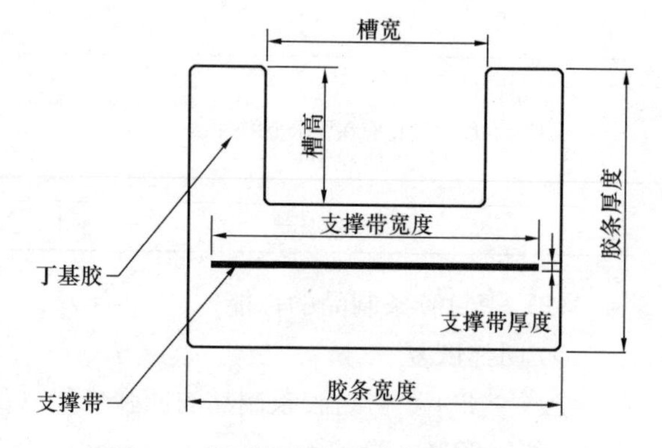

图 5-5　凹形复合密封胶条截面示意图

（2）中空玻璃用复合密封条按其形状、尺寸分为不同规格，常用规格见表 5-68。

表 5-68　中空玻璃用复合密封胶条常用规格　　JC/T 1022—2007

规格	胶条宽度（mm）	胶条厚度（mm）	支撑带宽度（mm）	支撑带厚度（mm）
矩形胶条				
6MM	9	6	5.5	0.18
8MM	11	6	7.5	0.18
9MM	12	6.3	8.5	0.18
10MM	13	6.3	9.5	0.20
11MM	14	6.3	10.5	0.20
12MM	15	6.5	11.5	0.20
14MM	17	6.7	13.5	0.20
16MM	19	7	15.5	0.20

续表

规格	胶条宽度（mm）	胶条厚度（mm）	支撑带宽度（mm）	支撑带厚度（mm）
		凹形胶条		
9U	12.0	6.5	8.5	0.20
12U	15.0	6.5	11.5	0.20
12W	15.0	6.5	11.5	0.20
16U	19.0	7.0	15.5	0.20
16W	19.0	7.0	15.5	0.20
19U	22.0	7.0	18.5	0.20
19W	22.0	7.0	18.5	0.20
22U	25.0	7.5	21.5	0.20
22W	25.0	7.5	21.5	0.20

注：1. W、U均表示凹形胶条槽形尺寸。其中W形槽宽6.90mm、槽深3.43mm、U形槽宽5.59mm、槽深3.68mm。

2. 其他形状和尺寸的复合密封胶条可由供需双方商定。

2. 技术要求

（1）外观

复合密封胶条表面应光滑，无划痕、裂纹、气泡、疵点和杂质等缺陷，且颜色均匀一致。

（2）尺寸偏差

复合密封胶条的长度、宽度及厚度等尺寸允许偏差见表5-69。

表5-69 复合密封条的长度、宽度及厚度等尺寸允许偏差

项目	允许偏差（mm）
胶条宽度	±0.50
胶条厚度	±0.50
支撑带宽度	+0.10、−0.20
支撑带厚度	+0.50、−0.03
凹型胶条槽宽	±0.30
凹型胶条槽深	±0.50

（3）硬度

复合密封胶条的邵氏硬度应大于40。

（4）初粘性

复合密封胶条初粘性的滚球距离应不大于450mm。

（5）粘结性能

复合密封胶条与玻璃的拉伸粘结强度在各种暴露条件下均应大于0.45MPa，且测试样品在图5-6所示*OAB*测试区域内，应无玻璃与胶条的粘接失效且无内聚力的破坏，如图5-7所示。

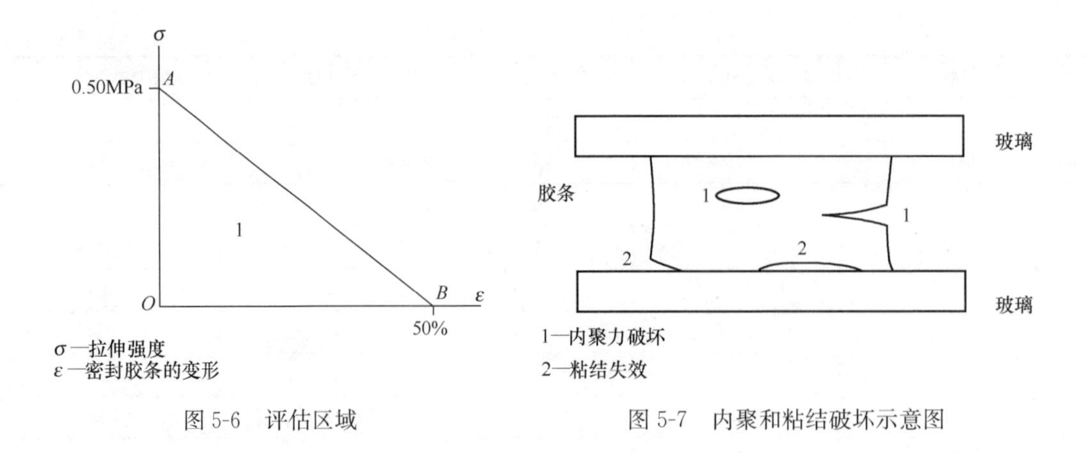

图 5-6　评估区域　　图 5-7　内聚和粘结破坏示意图

(6) 耐低温冲击性能

任取 5 段复合密封胶条试样，进行耐低温冲击试验，只允许一段试样的胶层出现裂口或断裂。

(7) 干燥速度

用复合密封胶条制作 10 块中空玻璃样品，将试样在规定环境条件下放置 504h，露点应≤−40℃。

(8) 耐紫外线辐照性能

用复合密封胶条制作 2 块中空玻璃样品，经紫外线辐照试验后，试样内表面应无结雾和污染的痕迹，玻璃应无明显错位，胶条应无明显蠕变。

(9) 耐湿耐光性能

用复合密封胶条制成 6 块中空玻璃样品，经耐湿耐光性能试验后，试样的露点应≤−40℃。

5.4.3　建筑门窗复合密封条

复合密封条是指由不同物理性能的高分子材料复合成型的密封条。适用于建筑门窗用复合密封条（包括海绵复合密封条、包覆海绵复合密封条、遇水膨胀复合密封条、加线复合密封条、软硬复合密实密封条。其中包覆海绵复合密封条不适用于室外侧使用），已发布建筑工业行业标准《建筑门窗复合密封条》（JG/T 386—2012）。

1. 产品的分类和标记

1）产品的分类

(1) 复合型式

产品按其复合型式的不同可分为海绵复合密封条（代号为 HM）、包覆海绵复合密封条（代号为 BF）、遇水膨胀复合密封条（代号为 PZ）、加线复合密封条（代号为 JX）、软硬复合密实密封条（代号为 RY）。

海绵复合密封条是指由自结皮海绵与其他材料复合成型的一类密封条。包覆海绵复合密封条是指由发泡材料或发泡材料与其他材料复合成型，外表面包覆薄膜的一类密封条。遇水膨胀复合密封条是指由遇水膨胀材料与其他材料复合成型的一类密封条。加线复合密封条是指为降低拉伸变形而嵌入线形材料的一类复合成型密封条。软硬复合密实密封条是指由一种以上不同硬度的密实材料复合成型的一类密封条。

（2）主参数和常用材质

复合密封条的主参数见表5-70；复合密封条的常用材质名称及代号见表5-71。

表5-70　复合密封条的主参数　　JG/T 386—2012

复合密封条名称	主参数		
	遇水膨胀率	变化率	不同材质的硬度
海绵复合密封条	—	—	—
包覆海绵复合密封条	—	—	—
遇水膨胀复合密封条	√	—	—
加线复合密封条	—	√	—
软硬复合密实密封条	—	—	√

注：1.“√”表示该复合密封条应包括此主参数，“—”表示该复合密封条不必包括此主参数。

2. 不同材质的硬度，是指在软硬复合密实密封条中软质、硬质材质的不同硬度，以“软质硬度/硬质硬度”进行标记。

3. 加线复合密封条变化率以长度方向变化率的百分数进行标记。

4. 遇水膨胀复合密封条以膨胀率的百分数进行标记。

表5-71　复合密封条的常用材质名称及代号　　JG/T 386—2012

组成复合密封条的材质名称	材料代号	组成复合密封条的材质名称	材料代号
三元乙丙	EPDM	增塑聚氯乙烯	PPVC
硅橡胶	MVQ	聚乙烯	PE
氯丁橡胶	CR	天然橡胶	NR
热塑性硫化胶	TPV	聚丙烯	PP
三元乙丙发泡	F-EPDM	未增塑聚氯乙烯	U-PVC
聚氨酯发泡	PU	玻璃纤维	GF

2）产品的标记

产品按复合密封条代号（FHMFT）、材质代号、主参数代号、复合型式代号、标准号的顺序标记。

其中，①材质代号：加线复合密封条材质以装配部分的材质进行标记，其他复合型式密封条的材质则以非装配部分的材质进行标记；②主参数代号：有主参数代号按表5-70要求标记，无主参数项可不标注此项。

示例1：

海绵复合密封条，组成材料的材质为三元乙丙和三元乙丙发泡。标记为：FHMFT EP-DM/(F-EPDM) -HM JG/T 386—2012。

示例2：

包覆海绵复合密封条，组成材料的材质为聚氨酯发泡和聚乙烯。标记为：FHMFT PU/PE-BF JG/T 386—2012。

示例3：

遇水膨胀复合密封条，组成材料的材质为三元乙丙和氯丁橡胶，膨胀率为150%。标记为：FHMFT EPDM/CR-150-PZ JG/T 386—2012。

示例4：

加线复合密封条，组成材料的材质为三元乙丙和玻璃纤维，长度方向变化率为1%。标记为：FHMFT EPDM/GF-1-JX JG/T 386—2012。

示例5：

软硬复合密实密封条，组成材料的材质为热塑性硫化胶和聚乙烯，软体材料的硬度为65，硬体材料的硬度为90。标记为：FHMFT TPV/PE-65/90 PY JG/T 386—2012。

2. 产品的技术性能要求

（1）外观

外观应平整、无明显杂质，颜色应均匀一致。

（2）尺寸公差

① 复合密封条截面尺寸公差按GB/T 3672.1—2002中表2执行，装配尺寸按E1级（海绵复合密封条装配尺寸按E2级），非装配尺寸按E3级。

② 复合密封条几何公差按GB/T 3672.2—2002中的N级执行。

（3）材料的物理性能

① 硫化橡胶类的物理性能应包括基本物理性能（硬度、拉伸强度、拉断伸长率、压缩永久变形），热空气老化性能（硬度变化、拉伸强度变化率、拉断伸长率变化率、加热失重、回弹恢复），硬度变化和低温脆性温度应符合GB/T 24498—2009中表2的规定。

② 热塑性弹性体类的物理性能应包括基本物理性能（硬度、拉伸强度、拉断伸长率、压缩永久变形），热空气老化性能（硬度变化、拉伸强度变化率、拉断伸长率变化率、加热失重、回弹恢复），硬度变化和低温脆性温度应符合GB/T 24498—2009中表3的规定。

③ 遇水膨胀橡胶材料的物理性能（体积膨胀率、拉伸弹度、拉断伸长率）应符合GB/T 18173.3—2002表2中的制品型膨胀橡胶PZ-150的规定。

④ 硬质塑料（聚乙烯、聚丙烯、未增塑聚氯乙烯）的物理性能：硬度按邵氏D（硬度值符合设计要求），且应符合拉伸强度不应小于12MPa、拉伸断裂伸长率不应小于100%的要求。

（4）制品的性能

① 海绵复合密封条制品的性能应符合表5-72的要求。

表5-72　海绵复合密封条制品的性能要求　　JG/T 386—2012

序号	性能	指标
1	海绵体密度	密度应达到0.4～0.8g/cm^3
2	压缩力	框扇间用海绵复合密封条件到设计工作压缩范围的压缩力不应大于5N
3	弯曲性	180°弯曲后，复合密封条表面不应出现裂纹
4	抗剥离性	在外力作用下，不同材料的结合部不应出现长度大于5%的平整剥离现象
5	污染相容性	复合密封条与型材、玻璃的污染相容性试验后，在型材、玻璃上允许留有密封条试样浅黄色的污染轮廓，不允许留有深色轮廓或实心印痕。型材、玻璃、密封条试样表面不应出现起泡、发黏、凹凸不平
6	老化（耐臭氧）性能	硫化橡胶类海绵复合密封条，耐臭氧老化试验96h后，试样表面不应出现龟裂
7	变化率	70℃连续加热24h后，工作方向的变化率（H）不应大于工作压缩范围（d）的15%（$-0.15d \leqslant H \leqslant 0.15d$）；长度方向的变化率（$L$）不应大于加热前试样长度（$L_0$）的1.5%（$-0.015L_0 \leqslant L \leqslant 0.015L_0$）
8	低温弯折性	−40℃条件下，弯折面应无裂纹

② 包覆海绵复合密封条制品的性能应符合表5-73的要求。

③ 遇水膨胀复合密封条制品的性能应符合表5-74的要求。

④ 加线复合密封条制品的性能应符合表5-75的要求。

⑤ 软硬复合密实密封条制品的性能应符合表5-76的要求。

表5-73 包覆海绵复合密封条制品的性能要求 JG/T 386—2012

序号	性能	指标
1	压缩力	框扇间用复合密封条达到设计工作压缩范围的压缩力不应大于10N
2	抗剥离性	在外力作用下，不同材料的结合部不应出现长度大于5%的平整剥离现象
3	污染相容性	复合密封条与型材的污染相容性试验后，在型材上允许留有密封条试样浅黄色的污染轮廓，不允许留有深色轮廓或实心印痕。型材、密封条试样表面不应出现起泡、发黏、凹凸不平
4	老化（光老化）性能	热塑性材料复合密封条，光老化试验4GJ/m^2（2000h）后，应满足以下要求： a）外观：表面不出现龟裂，颜色变化按GB/T 250灰卡等级进行评定，不应小于3级。 b）性能：环绕360°后，试样不应断裂
5	变化率	70℃连续加热24h后，工作方向的变化率（H）不应大于工作压缩范围（d）的15%（$-0.15d \leqslant H \leqslant 0.15d$）；长度方向的变化率（$L$）不应大于1.5%（$-0.015L_0 \leqslant L \leqslant 0.015L_0$）

表5-74 遇水膨胀复合密封条制品的性能要求 JG/T 386—2012

序号	性能	指标
1	污染相容性	复合密封条与玻璃的污染性试验后，在玻璃上允许留有密封条试样浅黄色的污染轮廓，不允许留有深色轮廓或实心印痕。玻璃、密封条试样表面不应出现起泡、发黏、凹凸不平
2	老化（耐臭氧）性能	硫化橡胶类遇水膨胀复合密封条，耐臭氧老化试验96h后，试样表面不应出现龟裂
3	变化率	70℃连续加热24h后，工作方向的变化率（H）不应大于工作压缩范围（d）的15%（$-0.15d \leqslant H \leqslant 0.15d$）；长度方向的变化率（$L$）不应大于1.5%（$-0.015L_0 \leqslant L \leqslant 0.015L_0$）

表5-75 加线复合密封条制品的性能要求 JG/T 386—2012

序号	性能		指标
1	压缩力		框扇间用海绵加线复合密封条达到设计工作压缩范围的压缩力不应大于5N，其他加线复合密封条达到设计工作压缩范围的压缩力不应大于10N
2	抗剥离性		加线复合密封条在力的作用下，加线不应抽出
3	污染相容性		复合密封条与型材、玻璃的污染相容性试验后，在型材、玻璃上允许留有密封条试样浅黄色的污染轮廓，不允许留有深色轮廓或实心印痕。型材、玻璃、密封条试样表面不应出现起泡、发黏、凹凸不平
4	老化性能	耐臭氧	硫化橡胶类加线复合密封条，耐臭氧老化试验96h后，试样表面不应出现龟裂
5		光老化	热塑性材料的加线复合密封条，光老化试验8GJ/m^2（4000h）后，应满足下列要求： a）外观：表面不出现龟裂，颜色变化按GB/T 250灰卡等级进行评定，不应小于3级。 b）性能：环绕360°后，试样不应断裂

续表

序号	性能	指标
6	变化率	70℃连续加热 24h 后，工作方向的变化率（H）不应大于工作压缩范围（d）的 15%（$-0.15d \leqslant H \leqslant 0.15d$）；长度方向的变化率（$L$）不应大于 1%（$-0.01L_0 \leqslant L \leqslant 0.01L_0$）
7	加热失重	密实类加线复合密封条加热失重不应大于 3%

表 5-76　软硬复合密实密封条制品的性能要求　　JG/T 386—2012

序号	性能		指标
1	压缩力		框扇间用复合密封条达到设计工作压缩范围的压缩力不应大于 10N
2	抗剥离性		在外力作用下，不同材料的结合部不应出现长度大于 5%的平整剥离现象
3	污染相容性		复合密封条与型材、玻璃的污染相容性试验后，在型材、玻璃上允许留有密封条试样浅黄色的污染轮廓，不允许留有深色轮廓或实心印痕。型材、玻璃、密封条试样表面不应出现起泡、发黏、凹凸不平
4	老化性能	耐臭氧	硫化橡胶类软硬复合密实密封条，耐臭氧老化试验 96h 后，试样表面不应出现龟裂
5		光老化	热塑性材料的软硬复合密实密封条，光老化试验 8GJ/m²（4000h）后，应满足下列要求： a）外观：表面不出现龟裂，颜色变化按 GB/T 250 灰卡等级进行评定，不应小于 3 级。 b）性能：静态拉伸伸长率达到 50%时，试样不应断裂
6	变化率		a）硫化橡胶类软硬复合密实密封条：70℃连续加热 24h 后，工作方向的变化率（H）不应大于工作压缩范围（d）的 15%（$-0.15d \leqslant H \leqslant 0.15d$）；长度方向的变化率（$L$）不应大于 1.5%（$-0.015L_0 \leqslant L \leqslant 0.015L_0$） b）热塑性弹性体类软硬复合密实密封条：70℃连续加热 24h 后，工作方向的变化率（H）不应大于工作压缩范围（d）的 15%（$-0.15d \leqslant H \leqslant 0.15d$）
7	加热失重		软硬复合密实密封条加热失重不应大于 3%

5.4.4　高分子防水材料止水带

止水带又名封缝带，是处理建筑物或地下构筑物接缝用的一种条带状防水密封材料。此类产品已发布适用于全部或部分浇捣于混凝土中或外贴于混凝土表面的橡胶止水带、遇水膨胀橡胶复合止水带、具有钢边的橡胶止水带以及沉管隧道接头缝用橡胶止水带和橡胶复合止水带（简称止水带）的国家标准《高分子防水材料　第 2 部分：止水带》（GB/T 18173.2—2014）。

1. 产品的分类和标记

止水带按用途分为三类：变形缝用止水带（用 B 表示）、施工缝用止水带（用 S 表示）、沉管隧道接头缝用止水带（用 J 表示），沉管隧道接头缝用止水带又可分为可卸式止水带（用 JX 表示）和压缩式止水带（用 JY 表示）；止水带按结构形式分为两类：普通止水带（用 P 表示）、复合止水带（用 F 表示），复合止水带又可分为与钢边复合的止水带（用 FG 表示）、与遇水膨胀橡胶复合的止水带（用 FP 表示）、与帘布复合的止水带（用 FL 表示）。

产品应按用途、结构、宽度、厚度的顺序标记。例如，宽度为 300mm、厚度为 8mm 施工缝用与钢边复合的止水带标记为：S-FG-300×8。

2. 产品的技术要求

（1）尺寸公差

止水带的结构示意图如图 5-8 所示，其尺寸公差见表 5-77。

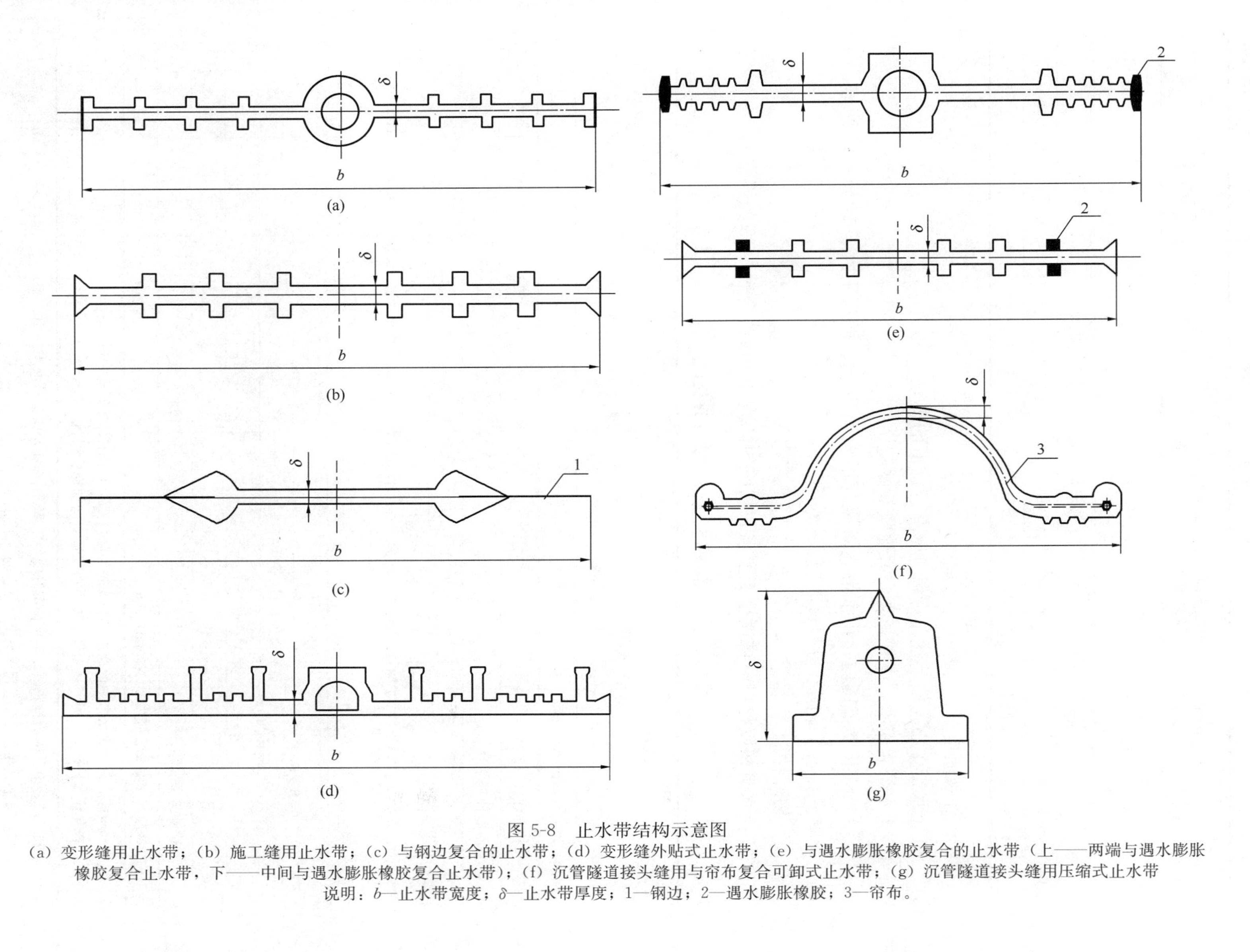

图 5-8　止水带结构示意图

（a）变形缝用止水带；（b）施工缝用止水带；（c）与钢边复合的止水带；（d）变形缝外贴式止水带；（e）与遇水膨胀橡胶复合的止水带（上——两端与遇水膨胀橡胶复合止水带，下——中间与遇水膨胀橡胶复合止水带）；（f）沉管隧道接头缝用与帘布复合可卸式止水带；（g）沉管隧道接头缝用压缩式止水带

说明：b—止水带宽度；δ—止水带厚度；1—钢边；2—遇水膨胀橡胶；3—帘布。

表 5-77 止水带的尺寸公差 GB/T 18173.2—2014

B类、S类、JX类止水带	项目	厚度δ（mm）				宽度b（%）
		4≤δ≤6	6<δ≤10	10<δ≤20	δ>20	
	极限偏差	+1.00 0	+1.30 0	+2.00 0	+10% 0	±3

JY类止水带	项目	厚度δ（mm）			宽度b（%）	
		δ≤160	160<δ≤300	δ>300	<300	≥300
	极限偏差	±1.50	±2.00	±2.50	±2	±2.5

（2）外观质量

① 止水带中心孔偏差不允许超过壁厚设计值的1/3。

② 止水带表面不允许有开裂、海绵状等缺陷。

③ 在1m长度范围内，止水带表面深度不大于2mm、面积不大于10mm^{2}的凹痕、气泡、杂质、明疤等缺陷不得超过3处。

（3）物理性能

① 止水带橡胶材料的物理性能要求和相应的试验方法应符合表5-78的规定。

表 5-78 止水带的物理性能 GB/T 18173.2—2014

序号	项目			指标			适用试验条用
				B、S	J		
					JX	JX	
1	硬度（邵氏A）（度）			60±5	60±5	40—70[a]	5.3.2
2	拉伸强度（MPa）		≥	10	16	16	5.3.3
3	拉断伸长率（%）		≥	380	400	400	
4	压缩永久变形（%）	70℃×24h，25%	≤	35	30	30	5.3.4
		23℃×168h，25%	≤	20	20	15	
5	撕裂强度（kN/m）		≥	30	30	20	5.3.5
6	脆性温度（℃）		≤	−45	−40	−50	5.3.6
7	热空气老化 70℃×168h	硬度变化（邵氏A）（度）	≤	+8	+6	+10	5.3.7
		拉伸强度（MPa）	≥	9	13	13	
		拉断伸长率（%）	≥	300	320	300	
8	臭氧老化 50×10^{-8}：20%，(40±2)℃×48h			无裂纹			5.3.8
9	橡胶与金属黏合[b]			橡胶间破坏	—	—	5.3.9
10	橡胶与帘布黏合强度[c]（N/mm）		≥	—	5	—	5.3.10

遇水膨胀橡胶复合止水带中的遇水膨胀橡胶部分按GB/T 18173.3的规定执行。

注：若有其他特殊需要时，可由供需双方协议适当增加检验项目。

a 该橡胶硬度范围为推荐值，供不同沉管隧道工程JY类止水带设计参考使用。

b 橡胶与金属黏合项仅适用于与钢边复合的止水带。

c 橡胶与帘布黏合项仅适用于与帘布复合的JX类止水带。

② 止水带接头部位的拉伸强度指标应不低于表5-78规定的80%（现场施工接头除外）。

5.4.5 建筑结构裂缝止裂带

建筑结构裂缝止裂带是指以弹性模量200～300MPa的合成高分子材料为芯层，芯层表面复合切向布置的热轧法成型的耐酸碱的合成纤维，用于防止各类砌筑框剪等结构的建筑主体结构缝变形或裂开导致的对应抹面层产生裂缝的一类带状可卷取片。

此类产品已发布国家标准《建筑结构裂缝止裂带》（GB/T 23660—2009）。本标准适用于由弹性模量200～300MPa的合成高分子材料为芯层，芯层表面复合切向布置的热轧法成型的耐酸碱的合成纤维带状可卷取复合片。主要用于各类砌筑框剪等结构的建筑主体结构缝与对应抹面之间，防止由于建筑主体结构缝变形或裂开导致的对应抹面部位产生裂缝。产品的应用示意图参见GB/T 23660—2009附录A。

产品的技术性能要求如下：

（1）产品的规格尺寸及允许偏差见表5-79。

（2）产品的外观质量：止裂带表面应平整、色泽均匀，不得有油迹、机械损伤及其他污物。

（3）产品的物理性能要求见表5-80。

表5-79 规格尺寸及允许偏差 GB/T 23660—2009

项目	宽度（mm）	厚度（mm）	长度（m/盘）
规格尺寸	190、230、285、385	0.60	50以上
允许偏差	±5mm	±10%	不允许出现负值

注：特殊规格由供需双方商定。

表5-80 物理性能指标 GB/T 23660—2009

<table>
<tr><th>序号</th><th colspan="3">项目</th><th>指标</th><th>试用试验条目</th></tr>
<tr><td>1</td><td colspan="2">拉伸强度（纵/横）（N/cm）</td><td>≥</td><td>45</td><td rowspan="2">5.3.2</td></tr>
<tr><td>2</td><td colspan="2">断裂伸长率（纵/横）（%）</td><td>≥</td><td>35</td></tr>
<tr><td>3</td><td colspan="2">复合强度（N/cm）</td><td>≥</td><td>1.0</td><td>5.3.3</td></tr>
<tr><td>4</td><td colspan="2">粘接剪切强度（MPa）</td><td>≥</td><td>0.8</td><td>5.3.4</td></tr>
<tr><td rowspan="2">5</td><td rowspan="2">耐碱性（纵/横）
[10%Ca(OH)₂，23℃×168h]</td><td>拉伸强度保持率（%）</td><td>≥</td><td>70</td><td rowspan="2">5.3.5</td></tr>
<tr><td>断裂伸长率保持率（%）</td><td>≥</td><td>70</td></tr>
</table>

注：特殊规格性能由供需双方商定。

5.4.6 丁基橡胶防水密封胶粘带

丁基橡胶防水密封胶粘带简称丁基胶粘带，是以饱和聚异丁烯橡胶、丁基橡胶、卤化丁基橡胶等为主要原料制成的，具有粘结密封功能的弹塑性单面或双面，适用于高分子防水卷材、金属板屋面等建筑防水工程中接缝密封用的卷状胶粘带。该产品已发布建材行业标准《丁基橡胶防水密封胶粘带》（JC/T 942—2004）。

1. 产品的分类和标记

（1）产品按粘结面分类：

单面胶粘带，代号 1；

双面胶粘带，代号 2。

（2）单面胶粘带产品按覆面材料分类：

单面无纺布覆面材料，代号 1W；

单面铝箔覆面材料，代号 1L；

单面其他覆面材料，代号 1Q。

（3）产品按用途分类：

高分子防水卷材用，代号 R；

金属板屋面用，代号 M。

注：双面胶粘带不宜外露使用。

（4）产品规格通常为：

厚度：1.0mm、1.5mm、2.0mm；

宽度：15mm、20mm、30mm、40mm、50mm、60mm、80mm、100mm；

长度：10m、15m、20m。

其他规格可由供需双方商定。

（5）产品标记：

产品按下列顺序标记：名称、粘结面、覆面材料、用途、规格（厚度-宽度-长度）、标准号。

示例：

厚度 1.0mm、宽度 30mm、长度 20m 金属板屋面用双面丁基橡胶防水密封胶粘带的标记为：丁基橡胶防水密封胶粘带 2M 1.0-30-20 JC/T 942—2004。

2. 产品的技术要求

（1）外观

丁基胶粘带应卷紧卷齐，在 5～35℃环境温度下易于展开，开卷时无破损、粘连或脱落现象。

丁基胶粘带表面应平整，无团块、杂物、空调、外伤及色差。

丁基胶粘带的颜色与供需双方商定的样品颜色相比无明显差异。

（2）尺寸偏差

丁基胶粘带的尺寸偏差应符合表 5-81 的规定。

表 5-81　丁基胶粘带的尺寸偏差

厚度（mm）		宽度（mm）		长度（m）	
规格	允许偏差	规格	允许偏差	规格	允许偏差
1.0 1.5 2.0	±10%	15 20 30 40 50 60 80 100	±5%	10 15 20	不允许有负偏差

3. 理化性能

丁基胶粘带的理化性能应符合表5-82的规定。彩色涂层钢板以下简称彩钢板。

表5-82　丁基胶粘带的理化性能　　JC/T 942—2004

<table>
<tr><th>序号</th><th colspan="4">试验项目</th><th>技术指标</th></tr>
<tr><td>1</td><td colspan="3">持黏性（min）</td><td>≥</td><td>20</td></tr>
<tr><td>2</td><td colspan="4">耐热性（80℃，2h）</td><td>无流淌、龟裂、变形</td></tr>
<tr><td>3</td><td colspan="4">低温柔性（−40℃）</td><td>无裂纹</td></tr>
<tr><td>4</td><td colspan="2">剪切状态下的黏合性[a]（N/mm）</td><td>防水卷材</td><td>≥</td><td>2.0</td></tr>
<tr><td rowspan="3">5</td><td colspan="2" rowspan="3">剥离强度[b]（N/mm）</td><td>防水卷材</td><td>≥</td><td>0.4</td></tr>
<tr><td>水泥砂浆板</td><td>≥</td><td rowspan="2">0.6</td></tr>
<tr><td>彩钢板</td><td>≥</td></tr>
<tr><td rowspan="9">6</td><td rowspan="9">剥离强度保持率[b]（%）</td><td rowspan="3">热处理，80℃，168h</td><td>防水卷材</td><td>≥</td><td rowspan="3">80</td></tr>
<tr><td>水泥砂浆板</td><td>≥</td></tr>
<tr><td>彩钢板</td><td>≥</td></tr>
<tr><td rowspan="3">碱处理，饱和氢氧化钙溶液，168h</td><td>防水卷材</td><td>≥</td><td rowspan="3">80</td></tr>
<tr><td>水泥砂浆板</td><td>≥</td></tr>
<tr><td>彩钢板</td><td>≥</td></tr>
<tr><td rowspan="3">浸水处理，168h</td><td>防水卷材</td><td>≥</td><td rowspan="3">80</td></tr>
<tr><td>水泥砂浆板</td><td>≥</td></tr>
<tr><td>彩钢板</td><td>≥</td></tr>
</table>

a　第4项仅测试双面胶粘带。

b　第5和第6项中，测试R类试样时采用防水卷材和水泥砂浆板基材，测试N类试样时采用彩钢板基材。

5.4.7　路面裂缝贴缝胶（贴缝带）

路面裂缝贴缝胶又称贴缝带、压缝带等，是指用于沥青路面裂缝或水泥路面接缝修补的，以聚合物改性沥青，或聚合物改性沥青和胎基布为主要原料的一类材料。聚合物改性沥青是指在石油沥青中掺入一定比例的苯乙烯-丁二烯-苯乙烯（SBS）热塑性弹性体、硫化橡胶粉（GVR）等聚合物外掺剂，制成技术性能得到改善的胶结料。适用于路面裂缝修补所用的贴缝胶已发布交通运输行业标准《路面裂缝贴缝胶》（JT/T 969—2015）。

1. 产品的分类和规格

产品按施工方式可分为热粘式贴缝胶和自粘式贴缝胶两类；按适用温度可分为普通型、低温型、寒冷型和严寒型四类，分别适用于最低气温不低于−10℃、−20℃、−30℃和−40℃的地区。

产品的公称宽度为3cm、4cm和6cm，或根据用户需求定制；产品的公称厚度为2mm、3mm和4mm；产品每卷公称长度为10m，或根据用户需求定制。

2. 产品的技术要求

（1）外观

产品的外观要求如下：

① 外观平整、色泽均匀、洁净、无污染，不应有破洞、跳花、起毛、破损等。

② 贴缝胶应卷紧卷齐，不应有缺边、掉角现象。

③ 隔离膜与下涂层粘结良好，无破损。

(2) 宽度和厚度

产品的宽度应符合表5-83的规定；产品的厚度应符合表5-84的规定。

(3) 聚合物改性沥青的物理性能

聚合物改性沥青的物理性能指标应符合表5-85的规定。

(4) 路用性能指标

贴缝胶的路用性能指标应符合表5-86的规定。

表5-83 贴缝胶的宽度要求 JT/T 969—2015

项目	要求			
规格（公称宽度）(mm)	3	4	6	定制
平均值偏差（mm）	±0.2	±0.2	±0.2	±0.2
最小单值（mm）	2.7	3.7	5.7	定制公称宽度－0.3

表5-84 贴缝胶的厚度要求 JT/T 969—2015

项目	要求		
规格（公称厚度）(mm)	2	3	4
平均值（mm）	≥2.0	≥3.0	[4.0，4.5]
最小单值（mm）	≥1.7	≥2.7	≥3.7

表5-85 聚合物改性沥青的物理性能指标 JT/T 969—2015

性能指标	技术要求
锥入度（0.1mm）	≥30
软化点（℃）	≥75

表5-86 贴缝胶的路用性能指标 JT/T 969—2015

性能指标	技术要求
转弯翘曲率（%）	≤50
碾压后的厚度（mm）	≤2.7
粘结强度[a]（MPa）	≥0.2
－10℃低温柔性	ϕ30mm，无裂纹
－20℃低温柔性（必要时）	ϕ30mm，无裂纹
低温拉伸量[b]（mm）	≥5

a 粘结强度试验中，当试件出现贴缝胶材料自身破坏时，不计算粘结强度，视为通过。当试件出现界面粘结破坏时，按表中技术要求评价。

b 低温拉伸试验中，普通型、低温型、寒冷型和严寒型贴缝胶的试验温度分别为－10℃、－20℃、－30℃和－40℃。

5.4.8 塑料止水带

塑料止水带是指由乙烯醋酸乙烯或乙烯醋酸乙烯与沥青共聚物，或聚氯乙烯等高分子材料为主要原料，经融熔挤出成型制成的一种新型止水材料，适用于公路工程混凝土浇筑时设置的施工缝和变形缝内的塑料止水带的生产、检验和使用，已发布交通运输行业标准《公路工程土工合成材料　防水材料第1部分：塑料止水带》(JT/T 1124.1—2017)。

1. 产品的分类与规格型号

1）产品的分类

(1) 塑料止水带按材质可分为以下三类：

① 乙烯醋酸乙烯，用EVA表示。

② 乙烯醋酸乙烯与沥青共聚物，用ECB表示。

③ 聚氯乙烯，用PVC表示。

(2) 塑料止水带按设置位置可分为以下两类：

① 中埋式止水带，用Z表示，示意如图5-9所示。

② 背贴式止水带，用T表示，示意如图5-10所示。

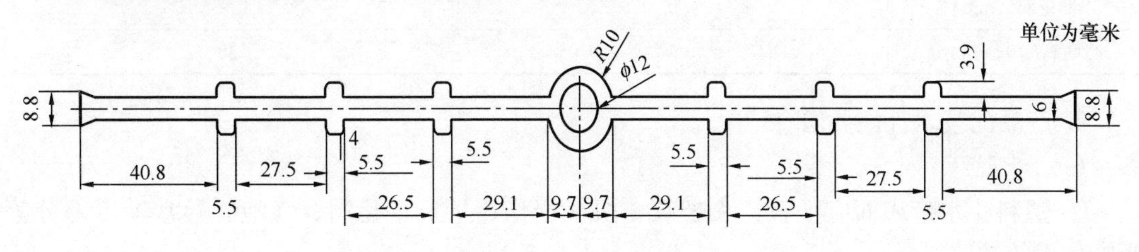

图5-9　中埋式止水带示意

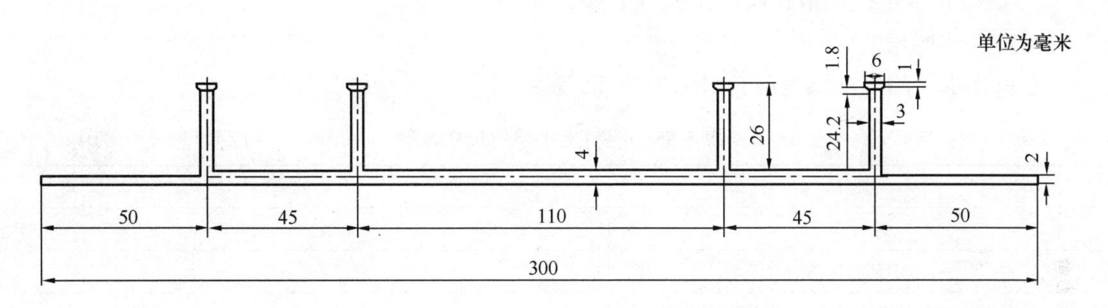

图5-10　背贴式止水带示意

2）代号

产品代号应按图5-11所示顺序标记，并可根据需要增加标记内容。

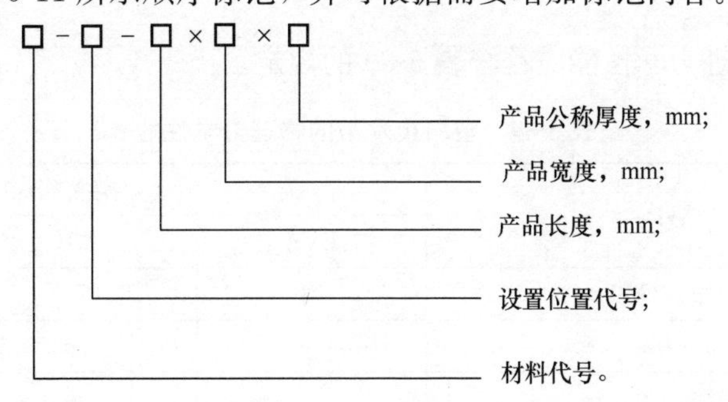

图5-11　产品代号示意

示例：

长度为12000mm，宽度为300mm，公称厚度为4mm的乙烯醋酸乙烯背贴式止水带标记为：EVA-T-12000×300×4。

3）规格型号

塑料止水带的规格型号见表5-87。

表5-87　塑料止水带的规格型号　　JT/T 1124.1—2017

项目	规格			
	中埋式止水带		背贴式止水带	
宽度 L（mm）	300	400	300	400
中部厚度 B（mm）	6		4、6	
边缘厚度（mm）	8.8		2	
半径 R（mm）	10		—	
凸肋高度 H（mm）	—		30	

2. 产品的技术性能要求

（1）外观

① 塑料止水带表面应平整，无裂纹、机械损伤、折痕、孔洞、气泡、异常黏着部分等影响使用的缺陷。

② 塑料止水带在规格长度内不允许有接头。

（2）尺寸偏差

塑料止水带的尺寸偏差应符合表5-88的规定。

表5-88　塑料止水带的尺寸偏差　　JT/T 1124.1—2017

项目	允许偏差
宽度 L	±3%
中部厚度 B	0～+1mm
边缘厚度	0～+0.5mm
半径 R	中心孔偏心不超过厚度的1/3
凸肋高度 H	0～+2.5mm

（3）物理力学性能

塑料止水带的物理力学性能应符合表5-89的规定。

表5-89　塑料止水带的物理力学性能　　JT/T 1124.1—2017

序号	项目	性能指标		
		EVA	ECB	PVC
1	拉伸强度（MPa）	≥16	≥14	≥10
2	扯断伸长率（%）	≥550	≥500	≥200
3	撕裂强度（kN/m）	≥60	≥60	≥50
4	低温弯折性	−35℃无裂纹	−35℃无裂纹	−25℃无裂纹

续表

序号	项目		性能指标		
			EVA	ECB	PVC
5	热空气老化（80℃×168h）	外观（100%伸长率）	无裂纹		
		拉伸强度保持率（%）	≥80		
		扯断伸长率保持率（%）	≥70		
6	耐碱性 $Ca(OH)_2$ 饱和溶液（168h）	拉伸强度保持率（%）	≥80		
		扯断伸长率保持率（%）	≥90		≥80

5.4.9　盾构法隧道管片用橡胶密封垫

盾构法隧道管片用橡胶密封垫（以下简称橡胶密封垫）主要用于地铁、公路、铁路、给排水、电力工程等盾构法隧道的防水。此类产品已发布适用于以橡胶为主体材料，盾构法隧道拼装式管片防水用橡胶密封垫的国家标准《高分子防水材料　第4部分：盾构法隧道管片用橡胶密封垫》（GB 18173.4—2010）。

1. 产品的分类

橡胶密封垫按其功能分为三类：

（1）弹性橡胶密封垫，包括氯丁橡胶（CR）密封垫、三元乙丙橡胶（EPDM）密封垫。

（2）遇水膨胀橡胶密封垫。

（3）弹性橡胶与遇水膨胀橡胶复合密封垫。

2. 产品的技术性能要求

（1）橡胶密封垫的结构形式、规格尺寸及公差应符合经规定程序批准的图样及技术文件要求。无公差要求时，其允许偏差应符合 GB/T 3672.1—2002 中 E2 级的要求。

（2）外观质量

橡胶密封垫的外观质量应符合表5-90的规定。

（3）物理性能

① 弹性橡胶密封垫成品的物理性能应符合表5-91的规定。若成品截面构造不具备切片制样的条件，用硫化胶料标准试样测试。

② 遇水膨胀橡胶密封垫胶料的物理性能应符合表5-92的规定。成品切片测试时，拉伸强度、拉断伸长率、反复浸水试验中的拉伸强度、拉断伸长率性能指标应达表5-92规定指标的80%。

③ 复合密封垫弹性橡胶的物理性能指标应符合表5-91的规定，遇水膨胀橡胶的物理性能指标应符合表5-92的规定。

表5-90　外观质量　　GB 18173.4—2010

缺陷名称	质量要求	
	工作面[a]部分	非工作面部分
气泡	直径在0.50～1.00mm的气泡，每米不允许超过3处	直径在1.00～2.00mm的气泡，每米不允许超过4处
杂质	面积在2～4mm²的杂质，每米不允许超过3处	面积为4～8mm²的杂质，每米不允许超过3处

续表

缺陷名称	质量要求	
	工作面[a]部分	非工作面部分
接头缺陷	不允许有裂口及“海绵”现象。高度在1.00～1.50mm的凸起每米不超过2处	不允许有裂口及“海绵”现象。高度在1.00～1.50mm的凸起每米不超过4处
凹痕	深度不超过0.50mm、面积3～8mm²的凹痕，每米不超过2处	深度不超过1.00mm、面积5～10mm²的凹痕，每米不超过4处
中孔偏心	中心孔周边对称部位厚度差不应超过1mm	

a 工作面指管片拼装后密封垫与密封垫之间的接触面及密封垫上与密封垫沟槽的接触面。

表5-91 弹性橡胶密封垫成品物理性能 GB 18173.4—2010

项目			指标		
			氯丁橡胶	三元乙丙橡胶	
硬度（邵氏A）（度）				Ⅰ型[a]	Ⅱ型[b]
			50～60	50～60	60～70
硬度偏差（度）			±5	±5	±5
拉伸强度（MPa）		≥	10.5	9.5	10
拉断伸长率（%）		≥	350	350	330
压缩永久变形（%）	70℃×24_{-2}^{0}h，25%	≤	30	25	25
	23℃×72_{-2}^{0}h，25%	≤	20	20	15
热空气老化 70℃×96h	硬度变化（度）	≤	8	6	6
	拉伸强度降低率（%）	≤	20	15	15
	拉断伸长率降低率（%）	≤	30	30	30
防霉等级			不低于二级	不低于二级	不低于二级

a Ⅰ型为无孔密封垫。

b Ⅱ型为有孔密封垫。

表5-92 遇水膨胀橡胶密封垫胶料物理性能 GB 18173.4—2010

项目			技术指标	
硬度（邵氏A）（度）			42±10	45±10
拉伸强度（MPa）		≥	3.5	3
拉断伸长率（%）		≥	450	350
体积膨胀倍率（%）		≥	250	400
反复浸水试验	拉伸强度（MPa）	≥	3	2
	拉断伸长率（%）	≥	350	250
	体积膨胀倍率（%）	≥	250	300
低温弯折（−20℃，2h）			无裂纹	无裂纹

5.4.10 盾构法隧道管片用软木橡胶衬垫

适用于以橡胶与软木粉粒为主要原料，经模压硫化后制成的盾构法隧道管片接缝传力用软木橡胶衬垫（以下简称软木胶垫）已发布国家标准《盾构法隧道管片用软木橡胶衬垫》（GB/T 31061—2014）。

1. 产品的分类和标记

（1）产品的分类

软木胶垫产品按其使用位置的不同，分为以下三类：纵缝软木胶垫（用 ZF 表示）；环缝软木胶垫（用 HF 表示）；变形缝软木胶垫（用 BXF 表示）。

（2）产品的标记

产品按产品名称、类别、主参数代号（硬度）、标准编号的顺序标记。

示例 1：

硬度为 70 邵氏 A，纵缝接缝用软木胶垫。标记为：软木胶垫-ZF-70A-GB/T 31061—2014。

示例 2：

硬度为 80 邵氏 A，环缝接缝用软木胶垫。标记为：软木胶垫-HF-80A-GB/T 31061—2014。

示例 3：

硬度为 90 邵氏 A，变形缝接缝用软木胶垫。标记为：软木胶垫-BXF-90A-GB/T 31061—2014。

2. 产品的技术性能要求

（1）外观质量

表面无裂纹、无气泡、无明显杂质及其他缺陷。

（2）规格尺寸

软木胶垫的尺寸公差应符合表 5-93 的要求，特殊要求由供需双方协商确定。

（3）物理性能

软木胶垫的物理性能及相应的试验方法应符合表 5-94 的规定。

表 5-93　软木胶垫的尺寸公差　　GB/T 31061—2014

项目		厚度		宽度				长度			
公称尺寸（mm）	>	1.5	3.5	6.3	10	16	25	40	63	100	160
	≤	3.5	6.3	10	16	25	40	63	100	160	—
尺寸公差±（mm）		0.4	0.5	0.5	0.55	0.7	0.9	1.60	2.00	2.40	1.5%

表 5-94　软木胶垫的物理性能　　GB/T 31061—2014

序号	项目		指标			适用试验条款
			纵缝、环缝		变形缝	
1	硬度（邵氏 A）（度）		70±5	80±5	≥90	6.3.2
2	拉伸强度（MPa）	≥	1.5	2	3.2	6.3.3
3	拉断伸长率（%）	≥	45	35	25	
4	恒定形变下的压缩可恢复性（%）	≥	80	80	90	6.3.4
	恒定形变下的压缩应力（MPa）	≤	8	8	8	

5.4.11　建筑用橡胶结构密封垫

建筑用橡胶结构密封垫（以下称为密封垫）已发布国家标准《建筑用橡胶结构密封垫》（GB/T 23661—2009）。本标准适用于预成型密实硫化的结构密封垫，不适用于建筑用门窗框内密封条和玻璃装配密封条。

产品的技术性能要求如下：

1. 分类

GB/T 23661—2009 标准规定的密封垫按硬度分为 E、F 两类，其对应的公称硬度分别为 75，85（IRHD）。E 类适用于密封垫和锁条式密封垫；F 类只适用于锁条式密封垫。

2. 材料和工艺

（1）密封垫应由耐臭氧橡胶制造，而不应只靠喷涂防臭氧涂层，因为这些涂层会被磨损、洗涤或其他方式除去。

（2）密封垫所用的原材料和制造工艺均应符合有关技术规范的要求。

3. 外观

密封垫的密封面上，应没有孔隙、明显的缺陷和尺寸不一致。

4. 尺寸

密封垫的尺寸公差应符合图纸或合同的规定。没有规定尺寸公差的密封垫，其公差应符合 GB/T 3672.1 的 M3 或 E2 的规定。

5. 一般要求

密封垫的一般要求应符合表 5-95 的规定。

表 5-95　密封垫的一般要求　　GB/T 23661—2009

性能		单位	要求		试验方法
			E类	F类	
硬度		邵氏 A 或 IRHD	75^{+5}_{-5}	85^{+5}_{-5}	GB/T 531.1 GB/T 6031
拉伸强度	最小	MPa	12	12	GB/T 528
拉断伸长率	最小	%	175	125	
压缩永久变形，100℃，22h	最大	%	35	35	GB/T 7759
耐臭氧，200×10⁻⁸，拉伸 20%，40℃，100h		—	不龟裂	不龟裂	GB/T 7762
热空气老化，100℃，14d					GB/T 3512
硬度变化		邵氏 A 或 IRHD	+10～0	+10～0	
拉伸强度变化	最大	%	−15	−15	
拉断伸长率变化	最大	%	−40	−40	

6. 特殊要求

下列特殊要求均为可选要求，是否执行应由有关双方协商而定。

（1）接触和迁移污染：按 GB/T 23661—2009 附录 A 进行接触和迁移试验，其污染级别不应达到中等污染或严重污染。

（2）阻燃性能：材料的阻燃性能要求由供需双方协商。

（3）脆性温度：温和气候地区用密封垫材料在－25℃下，严寒气候地区用密封垫材料在

－40℃下试验后应无裂纹。

（4）低温压缩永久变形：在－25℃下压缩22h后，E类材料的压缩永久变形应不大于80％，F类材料应不大于90％。

（5）唇密封压力：唇密封压力要求随密封垫的剖面形状而定，应由供需双方协商确定。

5.4.12 混凝土接缝密封嵌缝板

混凝土接缝密封嵌缝板简称嵌缝板，适用于由低密度高压聚乙烯化学交联模压发泡制成的，用于混凝土接缝密封的半硬质闭孔泡沫塑料嵌缝板，现已发布建材行业标准《混凝土接缝密封嵌缝板》（JC/T 2255—2014）。

1. 产品的分类和标记

嵌缝板按产品的物理力学性能分为Ⅰ型和Ⅱ型。

产品按产品名称、标准号、类型的顺序标记。

示例：

符合JC/T 2255，Ⅰ型，混凝土接缝密封用低密度高压聚乙烯嵌缝板标记为：混凝土接缝密封用LDPE嵌缝板JC/T 2255—2014—Ⅰ。

2. 产品的技术性能要求

（1）外观

产品颜色与泡孔应均匀一致，表面应平整，无明显收缩变形和切割刀痕。

（2）规格尺寸

嵌缝板的尺寸和允许偏差应符合表5-96的规定。

（3）物理力学性能

嵌缝板的物理力学性能应符合表5-97的要求。

表5-96 嵌缝板的尺寸和允许偏差 JC/T 2255—2014

长度（mm）		宽度（mm）		厚度（mm）	
公称尺寸	允许偏差	公称尺寸	允许偏差	公称尺寸	允许偏差
2000	±20	1000	±10	≤20	±1
				＞20且≤50	+1 −2
				＞50且≤70	+1.5 −2.5
				≥70	+2 −3

注：其他尺寸及偏差也可由供需双方协商确定。

表5-97 嵌缝板的物理力学性能 JC/T 2255—2014

序号	项目	技术指标	
		Ⅰ型	Ⅱ型
1	表观密度（kg/m³）	90～110	110～140
2	吸水率（％）	≤2.0	≤4.0

续表

序号	项目	技术指标	
		Ⅰ型	Ⅱ型
3	压缩强度（压缩50%）（MPa）	0.2～0.5	0.4～0.8
4	复原率（压缩50%）（%）	≥90	
5	拉伸强度（MPa）	≥0.8	≥1.0
6	断裂伸长率（%）	≥80	≥100
7	挤出量（压缩50%）（mm）	≤5	

5.4.13 混凝土道路伸缩缝用橡胶密封件

混凝土道路伸缩缝用橡胶密封件已发布国家标准《混凝土道路伸缩缝用橡胶密封件》（GB/T 23662—2009）。本标准适用于混凝土结构的道路伸缩缝用密封件，不适用于沥青等其他结构的道路伸缩缝用密封件。

产品的技术性能要求如下：

（1）材料及工艺

① 密封件应由耐臭氧橡胶制造，耐臭氧不应仅靠喷涂防臭氧涂层来实现，因为这些表面防护层会因摩擦、洗涤或其他方法被除去。

② 用于生产密封件的所有原材料均应符合有关技术规范的要求。

（2）外观

① 目视检查时，密封件的密封面上应没有微孔，明显的缺陷和尺寸不一致。

② 材料应为黑色。

（3）尺寸

密封件的尺寸应符合图纸或合同的规定。公差应符合GB/T 3672.1的规定。

（4）物理性能

用于制造密封件的硫化胶或成品密封件，其物理性能应符合表5-98的要求。

表5-98 物理性能要求 GB/T 23662—2009

序号	性能	单位	要求				试验方法
			50	60	70	80	
1	硬度	IRHD或邵氏A	46～55	56～65	66～75	76～85	GB/T 6031 GB/T 531.1
2	拉伸强度 最小	MPa	9	9	9	9	GB/T 528
3	拉断伸长率 最小	%	375	300	200	125	GB/T 528
4	压缩永久变形，B型试样 最大 70℃，24h −25℃，24h	%	 20 60	 20 60	 20 60	 20 60	GB/T 7759

续表

序号	性能	单位	要求				试验方法
			50	60	70	80	
5	加速老化，70℃，7d 硬度变化 拉伸强度变化 拉断伸长率变化	 IRHD或邵氏A % %	 −5～+8 −20～+40 −30～+10	 −5～+8 −20～+40 −30～+10	 −5～+8 −20～+40 −30～+10	 −5～+8 −20～+40 −40～+10	GB/T 3512
6	耐臭氧，臭氧浓度[a]50×10−8；预拉伸(72±2)h；(40±1)℃，(48±1)h，湿度：(55±5)% 拉伸20% 拉伸15%	—	 不龟裂 	 不龟裂 	 不龟裂 	 不龟裂	GB/T 7762
7	耐水，标准室温，7d 体积变化	 %	 0～+5	 0～+5	 0～+5	 0～+5	GB/T 1690—1992
8	成品密封件的压缩恢复率，压缩50% 70℃，72h±15min　最小 −25℃，24h±15min　最小	%	 85 65	 85 65	 85 65	 85 65	附录A

a　如果用户有要求，可采用臭氧浓度200×10−8的苛刻条件。

5.4.14　建筑用高温硫化硅橡胶密封件

高温硫化硅橡胶是指以高摩尔质量的线性聚二甲基（或甲基乙烯基、甲基苯基乙烯基、甲基三氟丙基等）硅氧烷为基础聚合物，混入补强填料和硫化剂等，在加热、加压的条件下硫化成的弹性体，适用于门窗、幕墙及其他建筑密封用抗撕裂型高温硫化硅橡胶密封胶条和耐压缩永久变形型高温硫化硅橡胶密封件已发布建筑工业行业标准《建筑用高温硫化硅橡胶密封件》（JG/T 488—2015）。

1. 产品的分类和标记

建筑用高温硫化硅橡胶密封件（以下简称密封件）按性能分为抗撕裂型和耐压缩永久变形型，代号分别为：S和Y。

抗撕裂型高温硫化硅橡胶是指按GB/T 529的规定，采用无割口直角形试样，测得的撕裂强度高于20kN/m的高温硫化硅橡胶。耐压缩永久变形型高温硫化硅橡胶是指按GB/T 7759的规定，采用A型试样，测得的压缩永久变形小于25%的高温硫化硅橡胶。

产品按产品代号（MFJ）、分类代号、主参数代号（以产品硬度值表示）、标准号的顺序标记。

示例：

硬度为50的抗撕裂型高温硫化硅橡胶密封件标记为：MFJ-S-50-JG/T 488—2015。

2. 产品的技术性能要求

(1) 外观

表面应光滑、无扭曲变形，不应有裂纹、气泡、明显杂质及其他缺陷，颜色应均匀一致。

(2) 尺寸公差

① 截面尺寸公差：密封件截面尺寸公差应符合 GB/T 3672.1—2002 中表 2 的规定，其中装配尺寸应符合 E1 级的规定，非装配尺寸应符合 E2 级的规定。

② 几何公差：密封件几何公差应符合 GB/T 3672.2 的规定。

(3) 物理性能

密封件的物理性能应符合表 5-99 的规定。

(4) 污染性及相容性

密封件与基材、丁基胶、密封胶的污染性及相容性应符合表 5-100 的规定。

表 5-99 高温硫化硅橡胶密封件的物理性能 JG/T 488—2015

项目			抗撕裂型	耐压缩永久变形型
硬度（邵氏 A）			30～70（允许偏差±5）	30～85（允许偏差±5）
压缩永久变形（%）	硬度（邵氏 A≤60）		≤30	≤15
	硬度（邵氏 A>60）			≤25
拉伸强度（MPa）			≥7.0	≥5.0
拉断伸长率（%）	硬度（邵氏 A≤60）		≥400	≥200
	硬度（邵氏 A>60）		≥200	≥60
撕裂强度（kN/m）			≥25	≥12
老化性能	热老化性能（150°×72h）	硬度变化	≤±10	≤±5
		拉伸强度变化率（%）	≤±20	≤±15
		拉断伸长率变化率（%）	≤±30	≤±30
	加热失重（100℃×168h）（%）		≤2.0	≤2.0
	低温脆性（−40℃）		不破裂	不破裂
	低温硬度变化（−40℃×2h）		≤±10	≤±10
	耐臭氧老化性能		试样表面无龟裂现象	试样表面无龟裂现象
	水-紫外线老化性能		试样表面无龟裂现象	试样表面无龟裂现象
阻燃性			HB	HB

表 5-100 密封件的污染性及相容性 JG/T 488—2015

项目		抗撕裂型	耐压缩永久变形型
污染性及相容性[a]	密封件与基材的污染及相容性	无变色、起泡、发黏、凹凸不平现象	无变色、起泡、发黏、凹凸不平现象
	密封件与丁基胶的污染性	无变色、起泡、发黏、凹凸不平现象	无变色、起泡、发黏、凹凸不平现象
	密封件与密封胶的污染及相容性	无变色、起泡、发黏、凹凸不平现象	无变色、起泡、发黏、凹凸不平现象

a 仅限于在实际工程有选配要求时规定。

5.4.15　高分子防水材料遇水膨胀橡胶

遇水膨胀橡胶已发布国家标准《高分子防水材料　第3部分：遇水膨胀橡胶》(GB/T 18173.3—2014)。GB/T 18173.3—2014适用于以水溶性聚氨酯预聚体、丙烯酸钠高分子吸水性树脂等吸水性材料与天然、氯丁等橡胶制得的遇水膨胀性防水橡胶。主要用于各种隧道、顶管、人防等地下工程、基础工程的接缝、防水密封和船舶、机车等工业设备的防水密封。

1. 产品的分类和标记

(1) 产品的分类

① 遇水膨胀橡胶产品按工艺不同，可分为两种类型：制品型（用PZ表示）、腻子型（用PN表示）。

② 遇水膨胀橡胶产品按其在静态蒸馏水中的体积膨胀倍率（%）可分别分为：

制品型有≥150%、≥250%、≥400%、≥600%等几类；

腻子型有≥150%、≥220%、≥300%等几类。

③ 遇水膨胀橡胶产品按截面形状分为四类：圆形（用Y表示）、矩形（用J表示）、椭圆形（用T表示）、其他形状（用Q表示）。

(2) 产品的标记

产品应按类型-体积膨胀倍率、截面形状-规格、标准号的顺序标记。

示例1：

宽度为30mm，厚度为20mm的矩形制品型遇水膨胀橡胶，体积膨胀倍率≥400%，标记为：PZ-400 J-30mm×20mm GB/T 18173.3—2014。

示例2：

直径为30mm的圆形制品型遇水膨胀橡胶，体积膨胀倍率≥250%，标记为：PZ-250 Y-30mm GB/T 18173.3—2014。

示例3：

长轴为30mm、短轴为20mm的椭圆形制品型遇水膨胀橡胶，体积膨胀倍率≥250%，标记为：PZ-250 T-30mm×20mm GB/T 18173.3—2014。

2. 产品的技术性能要求

(1) 制品型的尺寸公差

遇水膨胀橡胶的断面结构示意图如图5-12所示；制品型遇水膨胀橡胶的尺寸公差应符合表5-101的规定。

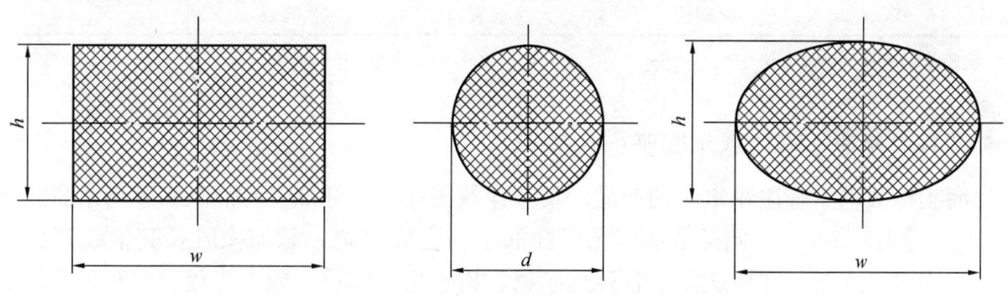

图5-12　断面结构示意图

表 5-101　遇水膨胀橡胶的尺寸公差　　　GB/T 18173.3—2014

规格尺寸（mm）	≤5	＞5～10	＞10～30	＞30～60	＞60～150	＞150
极限偏差（mm）	±0.5	±1.0	+1.5 −1.0	+3.0 −2.0	+4.0 −3.0	+4% −3%

注：其他规格制品尺寸公差由供需双方协商确定。

（2）制品型的外观质量

每米遇水膨胀橡胶表面允许有深度不大于 2mm、面积不大于 16mm^2 的凹痕、气泡、杂质、明疤等缺陷不超过 4 处。

（3）物理性能

① 制品型遇水膨胀橡胶胶料物理性能及相应的试验方法应符合表 5-102 的规定。

表 5-102　制品型遇水膨胀橡胶胶料物理性能　　　GB/T 18173.3—2014

项目		指标				适用试验条目
		PZ-150	PZ-250	PZ-400	PZ-600	
硬度（邵氏 A）（度）		42±10		45±10	48±10	6.3.2
拉伸强度（MPa） ≥		3.5		3		6.3.3
拉断伸长率（%） ≥		450		350		
体积膨胀倍率（%） ≥		150	250	400	600	6.3.4
反复浸水试验	拉伸强度（MPa） ≥	3		2		6.3.5
	拉断伸长率（%） ≥	350		250		
	体积膨胀倍率（%） ≥	150	250	300	500	
低温弯折（−20℃×2h）		无裂纹				6.3.6

注：成品切片测试拉伸强度、拉断伸长率应达到本标准的 80%；接头部位的拉伸强度、拉断伸长率应达到本标准的 50%。

② 腻子型遇水膨胀橡胶物理性能及相应的试验方法应符合表 5-103 的规定。

表 5-103　腻子型遇水膨胀橡胶物理性能　　　GB/T 18173.3—2014

项目	指标			适用试验条目
	PN-150	PN-220	PN-300	
体积膨胀倍率[a]（%） ≥	150	220	300	6.3.4
高温流淌性（80℃×5h）	无流淌	无流淌	无流淌	6.3.7
低温试验（−20℃×2h）	无脆裂	无脆裂	无脆裂	6.3.8

a　检验结果应注明试验方法。

5.4.16　膨胀土橡胶遇水膨胀止水条

膨润土橡胶遇水膨胀止水条的产品已发布建筑工业行业标准《膨润土橡胶遇水膨胀止水条》（JG/T 141—2001）。此标准适用于以膨润土为主要原料，添加橡胶及其他助剂加工而成的遇水膨胀止水条。主要应用于各种建筑物、构筑物、隧道、地下工程及水利工程的缝隙止水防渗。

1. 产品的分类和标记

产品按CJ/T 3035标准确定分类及型号。

(1) 产品的分类

膨润土橡胶遇水膨胀止水条根据产品特性可分为普通型和缓膨型。

(2) 型号

① 名称代号

膨润土　B(Bentonite)

止水　　W(Waterstops)

② 特性代号

普通型　C(Common)

缓膨型　S(Slow-swelling)

③ 主参数代号

以吸水膨胀倍率达200%～250%时所需不同时间为主参数，见表5-104。

(3) 产品的标记

膨润土橡胶遇水膨胀止水条产品按名称代号（膨润土橡胶遇水膨胀止水条BW)、特性代号（普通型C；缓膨型S)、主参数代号（4、24、48……）的顺序标记。

示例1：

普通型膨润土橡胶遇水膨胀止水条，吸水膨胀倍率达200%～250%时所需时间为4h，标记为：BW-C4。

示例2：

缓膨型膨润土橡胶遇水膨胀止水条，吸水膨胀倍率达200%～250%时所需时间为120h，标记为：BW-S120。

2. 产品的技术性能要求

(1) 外观

为柔软有一定弹性匀质的条状物，色泽均匀，无明显凹凸等缺陷。

(2) 规格尺寸

常用规格尺寸见表5-105。

规格尺寸偏差：长度为规定值的±1%；宽度及厚度为规定值的±10%。

其他特殊规格尺寸由供需双方商定。

表5-104　膨润土橡胶遇水膨润止水条的主参数代号　　JG/T 141—2001

主参数代号	4	24	48	72	96	120	144
吸水膨胀倍率达200%～250%时所需时间（h）	4	24	48	72	96	120	144

表5-105　膨润土橡胶遇水膨胀止水带的规格尺寸

长度（mm）	宽度（mm）	厚度（mm）
10000	20	10
10000	30	10
5000	30	20

（3）技术要求

产品应符合表 5-106 规定的技术指标。

表 5-106　膨润土橡胶遇水膨胀止水条技术指标　　JG/T 141—2001

项目		技术指标	
		普通型 C	缓膨型 S
抗水压力（MPa）　≥		1.5	2.5
规定时间吸水膨胀倍率（%）	4h	200～250	—
	24h	—	200～250
	48h		
	72h		
	96h		
	120h		
	144h		
最大吸水膨胀倍率（%）　≥		400	300
密度（g/cm^3）		1.6±0.1	1.4±0.1
耐热性	80℃，2h	无流淌	
低温柔性	−20℃，2h 绕 ϕ20mm 圆棒	无裂纹	
耐水性	浸泡 24h	不呈泥浆状	—
	浸包 240h	—	整体膨胀无碎块

第 6 章　刚性防水材料和堵漏止水材料

建筑防水材料按其性能特性可分为柔性防水材料和刚性防水材料。刚性防水材料大多是由无机材料组成的，如防水混凝土、防水砂浆、无机类瓦材等。刚性防水材料其特点是强度高、延伸率低、性脆、质重，耐高低温性能、耐穿刺性能及耐久性均好，经改性后材料则具有韧性。

堵漏止水材料是指能在短时间内迅速凝结从而堵住水渗出的一类防水材料。

6.1　刚性防水材料及堵漏止水材料的分类、性能特点和环保要求

6.1.1　刚性防水材料及堵漏止水材料的分类

刚性防水材料及堵漏止水材料的分类如图 6-1 所示。

刚性防水材料一般是指防水混凝土、防水砂浆、无机类防水涂料、无机类瓦材以及用于配制防水混凝土和防水砂浆的组成材料：水泥（胶凝材料）、石子（粗集料）、砂（细集料）、掺合材料、外加剂、拌合水等。

堵漏止水材料主要有抹面堵漏材料和注浆堵漏材料（又称灌浆材料）等，注浆堵漏材料有无机类注浆堵漏材料和有机类注浆堵漏材料之分。

6.1.2　刚性防水材料的性能特点

刚性防水技术是根据不同的工程结构采取不同的方法使浇筑后的混凝土工程细致密实、抗裂防渗，水分子难以通过，防水耐久性好，施工工艺简单、方便，造价较低，易于维修。以防水混凝土和防水砂浆防水为例，其与柔性防水相比较，具有以下特点：

（1）兼具防水、承重、围护等多重功能，能够节省材料，加快施工速度。

（2）在建筑物结构及造型复杂的情况下，采用刚性防水材料施工简单，其防水性能可靠。

（3）当发生渗漏水时，易于检查便于修复。

（4）刚性防水耐久性能较好。

（5）材料来源广泛，成本低廉。

（6）可改善劳动条件。

6.1.3　刚性防水材料的环境标志产品技术要求

国家环境保护标准《环境标志产品技术要求　刚性防水材料》（HJ 456—2009）适用于无机堵漏防水材料、聚合物水泥防水砂浆和水泥基渗透结晶型防水材料。

无机堵漏防水材料是指以水泥、无机外加剂或掺合料、砂子等原材料通过工厂化工艺配制而成的一类防水材料。聚合物水泥防水砂浆是指以可再分散聚合物胶粉、水泥、砂子等混

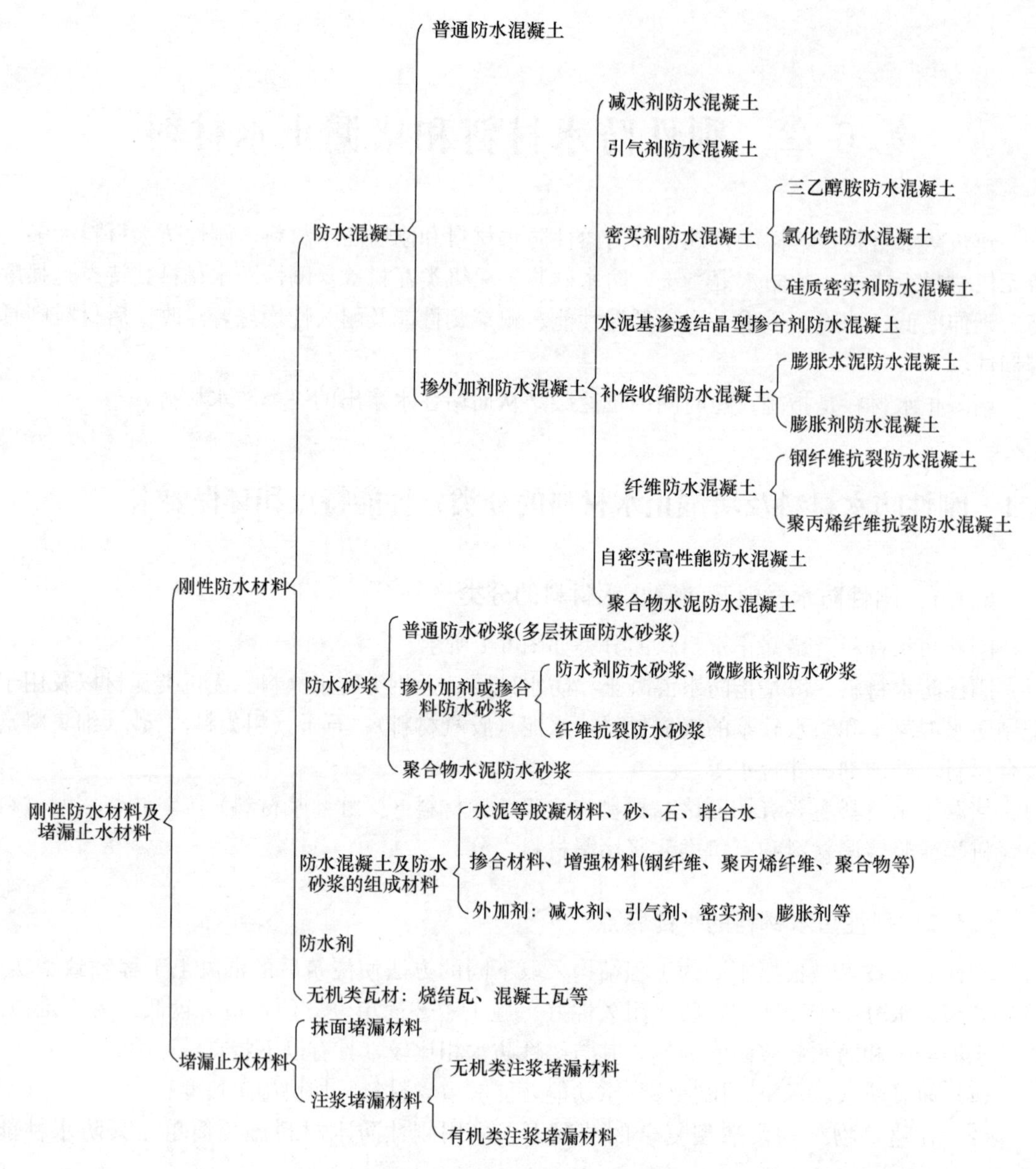

图 6-1　刚性防水材料及堵漏止水材料的分类

合而成的单组分防水砂浆，或以聚合物乳液、水泥、砂子等通过工厂化工艺配制而成的双组分防水砂浆。水泥基渗透结晶型防水材料是指以水泥、砂子、活性化学物质等通过工厂化工艺配制而成，它是以化学机理提高混凝土结构自身性能的一类防水材料。

国家环境保护标准《环境标志产品技术要求　刚性防水材料》（HJ 456—2009）对刚性防水材料提出了如下技术要求：

（1）基本要求

① 无机堵漏防水材料的质量应符合 JC 900 的要求；聚合物水泥防水砂浆的质量应符合 JC/T 984 的要求；水泥基渗透结晶型防水材料的质量应符合 GB 18445 的要求。

② 产品生产企业污染物排防应符合国家或地方规定的污染物排放标准的要求。

（2）技术内容

① 产品中不得人为添加铅（Pb）、镉（Cd）、汞（Hg）、硒（Se）、砷（As）、锑（Sb）、六价铬（Cr^{6+}）等元素及其化合物。

② 产品的内、外照射指数均不大于 0.6。

③ 产品有害物限值应符合表 6-1 要求。

④ 企业应建立符合 GB 16483 要求的原料安全数据单（MSDS），并可向使用方提供。

表 6-1　刚性防水材料产品有害物限值　HJ 456—2009

项目	限值
甲醛（mg/m^3）	≤0.08
苯（mg/m^3）	≤0.02
氨（mg/m^3）	≤0.1
总挥发性有机化合物（TVOC）（mg/m^3）	≤0.1

6.2　刚性防水材料

刚性防水材料常见的形式有防水混凝土和防水砂浆。刚性防水材料按其作用可分为有承重作用的防水材料和仅有防水作用的防水材料，前者是指各种类型的防水混凝土，后者是指各种类型的防水砂浆。防水混凝土和防水砂浆是以水泥、集料和水为主要原材料或在其内加入矿物掺合料、化学外加剂以及增强材料，通过采用调整其配合比，抑制或减少孔隙率、改变孔隙特征，增加各组分原材料界面间的密实性等方法，并经过均匀拌和、密实成型、养护硬化等多道工艺配制而成的，具有一定强度和抗渗透能力的一类建筑工程材料。

1. 防水混凝土

防水混凝土又称为抗渗混凝土，是按照混凝土的性能、用途进行分类而得出的一个混凝土类别，是指以水泥、石子（粗集料、砂（细集料）和拌合水为主要原材料，或掺加矿物掺合料、化学外加剂，或采用特种水泥等措施配制而成的，为了弥补混凝土材料存在的毛细孔、微裂缝、易开裂等缺陷，在混凝土及其制品中还常使用钢筋、纤维和聚合物等增强材料，从而提高混凝土自身的密实性、憎水性、抗渗性和抗裂性，使其抗渗等级不得小于 P6 要求的一类不透水性混凝土。

防水混凝土宜采用预拌混凝土，防水混凝土其质量要求应符合现行国家标准《预拌混凝土》（GB/T 14902）和《混凝土质量控制标准》（GB/T 50164）的规定。

防水混凝土根据其所采用的胶凝材料的不同，可分为两大类别：一类是以硅酸盐水泥为基料，采用级配方式或者加入无机或有机添加剂配制而成的防水混凝土；另一类则是以膨胀水泥为主的特种水泥为基料配制而成的防水混凝土。

防水混凝土根据其是否掺加混凝土外加剂，可分为普通防水混凝土和掺外加剂防水混凝土。普通防水混凝土是由胶凝材料（水泥及胶凝掺合料）、砂、石、水搅拌浇筑而成的防水混凝土，其不掺加任何混凝土外加剂，是采用通过调整和控制混凝土配合比的各项技术参数的方法来提高混凝土的抗渗性，从而达到防水的目的。掺外加剂防水混凝土是在普通混凝土中掺加减水剂、引气剂、密实剂、膨胀剂、复合型外加剂、水泥基渗透结晶型材料、掺合料等材料搅拌浇筑而成的防水混凝土。常用的有减水剂防水混凝土、引气剂防水混凝土、密实剂防水混凝土（可分为：三乙醇胺防水混凝土、氯化铁防水混凝土、硅质密实剂防水混凝土等）、水泥基渗透结晶型掺合剂防水混凝土、补偿收缩防水混凝土（可分为：膨胀水泥防水混凝土、膨胀剂防水混凝土）、纤维防水混凝土（可分为：钢纤维抗裂防水混凝土、聚丙烯纤维抗裂防水混凝土等）、自密实高性能防水混凝土、聚合物水泥防水混凝土等。

2. 防水砂浆

水泥砂浆是指由水泥、砂（细集料）和拌合水为主要原材料，根据需要加入矿物掺合料、外加剂、聚合物材料配制而成，具有一定强度的一类建筑工程材料。水泥砂浆按其用途的不同，可分为砌筑砂浆、抹面砂浆、装饰砂浆以及特种砂浆。特种砂浆是指能满足某些特殊功能要求的砂浆，防水砂浆即是一类用于制作砂浆防水层的、抵抗水渗透性高的特种砂浆。

防水砂浆是通过严格的操作技术或掺入适量的外加剂、高分子聚合物等材料，以提高砂浆自身的憎水性和密实性，从而达到防水抗渗目的的一类刚性防水材料。防水砂浆根据其组成材料成分的不同，通常可分为普通防水砂浆（多层抹面防水砂浆）、掺外加剂或掺合料防水砂浆（防水剂防水砂浆、微膨胀剂防水砂浆等）、聚合物水泥防水砂浆等。

3. 无机类瓦材

瓦是指用于建筑物屋面覆盖及装饰的板状或块状制品。瓦片材料的种类繁多，有烧结瓦、混凝土瓦、琉璃瓦等。在屋面工程防水技术中，采用瓦材进行防排水，在我国具有悠久的历史，在现代化建设工程中，采用瓦材进行防排水的技术措施仍在广泛地应用。

6.2.1 预拌混凝土

预拌混凝土是指在搅拌站（楼）生产的，通过运输设备送至使用地点的，交货时为拌合物的一类混凝土。适用于搅拌站（楼）生产的预拌混凝土现已发布国家标准《预拌混凝土》(GB/T 14902—2012)。本标准不包括交货后的混凝土的浇筑、振捣和养护。

1. 产品的分类、性能等级和标记

1）分类

预拌混凝土分为常规品和特制品。

（1）常规品

常规品应为除表 6-2 中特制品以外的普通混凝土，代号 A，混凝土强度等级代号 C。

普通混凝土是指干表观密度为 2000～2800kg/m^3 的混凝土。

（2）特制品

特制品代号 B，包括的混凝土种类及其代号应符合表 6-2 的规定。

高强混凝土是指强度等级不低于 C60 的混凝土；自密实混凝土是指无需振捣，能够在自重作用下流动密实的混凝土；纤维混凝土是指掺加钢纤维或合成纤维作为增强材料的混凝土；轻骨料混凝土是指用轻粗骨料、轻砂或普通砂等配制的干表观密度不大于 1950kg/m^3 的混凝土；重混凝土是指用重晶石等重集料配制的干表观密度大于 2800kg/m^3 的混凝土。

表6-2　特制品的混凝土种类及其代号　GB/T 14902—2012

混凝土种类	高强混凝土	自密实混凝土	纤维混凝土	轻骨料混凝土	重混凝土
混凝土种类代号	H	S	F	L	W
强度等级代号	C	C	C（合成纤维混凝土） CF（钢纤维混凝土）	LC	C

2）性能等级

（1）混凝土强度等级应划分为：C10、C15、C20、C25、C30、C35、C40、C45、C50、C55、C60、C65、C70、C75、C80、C85、C90、C95和C100。

（2）混凝土拌合物坍落度和扩展度的等级划分应符合表6-3和表6-4的规定。

表6-3　混凝土拌合物的坍落度等级划分　GB/T 14902—2012

等级	坍落度（mm）
S1	10～40
S2	50～90
S3	100～150
S4	160～210
S5	≥220

表6-4　混凝土拌合物的扩展度等级划分　GB/T 14902—2012

等级	扩展直径（mm）
F1	≤340
F2	350～410
F3	420～480
F4	490～550
F5	560～620
F6	≥630

（3）预拌混凝土耐久性能的等级划分应符合表6-5、表6-6、表6-7和表6-8的规定。

表6-5　混凝土抗冻性能、抗水渗透性能和抗硫酸盐侵蚀性能的等级划分　GB/T 14902—2012

抗冻等级（快冻法）		抗冻等级（慢冻法）	抗渗等级	抗硫酸盐等级
F50	F250	D50	P4	KS30
F100	F300	D100	P6	KS60
F150	F350	D150	P8	KS90
F200	F400	D200	P10	KS120
＞F400		＞D200	P12	KS150
			＞P12	＞KS150

表 6-6 混凝土抗氯离子渗透性能（84d）的等级划分（RCM法） GB/T 14902—2012

等级	RCM-Ⅰ	RCM-Ⅱ	RCM-Ⅲ	RCM-Ⅳ	RCM-Ⅴ
氯离子迁移系数 D_{RCM}（RCM法）（$\times10^{-12}m^2/s$）	≥4.5	≥3.5，<4.5	≥2.5，<3.5	≥1.5，<2.5	<1.5

表 6-7 混凝土抗氯离子渗透性能的等级划分（电通量法）GB/T 14902—2012

等级	Q-Ⅰ	Q-Ⅱ	Q-Ⅲ	Q-Ⅳ	Q-Ⅴ
电通量 Q_s（C）	≥4000	≥2000，<4000	≥1000，<2000	≥500，<1000	<500

注：混凝土试验龄期宜为28d。当混凝土中水泥混合材与矿物掺合料之和超过胶凝材料用量的50%时，测试龄期可为56d。

表 6-8 混凝土抗碳化性能的等级划分 GB/T 14902—2012

等级	T-Ⅰ	T-Ⅱ	T-Ⅲ	T-Ⅳ	T-Ⅴ
碳化深度 d（mm）	≥30	≥20，<30	≥10，<20	≥0.1，<10	<0.1

3）标记

（1）预拌混凝土应按下列顺序进行标记

① 常规品或特制品的代号，常规品可不标记。

② 特制品混凝土种类的代号，兼有多种类情况可同时标出。

③ 强度等级。

④ 坍落度控制目标值，后附坍落度等级代号在括号中，自密实混凝土应采用扩展度控制目标值，后附扩展度等级代号在括号中。

⑤ 耐久性能等级代号，对于抗氯离子渗透性能和抗碳化性能，后附设计值在括号中。

⑥ 本标准号。

（2）标记示例

示例1：

采用通用硅酸盐水泥、河砂（也可是人工砂或海砂）、石、矿物掺合料、外加剂和水配制的普通混凝土、强度等级为C50，坍落度为180mm，抗冻等级为F250，抗氯离子渗透性能电通量 Q_s 为1000C，其标记为：A-C50-180（S4）-F250 Q-Ⅲ（1000）-GB/T 14902。

示例2：

采用通用硅酸盐水泥、砂（也可是陶砂）、陶粒、矿物掺合料、外加剂、合成纤维和水配制的轻集料纤维混凝土，强度等级为LC40，坍落度为210mm，抗渗等级为P8，抗冻等级为F150，其标记为：B-LF-LC40-210（S4）-P8F150-GB/T 14902。

2. 产品的质量要求

（1）强度

混凝土强度应满足设计要求，检验评定应符合GB/T 50107的规定。

（2）坍落度和坍落度经时损失

混凝土坍落度实测值与控制目标值的允许偏差应符合表6-9的规定。常规品的泵送混凝土坍落度控制目标值不宜大于180mm，并应满足施工要求，坍落度经时损失不宜大于

30mm/h；特制品混凝土坍落度应满足相关标准规定和施工要求。

表6-9 混凝土拌合物稠度允许偏差 GB/T 14902—2012

项目	控制目标值（mm）	允许偏差（mm）
坍落度	≤40	±10
	50～90	±20
	≥100	±30
扩展度	≥350	±30

（3）扩展度

扩展度实测值与控制目标值的允许偏差宜符合表6-9的规定。自密实混凝土扩展度控制目标值不宜小于550mm，并应满足施工要求。

（4）含气量

混凝土含气量实测值不宜大于7％，并与合同规定值的允许偏差不宜超过±1.0％。

（5）水溶性氯离子含量

混凝土拌合物中水溶性氯离子最大含量实测值应符合表6-10的规定。

表6-10 混凝土拌合物中水溶性氯离子最大含量 GB/T 14902—2012

环境条件	水溶性氯离子最大含量（％，质量百分比）		
	钢筋混凝土	预应力混凝土	素混凝土
干燥环境	0.3	0.06	1.0
潮湿但不含氯离子的环境	0.2		
潮湿而含有氯离子的环境、盐渍土环境	0.1		
除冰盐等侵蚀性物质的腐蚀环境	0.06		

（6）耐久性能

混凝土耐久性能应满足设计要求，检验评定应符合JGJ/T 193的规定。

（7）其他性能

当需方提出其他混凝土性能要求时，应按国家现行有关标准规定进行试验。无相应标准时应按合同规定进行试验，试验结果应满足标准或合同的要求。

6.2.2 钢纤维混凝土

钢纤维是指采用钢材经加工制成的一类短纤维。钢纤维混凝土是指掺加适量、均匀分布钢纤维的混凝土。已发布适用于钢纤维体积率不大于3％的钢纤维混凝土建筑工业行业标准《钢纤维混凝土》（JG/T 472—2015）。

1. 产品的性能等级

（1）钢纤维混凝土强度等级按立方体抗压强度标准值确定，采用符号CF与立方体抗压强度标准值（以MPa计）表示。立方体抗压强度标准值应为按照标准方法制作和养护的边长为150mm的立方体试件，用标准试验方法在28d龄期测得的具有95％保证率的抗压强度。

（2）钢纤维混凝土强度等级划分为CF20、CF25、CF30、CF35、CF40、CF45、CF50、CF55、CF60、CF65、CF70、CF75、CF80、CF85、CF90、CF95、CF100。

（3）钢纤维混凝土抗冻性能、抗水渗透性能、抗硫酸盐侵蚀性能、抗碳化性能的等级划分应符合 GB 50164 的规定；钢纤维混凝土抗氯离子渗透性能的等级划分应符合 GB 50164 中 RCM 法的等级划分规定。

2. 产品的性能要求

（1）拌合物性能

① 钢纤维混凝土拌合物性能应符合 GB 50164、GB/T 14902、JGJ/T 10 和 JGJ/T 283 的规定。

② 钢纤维混凝土拌合物性能应满足钢纤维在混凝土拌合物中的均匀性要求，不应出现钢纤维结团现象。

③ 钢纤维混凝土拌合物中水溶性氯离子含量应符合表 6-11 的规定。水溶性氯离子含量试验方法宜符合 JGJ/T 322 的规定，试验用钢纤维混凝土拌合物砂浆试样应去除粗集料及钢纤维。

表 6-11　钢纤维混凝土拌合物中水溶性氯离子含量允许值　JG/T 472—2015

结构形式	环境条件	水溶性氯离子含量[a]（%）
钢筋钢纤维混凝土结构	干燥或有防潮措施的环境	≤0.30
	潮湿但不含氯离子的环境	≤0.10
	潮湿且含有氯离子的环境	≤0.06
	除冰盐等腐蚀环境	≤0.06
预应力钢筋钢纤维混凝土结构	—	≤0.06

a　水溶性氯离子含量是指水溶性氯离子占水泥材料用量的质量百分比。

（2）力学性能

① 钢纤维混凝土的强度、模量、弯曲韧性等力学性能应满足工程设计要求。

② 钢纤维混凝土轴心抗压强度标准值 f_{fck} 应取用同强度等级普通混凝土轴心抗压强度标准值，应符合 GB 50010 的规定。

③ 钢纤维混凝土抗拉强度标准值可按式（6-1）和式（6-2）计算确定：

$$f_{ftk} = f_{tk}(1 + \alpha_t \lambda_f) \tag{6-1}$$

$$\lambda_f = \rho_f l_f / d_f \tag{6-2}$$

式中　f_{ftk}——钢纤维混凝土抗拉强度标准值，单位为兆帕（MPa）；

f_{tk}——混凝土抗拉强度标准值，单位为兆帕（MPa），根据钢纤维混凝土强度等级，取用同强度等级的普通混凝土抗拉强度标准值，应符合 GB 50010 的规定；

l_f——钢纤维长度或等效长度，单位为毫米（mm）；

d_f——钢纤维长度或等效直径，单位为毫米（mm）；

ρ_f——钢纤维体积率；

λ_f——钢纤维含量特征值；

α_t——钢纤维对混凝土抗拉强度的影响系数；宜通过试验确定。当缺乏试验资料时，对于强度等级为 CF20～CF80 的钢纤维混凝土，可按照表 6-12 采用。

表 6-12　钢纤维对混凝土抗拉强度和弯拉强度的影响系数　　JG/T 472—2015

钢纤维品种	钢纤维形状	强度等级	α_t	α_{tm}
冷拉钢丝切断型	端钩形	CF20～CF45	0.76	1.13
		CF50～CF80	1.03	1.25
薄板剪切型	平直形	CF20～CF45	0.42	0.68
		CF50～CF80	0.46	0.75
	异形	CF20～CF45	0.55	0.79
		CF50～CF80	0.63	0.93
钢锭铣削型	异形	CF20～CF45	0.70	0.92
		CF50～CF80	0.84	1.10
低合金钢熔抽型	大头形	CF20～CF45	0.52	0.73
		CF50～CF80	0.62	0.91

④ 钢纤维混凝土弯拉强度标准值可按式（6-3）计算确定：

$$f_{\text{ftmk}} = f_{\text{tmk}}(1 + \alpha_{\text{tm}}\lambda_{\text{f}}) \tag{6-3}$$

式中　f_{ftmk}——钢纤维混凝土弯拉强度标准值，单位为兆帕（MPa）；

f_{tmk}——混凝土弯拉强度标准值，单位为兆帕（MPa），根据钢纤维混凝土强度等级，取用同强度等级的普通混凝土弯拉强度标准值；

α_{tm}——钢纤维对混凝土弯拉强度的影响系数，宜通过试验确定。当缺乏试验资料时，对于强度等级为 CF20～CF80 的钢纤维混凝土，可按照表 6-12 采用。

⑤ 钢纤维混凝土受压和受拉弹性模量以及剪切变形模量，可根据与钢纤维混凝土强度等级相同的普通混凝土强度等级，按 GB 50010 的规定采用；钢纤维混凝土弯拉弹性模量宜通过试验确定。

⑥ 钢纤维混凝土泊松比和线膨胀系数可取与普通混凝土相同值，按 GB 50010 的规定采用。

⑦ 钢纤维混凝土弯拉疲劳强度设计值可根据结构设计使用年限内设计的累积重复作用次数按式（6-4）计算确定：

$$f_{\text{ftm}}^{f} = f_{\text{ftm}}(0.885 - 0.063\lg N_{\text{e}} + 0.12\lambda_{\text{f}}) \tag{6-4}$$

式中　f_{ftm}^{f}——钢纤维混凝土弯拉疲劳强度设计值，单位为兆帕（MPa）；

f_{ftm}——钢纤维混凝土弯拉强度设计值，单位为兆帕（MPa）；

N_{e}——设计使用年限内，钢纤维混凝土结构所经历的累计重复作用次数。

⑧ 强度等级为 CF30～CF55 的喷射钢纤维混凝土弯拉强度标准值应不低于表 6-13 的规定。

表 6-13　喷射钢纤维混凝土弯拉强度标准值　　JG/T 472—2015

强度等级	CF30	CF35	CF40	CF45	CF50	CF55
弯拉强度（MPa）	3.8	4.2	4.4	4.6	4.8	5.0

⑨ 用于结构修复加固的钢纤维混凝土与既有混凝土粘结强度应满足设计要求。用于支护结构或结构加固的喷射钢纤维混凝土与既有混凝土的粘结强度应不低于 1.0MPa，用于非

结构性防护的喷射钢纤维混凝土与既有混凝土的粘结强度应不低于0.5MPa。钢纤维混凝土与既有混凝土粘结强度可根据JG/T 472—2015中附录C的规定确定。

（3）长期性能与耐久性能

① 钢纤维混凝土长期性能和耐久性能应满足设计要求，且应符合GB 50010、GB/T 50476和JGJ/T 193的规定。

② 钢纤维混凝土中氯离子含量和碱含量应满足设计要求，且应符合GB 50010和GB/T 50476的规定。

6.2.3 预拌砂浆

预拌砂浆是指由专业生产厂生产的湿拌砂浆或干混砂浆。湿拌砂浆是指由水泥、细集料、矿物掺合料、外加剂、添加剂和水，按一定比例，在搅拌站经计量、拌制后，运至使用地点，并在规定时间内使用的一类拌合物。干混砂浆是指由水泥、干燥集料或粉料、添加剂以及根据性能确定的其他组分，按一定比例，在专业生产厂经计量、混合而成的混合物，在使用地点按规定比例加水或配套组分拌和及使用的一类拌合物。

预拌砂浆有砌筑砂浆（普通砌筑砂浆、薄层砌筑砂浆）、抹灰砂浆（普通抹灰砂浆、薄层抹灰砂浆）、地面砂浆、防水砂浆等品种。砌筑砂浆是指将砖、石、砌块等块材砌筑成为砌体的一类预拌砂浆。普通砌筑砂浆是指灰缝厚度大于5mm的砌筑砂浆，薄层砌筑砂浆是指灰缝厚度不大于5mm的砌筑砂浆。抹灰砂浆是指涂抹在建（构）筑物表面的一类预拌砂浆。普通抹灰砂浆是指砂浆层厚度大于5mm的抹灰砂浆，薄层抹灰砂浆是指砂浆层厚度不大于5mm的抹灰砂浆。地面砂浆是指用于建筑地面及屋面找平层的一类预拌砂浆。防水砂浆是指用于有抗渗要求部位的一类预拌砂浆。

适用于专业生产厂生产的，用于建筑及市政工程的砌筑、抹灰、地面等工程及其他用途的水泥基预拌砂浆已发布国家标准《预拌砂浆》（GB/T 25181—2010）。

1. 产品的分类和标记

1）分类

（1）湿拌砂浆分类

① 按用途分为湿拌砌筑砂浆、湿拌抹灰砂浆、湿拌地面砂浆和湿拌防水砂浆，并采用表6-14的代号。

表6-14 湿拌砂浆代号 GB/T 25181—2010

品种	湿拌砌筑砂浆	湿拌抹灰砂浆	湿拌地面砂浆	湿拌防水砂浆
代号	WM	WP	WS	WW

② 按强度等级、抗渗等级、稠度和凝结时间的分类应符合表6-15的规定。

表6-15 湿拌砂浆分类 GB/T 25181—2010

项目	湿拌砌筑砂浆	湿拌抹灰砂浆	湿拌地面砂浆	湿拌防水砂浆
强度等级	M5、M7.5、M10、M15、M20、M25、M30	M5、M10、M15、M20	M15、M20、M25	M10、M15、M20
抗渗等级	—	—	—	P6、P8、P10

续表

项目	湿拌砌筑砂浆	湿拌抹灰砂浆	湿拌地面砂浆	湿拌防水砂浆
稠度（mm）	50、70、90	70、90、110	50	50、70、90
凝结时间（h）	≥8、≥12、≥24	≥8、≥12、≥24	≥4、≥8	≥8、≥12、≥24

（2）干混砂浆分类

① 按用途分为干混砌筑砂浆、干混抹灰砂浆、干混地面砂浆、干混普通防水砂浆、干混陶瓷砖粘结砂浆、干混界面砂浆、干混保温板粘结砂浆、干混保温板抹面砂浆、干混聚合物水泥防水砂浆、干混自流平砂浆、干混耐磨地坪砂浆和干混饰面砂浆，并采用表 6-16 的代号。

表 6-16　干混砂浆代号　　GB/T 25181—2010

品种	干混砌筑砂浆	干混抹灰砂浆	干混地面砂浆	干混普通防水砂浆	干混陶瓷砖粘结砂浆	干混界面砂浆
代号	DM	DP	DS	DW	DTA	DIT
品种	干混保温板粘结砂浆	干混保温板抹面砂浆	干混聚合物水泥防水砂浆	干混自流平砂浆	干混耐磨地坪砂浆	干混饰面砂浆
代号	DEA	DBI	DWS	DSL	DFH	DDR

② 干混砌筑砂浆、干混抹灰砂浆、干混地面砂浆和干混普通防水砂浆按强度等级、抗渗等级的分类应符合表 6-17 的规定。

表 6-17　干混砂浆分类　　GB/T 25181—2010

项目	干混砌砌砂浆		干混抹灰砂浆		干混地面砂浆	干混普通防水砂浆
	普通砌筑砂浆	薄层砌筑砂浆	普通抹灰砂浆	薄层抹灰砂浆		
强度等级	M5、M7.5、M10、M15、M20、M25、M30	M5、M10	M5、M10、M15、M20	M5、M10	M15、M20、M25	M10、M15、M20
抗渗等级	—	—	—	—	—	P6、P8、P10

2）标记

（1）湿拌砂浆的标记

① 标记

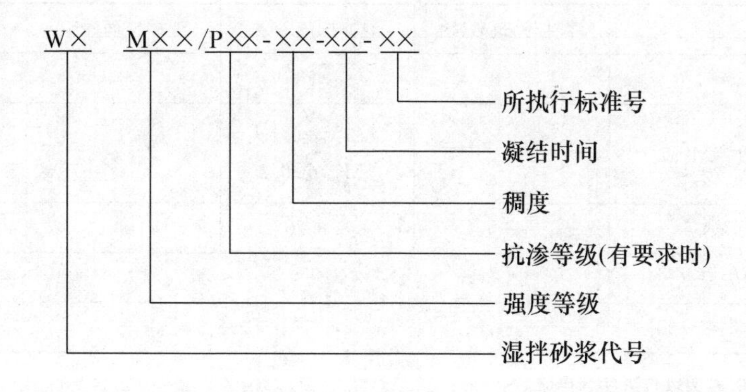

② 标记示例

示例1：

湿拌砌筑砂浆的强度等级为M10，稠度为70mm，凝结时间为12h，其标记为：WM M10-70-12-GB/T 25181—2010。

示例2：

湿拌防水砂浆的强度等级为M15，抗渗等级为P8，稠度为70mm，凝结时间为12h，其标记为：WW M15/P8-70-12-GB/T 25181—2010。

（2）干混砂浆的标记

① 标记

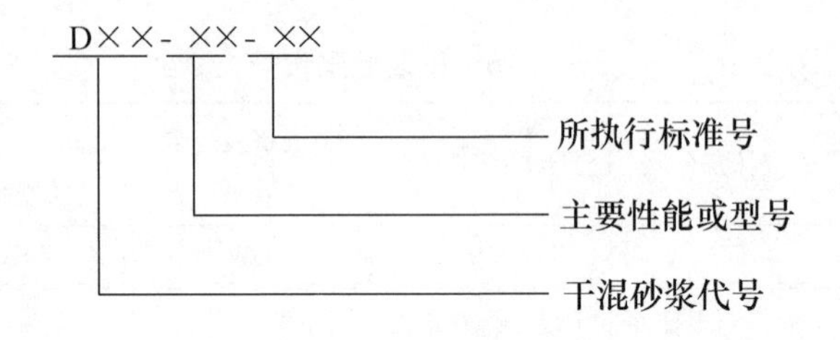

② 标记示例

示例1：

干混砌筑砂浆的强度等级为M10，其标记为：DM M10-GB/T 25181—2010。

示例2：

用于混凝土界面处理的干混界面砂浆的标记为：DIT-C-GB/T 25181—2010。

2. 产品的技术性能要求

（1）湿拌砂浆

① 湿拌砌筑砂浆的砌体力学性能应符合GB 50003的规定，湿拌砌筑砂浆拌合物的表观密度不应小于1800kg/m³。

② 湿拌砂浆的性能应符合表6-18的规定。

③ 湿拌砂浆的抗压强度应符合表6-19的规定。

④ 湿拌防水砂浆的抗渗压力应符合表6-20的规定。

⑤ 湿拌砂浆稠度实测值与合同规定的稠度值之差应符合表6-21的规定。

表6-18　湿拌砂浆的性能指标　　GB/T 25181—2010

项目		湿拌砌筑砂浆	湿拌抹灰砂浆	湿拌地面砂浆	湿拌防水砂浆
保水率（%）		≥88	≥88	≥88	≥88
14d拉伸粘结强度（MPa）		—	M5：≥0.15 >M5：≥0.20	—	≥0.20
28d收缩率（%）		—	≤0.20	—	≤0.15
抗冻性[a]	强度损失率（%）	≤25			
	质量损失率（%）	≤5			

a　有抗冻性要求时，应进行抗冻性试验。

表 6-19 预拌砂浆的抗压强度 GB/T 25181—2010

强度等级	M5	M7.5	M10	M15	M20	M25	M30
28d 抗压强度（MPa）	≥5.0	≥7.5	≥10.0	≥15.0	≥20.0	≥25.0	≥30.0

表 6-20 预拌砂浆的抗渗压力 GB/T 25181—2010

抗渗等级	P6	P8	P10
28d 抗渗压力（MPa）	≥0.6	≥0.8	≥1.0

表 6-21 湿拌砂浆稠度的允许偏差

规定稠度（mm）	允许偏差（mm）
50、70、90	±10
110	−10～+5

（2）干混砂浆

① 外观

粉状产品应均匀、无结块。

双组分产品液料组分经搅拌后应呈均匀状态、无沉淀；粉料组分应均匀、无结块。

② 干混砌筑砂浆的砌体力学性能应符合 GB 50003 的规定，干混普通砌筑砂浆拌合物的表观密度不应小于 1800kg/m^3。

③ 干混砌筑砂浆、干混抹灰砂浆、干混地面砂浆、干混普通防水砂浆的性能应符合表 6-22的规定。

表 6-22 干混砂浆的性能指标 GB/T 25181—2010

项目		干混砌筑砂浆		干混抹灰砂浆		干混地面砂浆	干混普通防水砂浆
		普通砌筑砂浆	薄层砌筑砂浆[a]	普通抹灰砂浆	薄层抹灰砂浆[a]		
保水率（%）		≥88	≥99	≥88	≥99	≥88	≥88
凝结时间（h）		3～9	—	3～9	—	3～9	3～9
2h 稠度损失率（%）		≤30	—	≤30	—	≤30	≤30
14d 拉伸粘结强度（MPa）		—	—	M5：≥0.15 >M5：≥0.20	≥0.30	—	≥0.20
28d 收缩率（%）		—	—	≤0.20	≤0.20	—	≤0.15
抗冻性[b]	强度损失率（%）	≤25					
	质量损失率（%）	≤5					

a 干混薄层砌筑砂浆宜用于灰缝厚度不大于 5mm 的砌筑；干混薄层抹灰砂浆宜用于砂浆层厚度不大于 5mm 的抹灰。

b 有抗冻性要求时，应进行抗冻性试验。

④ 干混砌筑砂浆、干混抹灰砂浆、干混地面砂浆、干混普通防水砂浆的抗压强度应符合表 6-19 的规定；干混普通防水砂浆的抗渗压力应符合表 6-20 的规定。

⑤ 干混陶瓷砖粘结砂浆的性能应符合表 6-23 的规定。

表 6-23 干混陶瓷砖粘结砂浆的性能指标 GB/T 25181—2010

项目		性能指标	
		I（室内）	E（室外）
拉伸粘结强度（MPa）	常温常态	≥0.5	≥0.5
	晾置时间，20min	≥0.5	≥0.5
	耐水	≥0.5	≥0.5
	耐冻融	—	≥0.5
	耐热	—	≥0.5
压折比		—	≤3.0

⑥ 干混界面砂浆的性能应符合表 6-24 的规定。

表 6-24 干混界面砂浆的性能指标 GB/T 25181—2010

项目		性能指标			
		C（混凝土界面）	AC（加气混凝土界面）	EPS（模塑聚苯板界面）	XPS（挤塑聚苯板界面）
拉伸粘结强度（MPa）	常温常态，14d	≥0.5	≥0.3	≥0.10	≥0.20
	耐水				
	耐热				
	耐冻融				
晾置时间（min）		—	≥10	—	—

⑦ 干混保温板粘结砂浆的性能应符合表 6-25 的规定。

表 6-25 干混保温板粘结砂浆性能指标 GB/T 25181—2010

项目		EPS（模塑聚苯板）	XPS（挤塑聚苯板）
拉伸粘结强度（MPa）（与水泥砂浆）	常温常态	≥0.60	≥0.60
	耐水	≥0.40	≥0.40
拉伸粘结强度（MPa）（与保温板）	常温常态	≥0.10	≥0.20
	耐水		
可操作时间（h）		1.5～4.0	

⑧ 干混保温板抹面砂浆的性能应符合表 6-26 的规定。

表 6-26 干混保温板抹面砂浆性能指标 GB/T 25181—2010

项目		EPS（模塑聚苯板）	XPS（挤塑聚苯板）
拉伸粘结强度（MPa）（与保温板）	常温常态	≥0.10	≥0.20
	耐水		
	耐冻融		
柔韧性[a]	抗冲击（J）	≥3.0	
	压折比	≤3.0	

续表

项目	EPS（模塑聚苯板）	XPS（挤塑聚苯板）
可操作时间（h）	1.5～4.0	
24h吸水量（g/m²）	≤500	

a　对于外墙外保温采用钢丝网做法时，柔韧性可只检测压折比。

⑨ 干混聚合物水泥防水砂浆的性能应符合JC/T 984的规定。

⑩ 干混自流平砂浆的性能应符合JC/T 985的规定。

⑪ 干混耐磨地坪砂浆的性能应符合JC/T 906的规定。

⑫ 干混饰面砂浆的性能应符合JC/T 1024的规定。

6.2.4　聚合物水泥防水砂浆

聚合物水泥防水砂浆简称JF防水砂浆，是指以水泥、细集料为主要组分，以聚合物乳液或可再分散乳胶粉为改性剂，添加适量助剂混合制成的一类防水砂浆。适用于建筑工程用的聚合物水泥防水砂浆已发布建材行业标准《聚合物水泥防水砂浆》（JC/T 984—2011）。

1. 产品的分类和标记

产品按其组分的不同分为单组分（S类）和双组分（D类）两类。单组分（S类）是由水泥、细集料和可再分散乳胶粉、添加剂等组成；双组分（D类）是由粉料（水泥、细集料等）和液料（聚合物乳液、添加剂等）组成。

产品按其物理力学性能的不同分为Ⅰ型和Ⅱ型两种。

产品按其名称、类型、标准编号顺序标记。

示例：

符合JC/T 984—2011，单组分，Ⅰ型聚合物水泥防水砂浆标记为：JF防水砂浆 S Ⅰ JC/T 984—2011。

2. 产品的技术性能要求

（1）一般要求

本标准包括产品的生产与使用不应对人体、生物与环境造成有害的影响，所涉及与使用有关的安全和环保要求应符合相关国家标准和规范的规定。

（2）技术要求

① 外观：液体经搅拌后均匀无沉淀；粉料为均匀、无结块的粉末。

② 聚合物水泥防水砂浆的物理力学性能应符合表6-27的要求。

表6-27　聚合物水泥防水砂浆的物理力学性能　　JC/T 984—2011

序号	项目				技术指标	
					Ⅰ型	Ⅱ型
1	凝结时间[a]	初凝（min）	≥		45	
		终凝（h）	≤		24	
2	抗渗压力[b]（MPa）	涂层试件	≥	7d	0.4	0.5
		砂浆试件	≥	7d	0.8	1.0
				28d	1.5	1.5

续表

序号	项目			技术指标	
				Ⅰ型	Ⅱ型
3	抗压强度（MPa）		≥	18.0	24.0
4	抗压强度（MPa）		≥	6.0	8.0
5	柔韧性（横向变形能力）(mm)		≥	1.0	
6	粘结强度（MPa）	≥	7d	0.8	1.0
			28d	1.0	1.2
7	耐碱性			无开裂、剥落	
8	耐热性			无开裂、剥落	
9	耐冻性			无开裂、剥落	
10	收缩率（%）		≤	0.30	0.15
11	吸水率（%）		≤	6.0	4.0

a 凝结时间可根据用户需要及季节变化进行调整。

b 当产品使用的厚度不大于5mm时测定涂层试件抗渗压力；当产品使用的厚度大于5mm时测定砂浆试件抗渗压力。也可根据产品用途，选择测定涂层或砂浆试件的抗渗压力。

6.2.5 聚合物水泥防水浆料

聚合物水泥防水浆料是指以水泥、细集料为主要组分，聚合物和添加剂等为改性材料按适当配比混合制成的，具有一定柔性的一类防水浆料（简称JJ防水浆料）。适用于建筑工程用的聚合物水泥防水浆料已发布建材行业标准《聚合物水泥防水浆料》(JC/T 2090—2011)。

1. 产品的分类和标记

(1) 产品的分类

产品按组分的不同分为单组分（S类）和双组分（D类）。单组分（S类）是由水泥、细集料和可再分散乳胶粉、添加剂等组成；双组分（D类）是由粉料（水泥、细集料等）和液料（聚合物乳液、添加剂等）组成。

产品按其物理力学性能的不同分为Ⅰ型（通用型）和Ⅱ型（柔韧型）两类。

(2) 产品的标记

产品按名称、类型、标准编号的顺序标记。

示例：

符合JC/T 2090—2011、单组分、Ⅰ型聚合物水泥防水浆料标记为：JJ防水浆料 S Ⅰ JC/T 2090—2011。

2. 产品的技术性能要求

(1) 一般要求

本标准包括产品的生产与使用不应对人体、生物与环境造成有害的影响，所涉及与使用有关的安全和环保要求应符合相关国家标准和规范的规定。

(2) 技术要求

① 外观：液料经搅拌后为均匀、无沉淀液体；粉料为均匀、无结块粉末。

② 聚合物水泥防水浆料的物理力学性能应符合表6-28的要求。

表6-28　聚合物水泥防水浆料的物理力学性能　　JC/T 2090—2011

序号	试验项目			技术指标	
				Ⅰ型	Ⅱ型
1	干燥时间[a]（h）	表干时间	≤	4	
		实干时间	≤	8	
2	抗渗压力（MPa）		≥	0.5	1.0
3	不透水性（0.3MPa，30min）			—	不透水
4	柔韧性	横向变形能力（mm）	≥	2.0	—
		弯折性		—	无裂纹
5	粘结强度（MPa）	无处理	≥	0.7	
		潮湿基层	≥	0.7	
		碱处理	≥	0.7	
		浸水处理	≥	0.7	
6	抗压强度（MPa）		≥	12.0	—
7	抗折强度（MPa）		≥	4.0	—
8	耐碱性			无开裂、剥落	
9	耐热性			无开裂、剥落	
10	抗冻性			无开裂、剥落	
11	收缩率（%）		≤	0.3	—

a　干燥时间项目可根据用户需要及季节变化进行调整。

6.2.6　修补砂浆

修补砂浆是指由水泥、矿物掺合料、细集料、添加剂等按适当比例组成，使用时需与一定比例的水或者其他液料搅拌均匀，用于构筑物及建筑物修补的一类水泥砂浆。适用于构筑物及建筑物修补使用的水泥基修补砂浆已发布建材行业标准《修补砂浆》（JC/T 2381—2016）。

1. 产品的分类和标记

（1）产品的分类

按照产品的变形能力可分为柔性修补砂浆（F）和刚性修补砂浆（R）。

按照产品的功能可分为普通型（N）、防水型（W）、耐腐蚀型（C）、耐磨型（A）、快凝型（Q）和自密实型（S）。

（2）产品的标记

按产品名称、标准编号和产品分类的顺序标记。

示例1：

防水型刚性修补砂浆标记为：修补砂浆 JC/T 2381—2016WR。

示例2：

快凝防水型柔性修补砂浆标记为：修补砂浆 JC/T 2381—2016 QWF。

2. 产品的技术性能要求

(1) 一般要求

本标准包含的产品不应对人体、生物与环境造成有害影响，所涉及与生产、使用有关的安全与环保要求应符合我国相关国家标准和规范的规定。

(2) 技术要求

① 修补砂浆的基本性能应符合表 6-29 的规定。

表 6-29　修补砂浆的基本性能要求　　JC/T 2381—2016

序号	项目		技术指标	
			普通柔性修补砂浆（NF）	普通刚性修补砂浆（NR）
1	抗压强度（MPa）	28d	≥20.0	≥30，且高于基体强度
2	抗折强度（MPa）	28d	≥5.0	≥6.0
3	压折比	28d	≤4.0	≤7.0
4	拉伸粘结强度（MPa）	未处理（14d）	≥0.80	≥1.00
		浸水	≥0.70	≥0.90
		热老化[a]	≥0.60	≥0.70
		25 次冻融循环[a]	≥0.60	≥0.70
5	干缩率（%）	28d	≤0.10	
6	界面弯拉强度（MPa）		≥1.50	≥2.0
7	氯离子含量[b]（%）		—	≤0.06

a　室内修补可不测此指标。

b　对无钢筋的修补，可不测此指标。

② 功能修补砂浆除应满足表 6-29 的规定外，还应符合表 6-30 相对应的指标要求。

表 6-30　修补砂浆的功能性指标要求　　JC/T 2381—2016

序号	分类	项目		技术指标
1	防水型（W）	抗渗压力[a]（MPa）	28d	≥1.5，且高于基体抗渗强度
		吸水量（kg/m²）	6h	≤1.20
			72h	≤2.00
2	耐腐蚀型（C）	抗蚀系数（K）		≥0.85
		膨胀系数（E）		≤1.50
3	耐磨型（A）	耐磨性（g）	28d	≤0.50
4	快凝型（Q）	凝结时间（min）	初凝	≤30
			终凝	≤50
		抗压强度（MPa）	6h	≥15.0
			24h	≥20.0
		拉伸粘结强度（MPa）	未处理（1d）	≥0.6
5	自密实型（S）	流动度（mm）	初始流动度	≥260
			20min 流动度保留值	≥230
		抗压强度（MPa）	24h	≥20.0

a　对无水压要求的修补，可不测此指标。

6.2.7　混凝土结构修复用聚合物水泥砂浆

混凝土结构修复用聚合物水泥砂浆（代号 PCMR）是指由聚合物、水泥、细集料、添加剂等为主要原材料，按适当配比制备而成用于混凝土结构修复的一类砂浆材料。适用于混凝土结构修复用聚合物水泥砂浆已发布建筑工业行业标准《混凝土结构修复用聚合物水泥砂浆》（JG/T 336—2011）。

1. 产品的分类和标记

（1）产品的分类

产品按所用聚合物的状态分为Ⅰ类和Ⅱ类。Ⅰ类由水泥、细集料、聚合物干粉和添加剂等组成；Ⅱ类由水泥、细集料、聚合物乳液和添加剂等组成。

产品按物理力学性能分为 A 型、B 型和 C 型。A 型适用于承重混凝土结构的加固和修复；B 型适用于承重混凝土结构的修复；C 型适用于非承重混凝土结构的修复。

（2）产品的标记

产品按名称、类别、标准号的顺序标记。

示例：

Ⅰ类 A 型混凝土结构修复用聚合物水泥砂浆，标记为：PCMR ⅠA JG/T 336—2011。

2. 产品的技术性能要求

（1）原材料

① 水泥应符合 GB 175 或 GB 20472 的规定。

② 集料应符合 GB/T 14684 的规定。

③ 添加剂应符合 GB 8076 的规定。

④ 聚合物乳液应符合 GB 20623 的规定。

⑤ 聚合物干粉应符合表 6-31 的规定。

表 6-31　聚合物干粉性能　　JG/T 336—2011

项目	指标	试验方法
外观	无结块粉末	用玻璃棒将试样薄而均匀地覆盖在干净的玻璃板表面上，且玻璃板放置于白纸上，用视觉检验粗粒、外来物和凝固物的外观
不挥发物含量（%）	≥98.0	GB/T 8077—2000 第 4 章
灰分（%）	≤12.0	GB 7531

（2）外观

① Ⅰ类产品应均匀一致、无结块。

② Ⅱ类产品液料无沉淀，粉料均匀、无结块。

（3）物理力学性能

产品的物理力学性能应符合表 6-32 的规定。

表 6-32　物理力学性能　　JG/T 336—2011

<table>
<tr><th rowspan="2">序号</th><th colspan="3" rowspan="2">项目</th><th colspan="3">技术指标</th></tr>
<tr><th>A型</th><th>B型</th><th>C型</th></tr>
<tr><td rowspan="2">1</td><td colspan="2" rowspan="2">凝结时间</td><td>初凝（min）</td><td>≥45</td><td>≥45</td><td>≥45</td></tr>
<tr><td>终凝（h）</td><td>≤12</td><td>≤12</td><td>≤12</td></tr>
<tr><td rowspan="2">2</td><td colspan="2" rowspan="2">抗压强度（MPa）</td><td>7d</td><td>≥30.0</td><td>≥18.0</td><td>≥10.0</td></tr>
<tr><td>28d</td><td>≥45.0</td><td>≥35.0</td><td>≥15.0</td></tr>
<tr><td rowspan="2">3</td><td colspan="2" rowspan="2">抗折强度（MPa）</td><td>7d</td><td>≥6.0</td><td>≥6.0</td><td>≥4.0</td></tr>
<tr><td>28d</td><td>≥12.0</td><td>≥10.0</td><td>≥6.0</td></tr>
<tr><td rowspan="3">4</td><td rowspan="3">拉伸粘结强度（MPa）</td><td>未处理</td><td>28d</td><td>≥2.00</td><td>≥1.50</td><td>≥1.00</td></tr>
<tr><td>浸水</td><td>28d</td><td>≥1.50</td><td>≥1.00</td><td>≥0.80</td></tr>
<tr><td>25 次冻融循环</td><td>28d</td><td>≥1.50</td><td>≥1.00</td><td>≥0.80</td></tr>
<tr><td>5</td><td colspan="2">收缩率（%）</td><td>28d</td><td colspan="3">≤0.10</td></tr>
</table>

注：对有早强要求的混凝土修复工程，凝结时间由供需双方另行确定。

6.2.8　无震动防滑车道用聚合物水泥基材料

无震动防滑车道用聚合物水泥基材料是指以水泥、细集料、适量助剂为粉料组分，以聚合物乳液与适量助剂为液料组分所组成的一类双组分刚性防水材料。

适用于无震动防滑车道用聚合物水泥基材料已发布建材行业标准《无震动防滑车道用聚合物水泥基材料》（JC/T 2237—2014）。

1. 产品的分类和标记

产品按用途可分为面涂（Ⅰ型）、中涂（Ⅱ型）、底涂（Ⅲ型）。

产品按名称、类别、标准号的顺序标记。

示例：

Ⅰ型面层无震动防滑车道用聚合物水泥基材料标记为：防滑车道用材料 Ⅰ JC/T 2237—2014。

2. 产品的技术性能要求

（1）原材料要求

① 水泥应符合 GB 175 的规定。

② 细集料应符合 GB/T 14684 的规定。

③ 聚合物乳液应符合 JC/T 1017 的规定。

④ 外加剂应符合 GB 8076 或 JC 474 的规定。

（2）安全与环保要求

本标准包括产品的生产与使用不应对人体、生物与环境造成有害的影响，所涉及与使用有关的安全和环保要求应符合相关国家标准和规范的规定。

（3）技术要求

① 外观：粉料为均匀、无结块的粉末；液料经搅拌 30s 后，均匀无沉淀。

② 物理力学性能应符合表 6-33 的规定。

表 6-33　物理力学性能　　JC/T 2237—2014

序号	项目			技术指标		
				Ⅰ型	Ⅱ型	Ⅲ型
1	施工性	加水搅拌后		刮涂无障碍		
		60min		刮涂无障碍		
2	抗压强度（28d）（MPa）		≥	45.0	45.0	50.0
3	抗折强度（28d）（MPa）		≥	8.0	8.0	10.0
4	粘结强度（MPa）		≥	1.0	1.2	1.5
5	吸水率（%）		≤	3.0		
6	抗冻性（25 个循环）			不起泡、无开裂、剥落		
7	耐热性（80℃）			不起泡、无开裂、剥落		
8	耐磨性（750g，500r）（g）		≤	0.35	—	—
9	防滑性能（28d）	摆式仪摩擦系数 *BPN*	≥	55	—	—
		构造深度（mm）	≥	1.0	—	—

6.2.9　低热微膨胀水泥

低热微膨胀水泥代号 LHEC，是指以粒化高炉矿渣为主要成分，加入适量硅酸盐水泥熟料和石膏，磨细制成的具有低水化热和微膨胀性能的一类水硬性胶凝材料。已发布适用于低热微膨胀水泥的生产、检验和验收的国家标准《低热微膨胀水泥》（GB 2938—2008）。

1. 产品的强度等级

低热微膨胀水泥的强度等级为 32.5 级。

2. 产品的技术性能要求

（1）三氧化硫：三氧化硫含量（质量分数）应为 4.0%～7.0%。

（2）比表面积：比表面积不得小于 300m^2/kg。

（3）凝结时间：初凝不得早于 45min，终凝不得迟于 12h，也可由生产单位和使用单位商定。

（4）安定性：沸煮法检验应合格。

（5）强度：水泥各龄期的抗压强度和抗折强度应不低于表 6-34 的数值。

（6）水化热：水泥的各龄期水化热应不大于表 6-35 的数值。

（7）线膨胀率：线膨胀率应符合以下要求：

① 1d不得小于0.05%；

② 7d不得小于0.10%；

③ 28d不得大于0.60%。

（8）氯离子：水泥的氯离子含量（质量分数）不得大于0.06%。

（9）碱含量：碱含量由供需双方商定。碱含量（质量分数）按Na_2O+0.658K_2O计算值表示。

表6-34　水泥的等级与各龄期强度　GB 2938—2008

强度等级	抗折强度（MPa）		抗压强度（MPa）	
	7d	28d	7d	28d
32.5	5.0	7.0	18.0	32.5

表6-35　水泥的各龄期水化热　GB 2938—2008

强度等级	水化热（kJ/kg）	
	3d	7d
32.5	185	220

6.2.10　明矾石膨胀水泥

明矾石膨胀水泥代号A·EC，是指以硅酸盐水泥熟料为主，铝质熟料、石膏和粒化高炉矿渣（或粉煤灰），按适当比例磨细制成的，具有膨胀性能的一类水硬性胶凝材料。明矾石膨胀水泥主要用于补偿收缩混凝土结构工程，防渗抗裂混凝土工程、补强和防渗抹面工程、大口径混凝土排水管以及接缝、梁柱和管道接头，固接机械底座和地脚螺栓等。已发布建材行业标准《明矾石膨胀水泥》（JC/T 311—2004）。

1. 产品的强度等级

明矾石膨胀水泥分为32.5、42.5、52.5三个等级。

2. 产品的技术性能要求

（1）三氧化硫：明矾石膨胀水泥中硫酸盐含量以三氧化硫计应不大于8.0%。

（2）比表面积：明矾石膨胀水泥比表面积应不小于400m^2/kg。

（3）凝结时间：初凝不早于45min，终凝不迟于6h。

（4）强度：各强度等级水泥的各龄期强度应不低于表6-36数值。

（5）限制膨胀率：3d应不小于0.015%；28d应不大于0.10%。

（6）不透水性：3d不透水性应合格。

（7）碱含量：碱含量由供需双方商定。当水泥在混凝土中和集料可能发生有害反应并经用户提出碱要求时，明矾石膨胀水泥中碱的含量以R_2O（Na_2O+0.658K_2O）当量计应不大于0.60%。

表6-36　水泥的等级与各龄期强度　　JC/T 311—2004

强度等级	抗压强度（MPa）			抗折强度（MPa）		
	3d	7d	28d	3d	7d	28d
32.5	13.0	21.0	32.5	3.0	4.0	6.0
42.5	17.0	27.0	42.5	3.5	5.0	7.5
52.5	23.0	33.0	52.5	4.0	5.5	8.5

6.2.11　用于水泥、砂浆和混凝土中的粒化高炉矿渣粉

粒化高炉矿渣粉是指以粒化高炉矿渣为原料，可掺加少量天然石膏，磨制成一定细度的一类粉体。适用于作水泥混合材、砂浆和混凝土掺合料的粒化高炉矿渣粉已发布国家标准《用于水泥、砂浆和混凝土中的粒化高炉矿渣粉》（GB/T 18046—2017）。

1. 组分与材料

（1）矿渣：符合GB/T 203规定的粒化高炉矿渣。

（2）天然石膏：符合GB/T 5483规定的G类或M类二级（含）以上的石膏或混合石膏。

（3）助磨剂：符合GB/T 26748的规定，其加入量不超过矿渣粉质量的0.5%。

2. 技术要求

矿渣粉应符合表6-37的规定。

表6-37　矿渣粉的技术要求　　GB/T 18046—2017

项目		级别		
		S105	S95	S75
密度（g/cm³）		≥2.8		
比表面积（m²/kg）		≥500	≥400	≥300
活性指数（%）	7d	≥95	≥70	≥55
	28d	≥105	≥95	≥75
流动度比（%）		≥95		
初凝时间比（%）		≤200		
含水量（质量分数）（%）		≤1.0		
三氧化硫（质量分数）（%）		≤4.0		
氯离子（质量分数）（%）		≤0.06		
烧失量（质量分数）（%）		≤1.0		
不溶物（质量分数）（%）		≤3.0		

续表

项目	级别		
	S105	S95	S75
玻璃体含量（质量分数）（%）	≥85		
放射性	I_{Ra}≤1.0 且 I_r≤1.0		

6.2.12　混凝土外加剂

混凝土外加剂是指混凝土中除胶凝材料、集料、水和纤维组分以外，在混凝土拌制之前或拌制过程中加入的，用以改善新拌混凝土和（或）硬化混凝土性能，对人、生物及环境安全无有害影响的一类材料。

混凝土外加剂按其使用功能分为：改善混凝土拌合物流变性能的外加剂（如各种减水剂和泵送剂等）；调节混凝土凝结时间、硬化过程的外加剂（如缓凝剂、早强剂、促凝剂和速凝剂等）；改善混凝土耐久性的外加剂（如引气剂、防水剂和阻锈剂等）；改善混凝土其他性能的外加剂（如膨胀剂、防冻剂和着色剂等）。

常用的外加剂有减水剂、引气剂、早强剂、泵送剂、缓凝剂、防冻剂、速凝剂、膨胀剂、阻锈剂等。

适用于高性能减水剂（早强型、标准型、缓凝型）、高效减水剂（标准型、缓凝型）、普通减水剂（早强型、标准型、缓凝型）、引气减水剂、泵送剂、早强剂、缓凝剂及引气剂八类用于水泥混凝土中的混凝土外加剂已发布国家标准《混凝土外加剂》（GB 8076—2008）。

1. 产品的代号

采用以下代号表示下列各种外加剂的类型：

（1）早强型高性能减水剂：HPWR-A。

（2）标准型高性能减水剂：HPWR-S。

（3）缓凝型高性能减水剂：HPWR-R。

（4）标准型高效减水剂：HWR-S。

（5）缓凝型高效减水剂：HWR-R。

（6）早强型普通减水剂：WR-A。

（7）标准型普通减水剂：WR-S。

（8）缓凝型普通减水剂：WR-R。

（9）引气减水剂：AEWR。

（10）泵送剂：PA。

（11）早强剂：Ac。

（12）缓凝剂：Re。

（13）引气剂：AE。

2. 产品的技术性能要求

掺外加剂混凝土的性能应符合表 6-38 的要求；匀质性指标应符合表 6-39 的要求。

表 6-38 受检混凝土性能指标 GB 8076—2008

项目		外加剂品种												
		高性能减水剂 HPWR			高效减水剂 HWR		普通减水剂 WR			引气减水剂 AEWR	泵送剂 PA	早强剂 Ac	缓凝剂 Re	引气剂 AE
		早强型 HPWR-A	标准型 HPWR-S	缓凝型 HPWR-R	标准型 HWR-S	缓凝型 HWR-R	早强型 WR-A	标准型 WR-S	缓凝型 WR-R					
减水率（%），不小于		25	25	25	14	14	8	8	8	10	12	—	—	6
泌水率比（%），不大于		50	60	70	90	100	95	100	100	70	70	100	100	70
含气量（%）		≤6.0	≤6.0	≤6.0	≤3.0	≤4.5	≤4.0	≤4.0	≤5.5	≥3.0	≤5.5	—	—	≥3.0
凝结时间之差（min）	初凝	−90～+90	−90～+120	>+90	−90～+120	>+90	−90～+90	−90～+120	>+90	−90～+120	—	−90～+90	>+90	−90～+120
	终凝			—		—			—			—	—	
1h经时变化量	坍落度（mm）	—	≤80	≤60	—	—	—	—	—	—	≤80	—	—	—
	含气量（%）	—	—	—						−1.5～+1.5	—			−1.5～14.5
抗压强度比（%），不小于	1d	180	170	—	140	—	135	—	—	—	—	135	—	—
	3d	170	160	—	130	—	130	115	—	115	—	130	—	95
	7d	145	150	140	125	125	110	115	110	110	115	110	100	95
	28d	130	140	130	120	120	100	110	110	100	110	100	100	90
收缩率比（%），不大于	28d	110	110	110	135	135	135	135	135	135	135	135	135	135
相对耐久性（200次）（%），不小于		—	—	—	—	—	—	—	—	80	—	—	—	80

注：1. 表中抗压强度比、收缩率比、相对耐久性为强制性指标，其余为推荐性指标。
2. 除含气量和相对耐久性外，表中所列数据为掺外加剂混凝土与基准混凝土的差值或比值。
3. 凝结时间之差性能指标中的“−”号表示提前，“+”号表示延缓。
4. 相对耐久性（200次）性能指标中的“≥80”表示将28d龄期的受检混凝土试件快速冻融循环200次后，动弹性模量保留值≥80%。
5. 1h含气量经时变化量指标中的“−”号表示含气量增加，“+”号表示含气量减少。
6. 其他品种的外加剂是否需要测定相对耐久性指标，由供、需双方协商确定。
7. 当用户对泵送剂等产品有特殊要求时，需要进行的补充试验项目、试验方法及指标，由供需双方协商决定。

表 6-39　匀质性指标　　GB 8076—2008

项目	指标
氯离子含量（%）	不超过生产厂控制值
总碱量（%）	不超过生产厂控制值
含固量（%）	$S>25\%$时，应控制在 $0.95S\sim1.05S$； $S>25\%$时，应控制在 $0.90S\sim1.10S$
含水率（%）	$W>5\%$时，应控制在 $0.90W\sim1.10W$； $W\leqslant5\%$时，应控制在 $0.80W\sim1.20W$
密度（g/cm^3）	$D>1.1$ 时，应控制在 $D\pm0.03$； $D\leqslant1.1$ 时，应控制在 $D\pm0.02$
细度	应在生产厂控制范围内
pH 值	应在生产厂控制范围内
硫酸钠含量（%）	不超过生产厂控制值

注　1. 生产厂应在相关的技术资料中明示产品匀质性指标的控制值。

2. 对相同和不同批次之间的匀质性和等效性的其他要求，可由供需双方商定。

3. 表中的 S、W 和 D 分别为含固量、含水率和密度的生产厂控制值。

6.2.13　聚羧酸系高性能减水剂

聚羧酸系高性能减水剂是指以羧基不饱和单体和其他单体合成的聚合物为母体的一类减水剂。适用于在水泥混凝土用聚羧酸系高性能减水剂已发布建筑工业行业标准《聚羧酸系高性能减水剂》（JG/T 223—2017）。

1. 产品的分类和标记

（1）产品的分类

① 按产品类型分类见表 6-40。

表 6-40　聚羧酸系高性能减水剂的类型　　JG/T 223—2017

名称	代号
标准型	S
早强型	A
缓凝型	R
缓释型	SR
减缩型	RS
防冻型	AF

② 按产品形态分类见表 6-41。

表 6-41　聚羧酸系高性能减水剂的形态　　JG/T 223—2017

名称	代号
液体	L
粉体	P

（2）产品的标记

聚羧酸系高性能减水剂按产品代号（PCE）、类型、形态和标准编号的顺序标记。

示例：

液态的防冻型聚羧酸系高性能减水剂标记为：PCE-AF-L-JG/T 223-2017。

2. 产品的技术性能要求

（1）一般要求

① 原材料

水泥、砂、石、水符合 GB 8076 的规定，减水剂为需要检测的聚羧酸系高性能减水剂。

② 配合比

按照 JGJ 55 进行基准混凝土的配合比设计，受检混凝土和基准混凝土的水泥、砂、石的比例相同。配合比设计应符合以下规定：

——水泥用量：360kg/m^3；

——砂率：43%～47%；

——聚羧酸系高性能减水剂掺量：采用聚羧酸系高性能减水剂生产厂的指定掺量；

——用水量：掺缓释型产品的受检混凝土的初始坍落度应控制在（120±10)mm，掺其他类型产品的受检混凝土的初始坍落度均应控制在（210±10)mm，基准混凝土的初始坍落度应控制在（210±10)mm，用水量为基准混凝土及受检混凝土初始坍落度达相应控制值时的最小用水量；用水量包括液体减水剂、砂、石材料中所含的水量。

③ 混凝土搅拌

按 GB 8076 的规定进行。

④ 试件制作

掺防冻型产品的混凝土试件制作按 JG/T 377 的规定进行，掺其他类型产品的混凝土试件制作按 GB 8076 的规定进行。

⑤ 试验项目及试件数量

试验项目试件数量见表 6-42。

表 6-42　试验项目及所需数量　　JC/T 223—2017

<table>
<tr><th rowspan="2">项目</th><th rowspan="2">外加剂类型</th><th rowspan="2">试验类别</th><th colspan="4">试验项目及所需数量</th></tr>
<tr><th>混凝土拌和批数</th><th>每批取样</th><th>基准混凝土总取样</th><th>受检混凝土总取样</th></tr>
<tr><td>减水率</td><td rowspan="6">所有类型</td><td rowspan="6">混凝土拌合物</td><td rowspan="6">3</td><td rowspan="6">1 次</td><td rowspan="6">3 次</td><td rowspan="6">3 次</td></tr>
<tr><td>泌水率比</td></tr>
<tr><td>含气量</td></tr>
<tr><td>凝结时间差</td></tr>
<tr><td>坍落度</td></tr>
<tr><td>坍落度经时损失</td></tr>
<tr><td rowspan="2">抗压强度比</td><td>防冻型</td><td rowspan="4">硬化混凝土</td><td>3</td><td>受检混凝土
9 块/基准混凝土 3 块</td><td>9 块</td><td>27 块</td></tr>
<tr><td>其他类型</td><td>3</td><td>9 或 12 块</td><td>27 或 36 块</td><td>27 或 36 块</td></tr>
<tr><td>50 次冻融强度损失率比</td><td>防冻型</td><td>3</td><td>2 块</td><td>6 块</td><td>6 块</td></tr>
<tr><td>收缩率比</td><td>所有类型</td><td>3</td><td>1 条</td><td>3 条</td><td>3 条</td></tr>
</table>

（2）聚羧酸系高性能减水剂匀质性

聚羧酸系高性能减水剂匀质性应符合表 6-43 的要求。

表 6-43　聚羧酸系高性能减水剂匀质性　　JC/T 223—2017

项目	产品类型					
	标准型 S	早强型 A	缓凝型 R	缓释型 SR	减缩型 RS	防冻型 AF
甲醛含量（按折固含量计）（mg/kg）	≤300					
氯离子含量（按折固含量计）（%）	≤0.1					
总碱量（kg/m^3）	应在生产厂控制范围内					
含固量（质量分数）	应符合 GB 8076 的规定					
含水率（质量分数）	应符合 GB 8076 的规定					
细度	应在生产厂控制范围内					
pH 值	应在生产厂控制范围内					
密度（g/cm^3）	应符合 GB 8076 的规定					

注：含固量与含水量分别针对液体与粉体产品。

（3）掺聚羧酸系高性能减水剂混凝土性能

掺聚羧酸系高性能减水剂的混凝土性能指标应符合表 6-44 的要求。掺防冻型聚羧酸系高性能减水剂的混凝土性能除应满足表 6-44 的要求，还应同时满足表 6-45 的要求。

表 6-44　掺聚羧酸系高性能减水剂的混凝土性能指标　　GB/T 223—2017

项目		产品类型					
		标准型 S	早强型 A	缓凝型 R	缓释型 SR	减缩型 RS	防冻型 AF
减水率（%）		≥25					
泌水率比（%）		≤60	≤50	≤70	≤70	≤60	≤60
含气量（%）		≤6.0			2.5～6.0		
凝结时间差（min）	初凝	−90～+120	−90～+90	>+120	>+30	−90～+120	−150～+90
	终凝			—	—		
坍落度经时损失（mm）（1h）		≤+80	—	—	≤−70(1h)，≤−60(2h)，≤−60(3h)且>−120	≤+80	≤+80
抗压强度比（%）	1d	≥170	≥180	—	—	≥170	—
	3d	≥160	≥170	≥160	≥160	≥160	—
	7d	≥150					—
	28d	≥140					—
收缩率比（%）		≤110				≤90	≤110
50 次冻融强度损失率比（%）		—					≤90

注：坍落度损失中正号表示坍落度经时损失的增加，负号表示坍落度经时损失的减少。

表 6-45　掺防冻型聚羟酸系高性能减水剂的混凝土力学性能指标　　JG/T 223—2017

性能		规定温度（℃）		
		−5	−10	−15
抗压强度比（%）	R_{28}	≥120		
	R_{-7}	≥20	≥14	≥12
	R_{-7+28}	≥100		

（4）氨释放量

用于民用建筑室内混凝土的聚羧酸系高性能减水剂，其氨释放量应符合 GB 18588 的规定。

6.2.14　混凝土膨胀剂

混凝土膨胀剂是指与水泥、水拌和后经水化反应生成钙矾石、氢氧化钙或钙矾石和氢氧化钙，使混凝土产生体积膨胀的一类外加剂。适用于硫铝酸钙类、氧化钙类与硫铝酸钙-氧化钙类粉状混凝土膨胀剂，已发布国家标准《混凝土膨胀剂》（GB/T 23439—2017）。

1. 产品的分类和标记

（1）产品的分类

混凝土膨胀剂按其水化产物可分为：硫铝酸钙类混凝土膨胀剂（代号 A）、氧化钙类混凝土膨胀剂（代号 C）和硫铝酸钙-氧化钙类混凝土膨胀剂（代号 AC）三类。硫铝酸钙类混凝土膨胀剂是指与水泥、水拌和后经水化反应生成钙矾石的一类混凝土膨胀剂；氧化钙类混凝土膨胀剂是指与水泥、水拌和后经水化反应生成氢氧化钙的一类混凝土膨胀剂；硫铝酸钙-氧化钙类混凝土膨胀剂是指与水泥、水拌和后经水化反应生成钙矾石和氢氧化钙的一类混凝土膨胀剂。

混凝土膨胀剂按其限制膨胀率可分为Ⅰ型和Ⅱ型。

（2）产品的标记

GB/T 23439—2017 标准涉及的所有混凝土膨胀剂产品名称标注为 EA，按下列顺序进行标记：产品名称、代号、型号、标准号。

示例：

Ⅰ型硫铝酸钙类混凝土膨胀剂的标记：EA A Ⅰ GB/T 23439—2017。

Ⅱ型氧化钙类混凝土膨胀剂的标记：EA C Ⅱ GB/T 23439—2017。

Ⅱ型硫铝酸钙-氧化钙类混凝土膨胀剂的标记：EA AC Ⅱ GB/T 23439—2017。

2. 产品的技术性能要求

（1）化学成分

① 氧化镁

混凝土膨胀剂中的氧化镁含量应不大于 5%。

② 碱含量（选择性指标）

混凝土膨胀剂中的碱含量按 $Na_2O+0.658K_2O$ 计算值表示。若使用活性骨料，用户要求提供低碱混凝土膨胀剂时，混凝土膨胀剂中的碱含量应不大于 0.75%，或由供需双方协商确定。

（2）物理性能

混凝土膨胀剂的物理性能指标应符合表 6-46 的规定。

表 6-46　混凝土膨胀剂的物理性能指标　　GB 23439—2017

项目			指标值	
			Ⅰ型	Ⅱ型
细度	比表面积（m^2/kg）	≥	200	
	1.18mm 筛筛余（%）	≤	0.5	
凝结时间	初凝（min）	≥	45	
	终凝（min）	≤	600	
限制膨胀率（%）	水中 7d	≥	0.035	0.050
	空气中 21d	≥	−0.015	−0.010
抗压强度（MPa）	7d	≥	22.5	
	28d	≥	42.5	

（3）适用条件

硫铝酸钙类混凝土膨胀剂适用于长期服役环境温度为 80℃以下的钢筋混凝土结构。氯化钙类混凝土膨胀剂适用于混凝土浇筑过程中，胶凝材料水化温升导致结构内部温度不超过 40℃的环境。

6.2.15　混凝土防冻剂

防冻剂是指能使混凝土在负温下硬化，并在规定养护条件下达到预期性能的一类外加剂。适用于规定温度为－5℃、－10℃、－15℃的水泥混凝土防冻剂已发布建材行业标准《混凝土防冻剂》(JC 475—2004)。

1. 产品的分类

防冻剂按其成分可分为强电解质无机盐类（氯盐类、氯盐阻锈类、无氯盐类）、水溶性有机化合物类、有机化合物与无机盐复合类、复合型防冻剂。

（1）氯盐类：以氯盐（如氯化钠、氯化钙等）为防冻组分的外加剂。

（2）氯盐阻锈类：含有阻锈组分，并以氯盐为防冻组分的外加剂。

（3）无氯盐类：以亚硝酸盐、硝酸盐等无机盐为防冻组分的外加剂。

（4）有机化合物类：以某些醇类、尿素等有机化合物为防冻组分的外加剂。

（5）复合型防冻剂：以防冻组分复合早强、引气、减水等组分的外加剂。

2. 产品的技术性能要求

（1）匀质性

防冻剂的匀质性应符合表 6-47 的要求。

表 6-47　防冻剂的匀质性指标　　JC 475—2004

序号	试验项目	指标
1	固体含量（%）	液体防冻剂： S≥20%时，0.95S≤X＜1.05S S＜20%时，0.90S≤X＜1.10S S 是生产厂提供的固体含量（质量%），X 是测试的固体含量（质量%）

续表

序号	试验项目	指标
2	含水率（%）	粉状防冻剂： $W \geqslant 5\%$时，$0.90W \leqslant X < 1.10W$ $W < 5\%$时，$0.80W \leqslant X < 1.20W$ W 是生产厂提供的含水率（质量%），X 是测试的含水率（质量%）
3	密度（g/cm^3）	液体防冻剂： $D > 1.1$ 时，要求为 $D \pm 0.03$ $D \leqslant 1.1$ 时，要求为 $D \pm 0.02$ D 是生产厂提供的密度值
4	氯离子含量（%）	无氯盐防冻剂：≤0.1%（质量百分比）
		其他防冻剂：不超过生产厂控制值
5	碱含量（%）	不超过生产厂提供的最大值
6	水泥净浆流动度（mm）	应不小于生产厂控制值的 95%
7	细度（%）	粉状防冻剂细度应不超过生产厂提供的最大值

（2）掺防冻剂混凝土性能

掺防冻剂混凝土性能应符合表 6-48 的要求。

表 6-48　掺防冻剂混凝土性能　　JC 475—2004

序号	试验项目		性能指标					
			一等品			合格品		
1	减水率（%）≥		10			—		
2	泌水率比（%）≤		80			100		
3	含气量（%）≥		2.5			2.0		
4	凝结时间差（min）	初凝	−150～+150			−120～+210		
		终凝						
5	抗压强度比（%）≥	规定温度（℃）	−5	−10	−15	−5	−10	−15
		R_{-7}	20	12	10	20	10	8
		R_{28}	100		95	95		90
		R_{-7+28}	95	90	85	90	85	80
		R_{-7+56}	100			100		
6	28d 收缩率比（%）≤		135					
7	渗透高度比（%）≤		100					
8	50 次冻融强度损失率比（%）≤		100					
9	对钢筋锈蚀作用		应说明对钢筋有无锈蚀作用					

（3）释放氨量

含有氨或氨基类的防冻剂释放氨量应符合 GB 18588 规定的限值。

6.2.16　高强高性能混凝土用矿物外加剂

高强高性能混凝土用矿物外加剂是指在混凝土搅拌过程中加入的、具有一定细度和活性的、用于改善新拌混凝土和硬化混凝土性能（特别是混凝土耐久性）的某些矿物类产品。适用于高强高性能混凝土用磨细矿渣、粉煤灰、磨细天然沸石、硅灰和偏高岭土及其复合的矿物外加剂，已发布国家标准《高强高性能混凝土用矿物外加剂》(GB/T 18736—2017)。

1. 产品的分类和标记

(1) 产品的分类和等级

矿物外加剂按照其矿物组成分为五类：磨细矿渣、粉煤灰、磨细天然沸石、硅灰、偏高岭土。复合矿物外加剂依其主要组分进行分类，参照该类产品指标进行检验。

依据性能指标将磨细矿渣分为Ⅰ级、Ⅱ级，其他四类矿物外加剂不分级。

(2) 产品的代号和标记

矿物外加剂用代号 MA 表示。

各类矿物外加剂用下列代号表示：磨细矿渣 S，粉煤灰 FA，磨细天然沸石 Z，硅灰 SF，偏高岭土 MK。

矿物外加剂按其产品名称、分类、等级、标准号的顺序标记。

示例 1：

Ⅱ级磨细矿渣，标记为：MA-S-Ⅱ GB/T 18736—2017。

示例 2：

硅灰，标记为：MA-SF GB/T 18736—2017。

2. 产品的技术性能要求

(1) 原材料要求

粒化高炉矿渣粉磨时可适量添加符合 GB/T 5483 质量要求的石膏，粒化高炉矿渣、天然沸石岩和偏高岭土粉磨时加入的助磨剂应符合 GB/T 26748 的要求，助磨剂加入量应不大于产品质量的 0.5%。

(2) 产品的技术要求

矿物外加剂的技术要求应符合表 6-49 的规定。

表 6-49 矿物外加剂的技术要求 GB/T 18736—2017

试验项目		磨细矿渣		粉煤灰	磨细天然沸石	硅灰	偏高岭土
		Ⅰ	Ⅱ				
氧化镁（质量分数）(%) ≤		14.0		—	—	—	4.0
三氧化硫（质量分数）(%) ≤		4.0		3.0	—	—	1.0
烧失量（质量分数）(%) ≤		3.0		5.0	—	6.0	4.0
氯离子（质量分数）(%) ≤		0.06		0.06	0.06	0.10	0.06
二氧化硅（质量分数）(%) ≥		—	—	—	—	85	50
三氧化二铝（质量分数）(%) ≥		—	—	—	—	—	35
游离氧化钙（质量分数）(%) ≤		—	—	1.0	—	—	1.0
吸铵值 (mmol/kg) ≥		—	—	—	1000	—	—
含水率（质量分数）(%) ≤		1.0		1.0	—	3.0	1.0
细度	比表面积 (m^2/kg) ≥	600	400	—	—	15000	—
	45μm 方孔筛筛余（质量分数）(%) ≤	—		25.0	5.0	5.0	5.0
需水量比 (%) ≤		115	105	100	115	125	120
活性指数 (%) ≥	3d	80	—	—	—	90	85
	7d	100	75	—	—	95	90
	28d	110	100	70	95	115	105

（3）总碱量

总碱量按 $Na_2O+0.658K_2O$ 计算值表示。根据工程要求，由供需双方商定供货指标的要求。

6.2.17　砂浆、混凝土防水剂

砂浆、混凝土防水剂是指能降低砂浆、混凝土在静水压力下的透水性的一类外加剂。此类产品已发布建材行业标准《砂浆、混凝土防水剂》(JC 474—2008)。

产品的匀质性指标应符合表6-50的要求；受检砂浆的性能应符合表6-51的要求；受检混凝土的性能应符合表6-52的规定。

表6-50　匀质性指标　　JC 474—2008

试验项目	指标	
	液体	粉状
密度（g/cm³）	$D>1.1$ 时，要求为 $D\pm0.03$ $D\leqslant1.1$ 时，要求为 $D\pm0.02$ D 是生产厂提供的密度值	—
氯离子含量（%）	应小于生产厂最大控制值	应小于生产厂最大控制值
总碱量（%）	应小于生产厂最大控制值	应小于生产厂最大控制值
细度（%）	—	0.315mm筛筛余应小于15%
含水率（%）	—	$W\geqslant5\%$时，$0.90W\leqslant X<1.10W$； $W<5\%$时，$0.80W\leqslant X<1.20W$ W 是生产厂提供的含水率（质量%）， X 是测试的含水率（质量%）
固体含量（%）	$S\geqslant20\%$时，$0.95S\leqslant X<1.05S$； $S<20\%$时，$0.90S\leqslant X<1.10S$ S 是生产厂提供的固体含量（质量%）， X 是测试的固体含量（质量%）	—

注：生产厂应在产品说明书中明示产品匀质性指标的控制值。

表6-51　受检砂浆的性能　　JC 474—2008

试验项目			性能指标	
			一等品	合格品
安定性			合格	合格
凝结时间	初凝（min）	≥	45	45
	终凝（h）	≤	10	10
抗压强度比（%）　≥	7d		100	85
	28d		90	80
透水压力比（%）		≥	300	200
吸水量比（48h）（%）		≤	65	75
收缩率比（28d）（%）		≤	125	135

注：安定性和凝结时间为受检净浆的试验结果，其他项目数据均为受检砂浆与基准砂浆的比值。

表 6-52　受检混凝土的性能　　JC 474—2008

试验项目			性能指标	
			一等品	合格品
安定性			合格	合格
泌水率比（%）		≤	50	70
凝结时间差（min）	≥	初凝	−90[a]	−90[a]
抗压强度比（%）	≥	3d	100	90
		7d	110	100
		28d	100	90
渗透高度比（%）		≤	30	40
吸水量比（48h）（%）		≤	65	75
收缩率比（28d）（%）		≤	125	135

注：安定性为受检净浆的试验结果，凝结时间差为受检混凝土与基准混凝土的差值，表中其他数据为受检混凝土与基准混凝土的比值。

a “—”表示提前。

6.2.18　建筑表面用有机硅防水剂

适用于以硅烷和硅氧烷为主要原料的，用于多孔性无机基层（如混凝土、瓷砖、黏土砖、石材等）不承受水压的防水及防护的水性或溶剂型建筑表面用有机硅防水剂，已发布建材行业标准《建筑表面用有机硅防水剂》（JC/T 902—2002）。

1. 产品的分类和标记

产品分为水性（W）、溶剂型（S）两种。

按产品名称、类型、标准号的顺序标记。

示例：

水性建筑表面用有机硅防水剂标记为：建筑表面用有机硅防水剂 W JC/T 902—2002。

2. 产品的技术性能要求

（1）外观：产品无沉淀、无漂浮物，呈均匀状态。

（2）理化性能：产品的理化性能应符合表 6-53 的规定。

表 6-53　理化性能　　JC/T 902—2002

序号	试验项目		指标	
			W	S
1	pH 值		规定值±1	
2	固体含量（%）	≥	20	5
3	稳定性		无分层、无漂油、无明显沉淀	
4	吸水率比（%）	≤	20	

续表

<table>
<tr><th rowspan="2">序号</th><th colspan="2" rowspan="2">试验项目</th><th colspan="2">指标</th></tr>
<tr><th>W</th><th>S</th></tr>
<tr><td rowspan="6">5</td><td rowspan="6">渗透性 ≤</td><td>标准状态</td><td colspan="2">2mm，无水迹无变色</td></tr>
<tr><td>热处理</td><td colspan="2">2mm，无水迹无变色</td></tr>
<tr><td>低温处理</td><td colspan="2">2mm，无水迹无变色</td></tr>
<tr><td>紫外线处理</td><td colspan="2">2mm，无水迹无变色</td></tr>
<tr><td>酸处理</td><td colspan="2">2mm，无水迹无变色</td></tr>
<tr><td>碱处理</td><td colspan="2">2mm，无水迹无变色</td></tr>
</table>

注：1、2、3项为未稀释的产品性能，规定值在生产企业说明书中告知用户。

6.2.19 水泥基渗透结晶型防水材料

水泥基渗透结晶型防水材料（简称CCCW），是一种用于水泥混凝土的刚性防水材料。其与水作用后，材料中含有的活性化学物质以水为载体在混凝土中渗透，与水泥水化产物生成不溶于水的针状结晶体，填塞毛细孔道和微细缝隙，从而提高混凝土的致密性和防水性。水泥基渗透结晶型防水材料中的活性化学物质是指由碱金属盐或碱土金属盐、络合化合物等复配而成的，具有较强抗渗性，能与水泥的水化产物发生反应生成针状晶体的一类化学物质。

适用于以硅酸盐水泥为主要成分，掺入一定量的活性化学物质制成的，用于水泥混凝土结构防水工程的粉状水泥基渗透结晶型防水材料已发布国家标准《水泥基渗透结晶型防水材料》（GB 18445—2012）。

1. 产品的分类和标记

（1）产品的分类

水泥基渗透结晶型防水材料按产品的使用方法分为水泥基渗透结晶型防水涂料（代号C）和水泥基渗透结晶型防水剂（代号A）。

水泥基渗透结晶型防水涂料是指以硅酸盐水泥、石英砂为主要成分，掺入一定量活性化学物质制成的粉状材料，经与水拌和后调配成可刷涂或喷涂在水泥混凝土表面的浆料，也可采用干撒压入未完全凝固的水泥混凝土表面的一类水泥基渗透结晶型防水材料。水泥基渗透结晶型防水剂是指以硅酸盐水泥和活性化学物质为主要成分制成的粉状材料，掺入水泥混凝土拌合物中使用的一类水泥基渗透结晶型防水材料。

（2）产品的标记

水泥基渗透结晶型防水材料产品按产品名称和标准号的顺序标记。

示例：

水泥基渗透结晶型防水涂料标记为：CCCW C GB 18445—2012。

2. 产品的技术性能要求

（1）产品的一般要求

本标准包括的产品不应对人体、生物、环境与水泥混凝土性能（尤其是耐久性）造成有害的影响，所涉及与使用有关的安全与环保问题，应符合我国相关标准和规范的规定。

(2) 技术要求

水泥基渗透结晶型防水涂料应符合表 6-54 的规定；水泥基渗透结晶型防水剂应符合表 6-55 的规定。

表 6-54 水泥基渗透结晶型防水涂料 GB 18445—2012

序号	试验项目		性能指标
1	外观		均匀、无结块
2	含水率（%） ≤		1.5
3	细度，0.63mm 筛余（%） ≤		5
4	氯离子含量（%） ≤		0.10
5	施工性	加水搅拌后	刮涂无障碍
		20min	刮涂无障碍
6	抗折强度（MPa），28d ≥		2.8
7	抗压强度（MPa），28d ≥		15.0
8	湿基面粘结强度（MPa），28d ≥		1.0
9	砂浆抗渗性能	带涂层砂浆的抗渗压力[a]（MPa），28d	报告实测值
		抗渗压力比（带涂层）（%），28d ≥	250
		去除涂层砂浆的抗渗压力[a]（MPa），28d	报告实测值
		抗渗压力比（去除涂层）（%），28d ≥	175
10	混凝土抗渗性能	带涂层混凝土的抗渗压力[a]（MPa），28d	报告实测值
		抗渗压力比（带涂层）（%），28d ≥	250
		去除涂层混凝土的抗渗压力[a]（MPa），28d	报告实测值
		抗渗压力比（去除涂层）（%），28d ≥	175
		带涂层混凝土的第二次抗渗压力（MPa），56d ≥	0.8

a 基准砂浆和基准混凝土 28d 抗渗压力应为 $0.4^{+0.0}_{-0.1}$MPa，并在产品质量检验报告中列出。

表 6-55 水泥基渗透结晶型防水剂 GB 18445—2012

序号	试验项目		性能指标
1	外观		均匀、无结块
2	含水率（%） ≤		1.5
3	细度，0.63mm 筛余（%） ≤		5
4	氯离子含量（%） ≤		0.10
5	总碱量（%）		报告实测值
6	减水率（%） <		8
7	含气量（%） ≤		3.0
8	凝结时间差	初凝（min） >	−90
		终凝（h）	—
9	抗压强度比（%）	7d ≥	100
		28d ≥	100

续表

序号	试验项目			性能指标
10	收缩率比（%），28d		≤	125
8	混凝土抗渗性能	掺防水剂混凝土的抗渗压力[a]（MPa），28d		报告实测值
		抗渗压力比（%），28d	≥	200
		掺防水剂混凝土的第二次抗渗压力（MPa），56d		报告实测值
		第二次抗渗压力比（%），56d	≥	150

a　基准混凝土 28d 抗渗压力应为 $0.4^{+0.0}_{-0.1}$MPa，并在产品质量检验报告中列出。

6.2.20　水性渗透型无机防水剂

水性渗透型无机防水剂是指以碱金属硅酸盐溶液为基料，加入催化剂、助剂，经混合反应而成，具有渗透性、可封闭水泥砂浆与混凝土毛细孔通道和裂纹功能的一类防水剂。适用于喷涂或涂刷在水泥砂浆、混凝土基面上的水性渗透型无机防水剂已发布建材行业标准《水性渗透型无机防水剂》（JC/T 1018—2006）。

1. 产品的分类和标记

（1）产品的分类

产品按其组成的成分不同可分为Ⅰ型和Ⅱ型。Ⅰ型以碱金属硅酸盐溶液为主要原料（简称 1500）；Ⅱ型以碱金属硅酸盐溶液及惰性材料为主要原料（简称 DPS）。

（2）产品的标记

产品按下列顺序标记：名称、类型（简称）、标准号。

示例：水性渗透型无机防水剂Ⅰ（1500）JC/T 1018—2006。

2. 产品的技术性能要求

（1）一般要求

本标准包括的产品不应对人体、生物与环境造成有害的影响，所涉及与使用有关的安全与环保要求，应符合我国相关国家标准和规范的规定。

（2）技术要求

产品应符合表 6-56 的技术要求。

表 6-56　技术要求　　　JC/T 1018—2006

序号	试验项目			技术指标	
				Ⅰ型	Ⅱ型
1	外观			无色透明、无气味	
2	密度（g/cm³）		≥	1.10	1.07
3	pH 值			13±1	11±1
4	黏度（s）			11.0±1.0	
5	表面张力（mN/m）		≤	26.0	36.0
6	凝胶化时间（min）	初凝		120±30	—
		终凝		180±30	≤400

续表

序号	试验项目	技术指标	
		Ⅰ型	Ⅱ型
7	抗渗性（渗入高度）(mm) ≤	30	35
8	贮存稳定性，10次循环	外观无变化	

6.2.21 水泥混凝土结构渗透型防水材料

适用于水泥混凝土试件的表面层以及在水泥混凝土试件中添加的渗透型防水材料已发布交通运输行业标准《水泥混凝土结构渗透型防水材料》(JT/T 859—2013)。

1. 产品的分类

水泥混凝土结构渗透型防水材料按照使用方法的不同可分为水泥混凝土结构渗透型防水剂和水泥混凝土结构渗透型防水砂浆。

2. 产品的技术性能要求

(1) 一般要求

产品不应对人体、生物与环境造成有害的影响，所涉及与使用有关的安全与环保问题，应符合我国相关国家标准的规定。

(2) 匀质性指标

匀质性指标应符合表6-57的规定。

表6-57 水泥混凝土结构渗透型防水材料匀质性要求 JT/T 859—2013

序号	试验项目	指标
1	含水率（%）	≤1.5
2	细度（600μm）筛余（%）	≤±3.0
3	总碱量（%）	报告实测值
4	氯离子含量（%）	≤0.10

注：仅水泥混凝土结构渗透型防水剂需要测定。

(3) 掺防水剂混凝土的物理力学性能

掺防水剂混凝土的物理力学性能应符合表6-58的规定。

表6-58 掺防水剂混凝土的物理力学性能 JT/T 859—2013

序号	试验项目		性能指标
1	抗压强度比（%）	7d	≥125
		28d	≥125
2	凝结时间差（min）	初凝	≥90
		终凝	—
3	渗透深度比（%）		≤1
4	氯离子渗透比		1
5	对钢筋的锈蚀作用		对钢筋无锈蚀危害

（4）水泥混凝土结构渗透型防水砂浆的物理力学性能

水泥混凝土结构渗透型防水砂浆的物理力学性能应符合表6-59的规定。

表6-59　水泥混凝土结构渗透型防水砂浆的物理力学性能　JT/T 859—2013

序号	试验项目		性能指标
1	凝结时间	初凝时间（min）	≥20
		终凝时间（h）	≤12
2	抗折强度（MPa）	7d	≥2.8
		28d	≥3.6
3	抗压强度（MPa）	7d	≥12.5
		28d	≥18.5
4	水湿基面粘结强度（MPa）		≥1.0
5	28d抗渗压力（MPa）		≥1.0
6	第二次抗渗压力（MPa）　（0.3MPa≤R_c≤0.4MPa）		≥0.8
7	5、6项与R_c的抗渗压力比（%）　（0.3MPa≤R_c>0.4MPa）		≥200

注：1. 按基准样水泥用量1.5%～2%将防水砂浆作为添加剂内掺制作试件。

2. R_c——基准水泥抗渗压力，单位为兆帕（MPa）。

6.2.22　混凝土用硅质防护剂

混凝土用硅质防护剂是指其通过喷涂或刷涂在混凝土表面渗透到混凝土内部或在表面形成一道保护屏障，从而提高混凝土性能的一类渗透型表面防护材料。适用于喷涂或刷涂在混凝土表面，通过渗透到混凝土内部且不明显改变混凝土外观，从而达到提高混凝土表面性能的硅质防护剂产品现已发布建材行业标准《混凝土用硅质防护剂》（JC/T 2235—2014）。

1. 产品的分类和标记

混凝土用硅质防护剂根据用途可分为两类：Ⅰ类为混凝土结构用防护剂；Ⅱ类为混凝土地面用防护剂。

混凝土用硅质防护剂按产品名称、类型、标准编号的顺序进行标记。

示例：

混凝土地面用防护剂的产品标记为：硅质防护剂Ⅱ JC/T 2235—2014。

2. 产品的技术性能要求

1）一般要求

本标准包括产品的生产与使用不应对人体、生物与环境造成有害的影响，所涉及的生产与使用的安全与环保要求，应符合我国相关国家标准和规范的要求。

2）技术要求

（1）外观为无沉淀，无漂浮物，呈均匀状态的液体或白色膏状物。

（2）性能指标

① 混凝土结构用防护剂的性能指标应符合表6-60的要求。

表 6-60　混凝土结构用防护剂的性能指标　　JC/T 2235—2014

序号	检验项目		性能指标
1	活性物含量		生产厂家控制值[a]的±2%
2	干燥系数（%）	≥	30
3	吸水率比（%）	≤	7.5
4	抗碱性（%）	≤	10
5	氯离子吸收降低率（%）	≥	80
6	渗透深度（mm）	≥	2.0
7	抗冻融性[b]（%）	≥	100

a　生产厂家控制值应在包装物和产品说明书中明示。

b　在非冻融环境下使用，可以不进行抗冻融性项目检测。

② 混凝土地面用防护剂的性能指标应符合表 6-61 的要求。

表 6-61　混凝土地面用防护剂的性能指标　　JC/T 2235—2014

序号	检验项目		性能指标
1	固含量		生产厂家控制值的±5%
2	pH 值		生产厂家控制值的±5%
3	挥发性有机化合物（VOC）(g/L)	≤	30
4	抗滑性（BPN 值）	≥	45
5	耐磨度比（%）	≥	150
6	抗冻融性[a]（%）	≥	100

a　在非冻融环境下使用，可以不进行抗冻融性项目检测。

6.2.23　砂浆、混凝土用乳胶和可再分散乳胶粉

乳胶又称胶乳，是指由单体（同一种、两种或两种以上不同单体）经乳液聚合而成聚合乳液（或共聚乳液），也可以由液体树脂经乳化作用而形成的聚合物乳液。乳液体系中包括聚合物、乳化剂、稳定剂、分散剂、消泡剂、水等。

可再分散乳胶粉是将树脂乳液经预处理（掺加保护胶体、抗结块剂等），再通过喷雾干燥工艺得到的聚合物粉末。将该粉末与水再次混合，又可重新分散在水中，新乳液的性能与原始乳液基本一致。

适用于改善砂浆、混凝土使用性能的乳胶和可再分散乳胶粉已发布国家标准《砂浆、混凝土用乳胶和可再分散乳胶粉》（GB/T 34557—2017）。

1. 产品的分类和标记

按其产品形态可分为乳胶（L）和可再分散乳胶粉（S）。

产品标记由产品形态、标准号组成。

示例：

乳胶标记如下：L GB/T ××××—××××。

2. 产品的技术性能要求

（1）一般要求

本标准包括的产品不应对人体、生物和环境造成危害，涉及与生产、使用有关的安全与环保问题，应符合我国相关标准和规范的规定。

（2）技术要求

① 乳胶和可再分散乳胶粉的性能应符合表 6-62 的规定。生产厂应在相关的技术资料中明示产品性能的控制值。

② 受检砂浆性能应符合表 6-63 的规定。

③ 受检混凝土性能应符合表 6-64 的规定。

表 6-62　乳胶和可再分散乳胶粉的性能　GB/T 34557—2017

项目	性能	
	乳胶	可再分散乳胶粉
外观	无粗颗粒、异物和结块	
不挥发物的质量分数	应在生产厂控制范围内	
pH 值	应在生产厂控制范围内	—
灼烧残渣的质量分数（%）	不超过生产厂控制值	不超过生产厂控制值，且不大于 15

表 6-63　受检砂浆性能　GB/T 34557—2017

项目		性能
凝结时间之差（min）	初　凝	−60～+210
	终　凝	
抗压强度比（%）	≥	70
拉伸粘结强度比（%）	≥	140
抗氯离子渗透性能（电通量比）[a]（%）	≤	25

a　有抗氯离子渗透要求时选用。

表 6-64　受检混凝土性能　GB/T 34557—2017

项目		性能
凝结时间之差（min）	初　凝	−60～+210
	终　凝	
抗压强度比（%）	≥	80
抗氯离子渗透性能（电通量比）[a]（%）	≤	25

a　有抗氯离子渗透要求时选用。

6.2.24　烧结瓦

烧结瓦是指由黏土或其他无机非金属原料，经成型、烧结等工艺处理，用于建筑物屋面覆盖及装饰用的板状或块状烧结制品。适用于建筑物屋面覆盖及装饰用的烧结瓦类产品（以下简称瓦）已发布国家标准《烧结瓦》（GB/T 21149—2007）。

1. 产品的分类

（1）烧结瓦通常根据形状、表面状态以及吸水率的不同来进行分类和具体产品的命名。①烧结瓦根据其形状的不同，可分为平瓦、脊瓦、三曲瓦、双筒瓦、鱼鳞瓦、牛舌瓦、板瓦、筒瓦、滴水瓦、沟头瓦、J形瓦、S形瓦、波形瓦和其他异形瓦及其配件、饰件；②根据表面状态的不同，可分为有釉（含表面经加工处理形成装饰薄膜层）瓦和无釉瓦；③根据吸水率的不同，可分为Ⅰ类瓦（≥6%）、Ⅱ类瓦（6%～10%）、Ⅲ类瓦（10%～18%）、青瓦（≤21%）。青瓦是指在还原气氛中烧成的青灰色的烧结瓦。

（2）产品规格及结构尺寸由供需双方协定，规格以长和宽的外形尺寸表示。

烧结瓦的通常规格及主要结构尺寸参见表6-65；瓦之间以及和配件、饰件搭配使用时应保证搭接合适；对以拉挂为主铺设的瓦，应有1～2个孔，能有效拉挂的孔有1个以上，钉孔或钢丝孔铺设后不能漏水；瓦的正面或背面可以有以加固、挡水等为目的的加强筋、凹凸纹等；需要粘结的部位不得附着大量釉以致妨碍粘接。

表6-65 通常规格及主要结构尺寸 GB/T 21149—2007

<table>
<tr><th>产品类别</th><th>规格</th><th colspan="8">基本尺寸（mm）</th></tr>
<tr><td rowspan="3">平瓦</td><td rowspan="3">400×240～360～220</td><td rowspan="2">厚度</td><td rowspan="2">瓦槽深度</td><td rowspan="2">边筋高度</td><td colspan="2">搭接部分长度</td><td colspan="3">瓦爪</td></tr>
<tr><td>头尾</td><td>内外槽</td><td>压制瓦</td><td>挤出瓦</td><td>后爪有效高度</td></tr>
<tr><td>10～20</td><td>≥10</td><td>≥3</td><td>50～70</td><td>25～40</td><td>具有四个瓦爪</td><td>保证两个后爪</td><td>≥5</td></tr>
<tr><td rowspan="2">脊瓦</td><td>L≥300</td><td>h</td><td colspan="4">l_1</td><td colspan="2">d</td><td>h_1</td></tr>
<tr><td>b≥180</td><td>10～20</td><td colspan="4">25～35</td><td colspan="2">>b/4</td><td>≥5</td></tr>
<tr><td>三曲瓦、双筒瓦、鱼鳞瓦、牛舌瓦</td><td>300×200～150×150</td><td>8～12</td><td colspan="7" rowspan="2">同一品种、规格瓦的曲度或弧度应保持基本一致</td></tr>
<tr><td>板瓦、筒瓦、滴水瓦、沟头瓦</td><td>430×350～110×50</td><td>8～16</td></tr>
<tr><td>J形瓦、S形瓦</td><td>320×320～250×250</td><td>12～20</td><td colspan="7">谷深c≥35，头尾搭接部分长度50～70，左右搭接部分长度30～50</td></tr>
<tr><td>波形瓦</td><td>420×330</td><td>12～20</td><td colspan="7">瓦脊高度≤35，头尾搭接部分长度30～70，内外槽搭接部分长度25～40</td></tr>
</table>

（3）相同品种、物理性能合格的产品，根据尺寸偏差和外观质量分为优等品（A）和合格品（C）两个等级。

（4）瓦的产品标记按产品品种、等级、规格和标准编号的顺序进行标记。

示例：

外形尺寸305mm×205mm、合格品、Ⅲ类有釉平瓦的标记为：釉平瓦ⅢC 305×205 GB/T 21499—2007。

2. 产品的技术性能要求

（1）烧结瓦产品的尺寸允许偏差应符合表6-66的规定。

（2）烧结瓦产品的外观质量要求如下：①表面质量应符合表6-67的规定；②最大允许

变形应符合表 6-68 的规定；③裂纹长度允许范围应符合表 6-69 的规定；④磕碰、釉粘的允许范围应符合表 6-70 的规定；⑤石灰爆裂允许范围应符合表 6-71 的规定；⑥各等级的瓦均不允许有欠火、分层缺陷存在。

（3）烧结瓦产品的物理性能要求如下：

① 抗弯曲性能：平瓦、脊瓦、板瓦、筒瓦、滴水瓦、沟头瓦类弯曲破坏荷重不小于 1200N，其中青瓦类的弯曲破坏荷重不小于 850N；J 形瓦、S 形瓦、波形瓦类的弯曲破坏荷重不小于 1600N；三曲瓦、双筒瓦、鱼鳞瓦、牛舌瓦类的弯曲强度不小于 8.0MPa。

表 6-66　尺寸允许偏差　　GB/T 21149—2007

外形尺寸范围（mm）	优等品（mm）	合格品（mm）
L（*b*）≥350	±4	±6
250≤*L*（*b*）<350	±3	±5
200≤*L*（*b*）<250	±2	±4
L（*b*）<200	±1	±3

表 6-67　表面质量　　GB/T 21149—2007

缺陷项目		优等品	合格品
有釉类瓦	无釉类瓦		
缺釉、斑点、落脏、棕眼、熔洞、图案缺陷、烟熏、釉缕、釉泡、釉裂	斑点、起包、熔洞、麻面、图案缺陷、烟熏	距 1m 处目测不明显	距 2m 处目测不明显
色差、光泽差	色差	距 2m 处目测不明显	

表 6-68　最大允许变形　　GB/T 21149—2007

产品类别			优等品	合格品
平瓦、波形瓦（mm）　≤			3	4
三曲瓦、双筒瓦、鱼鳞瓦、牛舌瓦（mm）　≤			2	3
脊瓦、板瓦、筒瓦、滴水瓦、沟头瓦、J 形瓦、S 形瓦　≤	最大外形尺寸（mm）	*L*≥350	5	7
		250<*L*<350	4	6
		L≤250	3	5

表 6-69　裂纹长度允许范围　　GB 21149—2007

产品类别	裂纹分类	优等品	合格品
平瓦、波形瓦	未搭接部分的贯穿裂纹	不允许	
	边筋断裂	不允许	
	搭接部分的贯穿裂纹	不允许	不得延伸至搭接部分的 1/2 处
	非贯穿裂纹	不允许	≤30mm
脊　瓦	未搭接部分的贯穿裂纹	不允许	
	搭接部分的贯穿裂纹	不允许	不得延伸至搭接部分的 1/2 处
	非贯穿裂纹	不允许	≤30mm

续表

产品类别	裂纹分类	优等品	合格品
三曲瓦、双筒瓦、鱼鳞瓦、牛舌瓦	贯穿裂纹	不允许	
	非贯穿裂纹	不允许	不得超过对应边长的 6%
板瓦、筒瓦、滴水瓦、沟头瓦、J形瓦、S形瓦	未搭接部分的贯穿裂纹	不允许	
	搭接部分的贯穿裂纹	不允许	
	非贯穿裂纹	不允许	≤30mm

表 6-70　磕碰、釉粘的允许范围　　GB/T 21149—2007

产品类别	破坏部位	优等品	合格品
平瓦、脊瓦、板瓦、筒瓦、滴水瓦、沟头瓦、J 形瓦、S 形瓦、波形瓦	可见面	不允许	破坏尺寸不得同时大于 10mm×10mm
	隐蔽面	破坏尺寸不得同时大于 12mm×12mm	破坏尺寸不得同时大于 18mm×18mm
三曲瓦、双筒瓦、鱼鳞瓦、牛舌瓦	正　面	不允许	
	背　面	破坏尺寸不得同时大于 5mm×5mm	破坏尺寸不得同时大于 10mm×10mm
平瓦、波形瓦	边　筋	不允许	
	后　爪	不允许	

表 6-71　石灰爆裂允许范围　　GB/T 21149—2007

缺陷项目	优等品	合格品
石灰爆裂	不允许	破坏尺寸不大于 5mm

② 抗冻性能

经 15 次冻融循环不出现剥落、掉角、掉棱及裂纹增加现象。

③ 耐急冷急热性

经 10 次急冷急热循环不出现炸裂、剥落及裂纹延长现象。此项要求只适用于有釉瓦类。

④ 吸水率

Ⅰ类瓦不大于 6.0%，Ⅱ类瓦大于 6.0%，不大于 10.0%，Ⅲ类瓦大于 10.0%，不大于 18.0%，青瓦类不大于 21.0%。

⑤ 抗渗性能

经 3h 瓦背面无水滴产生。此项要求只适用于无釉瓦类，若其吸水率不大于 10.0%时，取消抗渗性能要求，否则必须进行抗渗试验并符合本条规定。

（4）其他异形瓦类和配件的技术要求参照上述要求执行。

6.2.25　混凝土瓦

混凝土瓦是指由混凝土制成的屋面瓦和配件瓦的统称。适用于由水泥、细集料和水等为主要原材料经拌和、挤压、静压成型或其他成型方法制成的用于坡屋面的混凝土屋面瓦及与其配合使用的混凝土配件瓦已发布建材行业标准《混凝土瓦》(JC/T 746—2007)。

1. 混凝土瓦的分类、规格和标记

（1）混凝土瓦的分类

① 混凝土瓦可分为混凝土屋面瓦及混凝土配件瓦，混凝土屋面瓦又可分为波形屋面瓦和平板屋面瓦。混凝土屋面瓦简称屋面瓦，是指其由混凝土制成的，铺设于坡屋面与配件瓦等共同完成瓦屋面功能的一类建筑制品。混凝土波形屋面瓦简称波形瓦，是指其断面为波形状，铺设于坡屋面的一类瓦材。混凝土平板屋面瓦简称平板瓦，是指其断面边缘成直线形状，铺于坡屋面的一类瓦材。混凝土配件瓦简称配件瓦，是指其由混凝土制成的，铺设于坡屋面特定部位、满足瓦屋面特殊功能的，配合屋面完成瓦屋面功能的一类建筑制品。混凝土配件瓦包括四向脊顶瓦、三向脊顶瓦、脊瓦、花脊瓦、单向脊瓦、斜脊封头瓦、平脊封头瓦、檐口瓦、檐口封瓦、檐口顶瓦、排水沟瓦、通风瓦、通风管瓦等，统称混凝土配件瓦。

② 混凝土瓦可以是本色的、着色的或者表面经过处理的。混凝土本色瓦简称素瓦，是指未添加任何着色剂制成的一类混凝土瓦材。混凝土彩色瓦简称彩瓦，是指由混凝土材料并添加着色剂等生产的整体着色的，或由水泥及着色剂等材料制成的彩色料浆喷涂在瓦胚体表面，以及将涂料喷涂在瓦体表面等工艺生产的一类混凝土瓦材。

③ 规格特异的，非普通混凝土原材料生产的、建材行业标准《混凝土瓦》（JC/T 746—2007）技术指标及检验方法未涵盖的混凝土瓦，称之为特殊性能混凝土瓦。

④ 各种类型的混凝土瓦英文缩略语如下：

CT——混凝土瓦；
CRT——混凝土屋面瓦；
CRWT——混凝土波形屋面瓦；
CRFT——混凝土平板屋面瓦；
CFT——混凝土配件瓦；
CST——混凝土脊瓦；
CUFT——混凝土单向脊瓦；
CTST——混凝土三向脊顶瓦脊；
CFDT——混凝土四向脊顶瓦；
CFRT——混凝土平脊封头瓦；
CSRT——混凝土斜脊封头瓦；
CDFT——混凝土花脊瓦；
CCT——混凝土檐口瓦；
CCST——混凝土檐口封瓦；
CCTT——混凝土檐口顶瓦；
CVT——混凝土通风瓦；
CVPT——混凝土通风管瓦；
CDT——混凝土排水沟瓦。

（2）混凝土瓦的规格

混凝土瓦的规格以长×宽的尺寸（mm）表示。（注：混凝土瓦外形正面投影非矩形者，规格应选择两条边乘积能代表其面积者来表示。如正面投影为直角梯形者，以直角边长×腰中心线长表示）。

（3）混凝土瓦的标记

混凝土屋面瓦按分类、规格及标准编号的顺序进行标记。

示例：

混凝土波形屋面瓦、规格 430mm×320mm 的标记为：CRWT 430×320 JC/T 746—2007（可以在标记中加入商品名称）。

2. 混凝土瓦的技术性能要求

① 混凝土瓦所采用的原材料均应符合以下的产品标准。水泥应符合 GB 175、GB/T 2015 及 JC/T 870 的规定；集料应符合 GB/T 14684 的规定；当采用硬质密实的工业废渣作为集料时，不得对混凝土瓦的品质产生有害的影响，有关相应的技术要求应符合 YBJ 205—1984 的规定；粉煤灰应符合 GB/T 1596 的规定；水应符合 JGJ 63 的规定；外加剂应符合 GB 8076 的规定；颜料应符合 JC/T 539 的规定；涂料应具有良好的耐热、耐腐蚀、耐酸、耐盐类等性能。

（2）混凝土瓦的外形应符合以下规定：①混凝土瓦应瓦型清晰、边缘规整、屋面瓦应瓦爪齐全。②混凝土瓦若有固定孔，其布置要确保屋面瓦或配件瓦与挂瓦条的连接安全可靠，固定孔的布置和结构应保证不影响混凝土瓦正常的使用功能。③在遮盖宽度范围内，单色混凝土瓦应无明显色泽差别，多色混凝土瓦的色泽由供需双方商定。

（3）混凝土瓦的外观质量应符合表 6-72 的规定；尺寸允许偏差应符合表 6-73 的规定。

表 6-72　外观质量　　JC/T 746—2007

序号	项目	单位	指标
1	掉角：在瓦正表面的角两边的破坏尺寸均不得大于	mm	8
2	瓦爪残缺	—	允许一爪有缺，但小于爪高的 1/3
3	边筋残缺：边筋短缺、断裂	—	不允许
4	擦边长度不得超过（在瓦正表面上造成的破坏宽度小于 5mm 者不计）	mm	30
5	裂纹	—	不允许
6	分层	—	不允许
7	涂层	—	瓦表面涂层完好

表 6-73　尺寸允许偏差　　JC/T 746—2007

序号	项目	指标
1	长度偏差绝对值（mm）	≤4
2	宽度偏差绝对值（mm）	≤3
3	方正度（mm）	≤4
4	平面性（mm）	≤3

（4）混凝土瓦的物理力学性能应符合以下规定：①混凝土瓦的质量标准差应不大于 180g。②混凝土屋面瓦的承载力不得小于承载力标准值，其承载力标准值应符合表 6-74 的规定；混凝土配件瓦的承载力不作具体要求。③混凝土彩色瓦经耐热性能检验后，其表面涂层应完好。④混凝土瓦的吸水率应不大于 10.0%。⑤混凝土瓦经抗渗性能检验后，瓦的背面不得出现水滴现象。⑥混凝土屋面瓦经抗冻性能检验后，其承载力仍不小于承载力标准

值。同时，外观质量应符合表 4-151 的规定。⑦利用工业废渣生产的混凝土瓦，其放射性核素限量应符合 GB 6566 的规定。

表 6-74　混凝土屋面瓦的承载力标准值　　　JC/T 746—2007

项目	波形屋面瓦						平板屋面瓦		
瓦脊高度 d（mm）	$d>20$			$d\leqslant 20$			—		
遮盖宽度 b_1（mm）	$b_1\geqslant 300$	$b_1\leqslant 200$	$200<b_1<300$	$b_1\geqslant 300$	$b_1\leqslant 200$	$200<b_1<300$	$b_1\geqslant 300$	$b_1\leqslant 200$	$200<b_1<300$
承载力标准值/F_c（N）	1800	1200	$6b_1$	1200	900	$3b_1+300$	1000	800	$2b_1+400$

（5）特殊性能混凝土瓦的技术指标及检验方法由供需双方商定。

6.3　堵漏止水材料

堵漏止水材料包括抹面堵漏材料和注浆堵漏材料。注浆材料又称为灌浆材料，是指将无机材料或有机高分子材料配制成具有特定性能要求的浆液，采用压送设备将其灌入缝隙或孔洞中，使其扩散、胶凝或固化达到防渗堵漏目的的一类防水堵漏材料。

6.3.1　建筑防水维修用快速堵漏材料

快速堵漏材料是指利用自身化学反应产物，在短时间内阻断渗漏水通道达到止水目的的一类防水堵漏材料。适用于地下工程混凝土结构和实心砌体结构渗漏治理时采用的快速止水堵漏材料已发布建筑工业行业标准《建筑防水维修用快速堵漏材料技术条件》（JG/T 316—2011）。

1. 产品的分类

（1）快速堵漏材料按其施工工艺可分为灌浆材料和嵌填材料。

（2）灌浆材料按其主体成分分为聚氨酯灌浆材料和丙烯酸盐灌浆材料；单组分水活性聚氨酯灌浆材料根据固结体的亲/疏水特性又可分为亲水型聚氨酯灌浆材料（简称亲水型）和疏水型聚氨酯灌浆材料（简称疏水型）。

（3）嵌填材料主要是指速凝型无机防水堵漏材料。

聚氨酯灌浆材料是指以多异氰酸酯和多元醇化合物为主要原料，并辅以其他助剂，经过一定的工艺制备的一类溶液灌浆材料。单组分水活性聚氨酯灌浆材料是指以多异氰酸酯与多羟基化合物聚合反应制备的预聚物为主要组分，通过与水反应固结发泡，并可单液灌注的一类灌浆材料。亲水型聚氨酯灌浆材料是指浆液与水反应形成的固结体具有遇水膨胀特性的一类聚氨酯灌浆材料，俗称水溶性聚氨酯灌浆材料。疏水型聚氨酯灌浆材料是指浆液只与固定比例的水反应固化，固结体具有疏水特性的一类聚氨酯灌浆材料，俗称油溶性聚氨酯灌浆材料。

丙烯酸盐灌浆材料是指以丙烯酸镁、丙烯酸钙等丙烯酸盐类单体水溶液为主剂，加入适量交联剂、促进剂、引发剂、水和/或改性剂制成的双组分或多组分均质液体的一类灌浆材料。

2. 产品的技术性能要求

（1）灌浆材料

① 单组分水活性聚氨酯灌浆材料的浆液和固结体性能应分别符合表6-75及表6-76的规定。

② 丙烯酸盐灌浆材料的浆液及固结体性能应分别符合表6-77及表6-78的规定。

（2）嵌填材料

速凝型无机防水堵漏材料的性能应符合表6-79的规定。

表6-75　单组分水活性聚氨酯灌浆材料浆液性能要求　　JG/T 316—2011

序号	项目		性能要求	
			亲水型	疏水型
1	外观		均质液体，无结皮、无沉淀	
2	黏度（mPa·s）	23℃	≤1.0×10^3	
		15℃	≤2.5×10^3	
3	不挥发物（%）		≥80	
4	凝胶时间（s）		≤100	—
5	凝固时间（s）		—	≤300
6	包水性（10倍水）（s）		≤200	—
7	发泡率（s）		—	≥1000

表6-76　单组分水活性聚氨酯灌浆材料固结体性能要求　　JG/T 316—2011

序号	项目	性能要求	
		亲水型	疏水型
1	遇水膨胀率（%）	≥40	—
2	干湿循环后遇水膨胀率变化率（%）	≤10	—
3	潮湿基面粘结强度[a]（MPa）	—	≥0.20
4	拉伸强度[a]（MPa）	—	≥0.40
5	断裂伸长率[a]（%）	—	≥100
6	干燥后尺寸线性变化率（%）	—	≤5

a　仅当工程部位有形变要求时检测。

表6-77　丙烯酸盐灌浆材料浆液性能要求　　JG/T 316—2011

序号	项目	性能要求
1	外观	均质液体，不含固体颗粒
2	黏度（mPa·s）	≤20
3	凝结时间（min）	≤30
4	pH值	≥7.0

表6-78　丙烯酸盐灌浆材料固结体性能要求　　JG/T 316—2011

序号	项目	性能要求
1	渗透系数（cm/s）	<1.0×10^{-6}

续表

序号	项目	性能要求
2	挤出破坏比降	≥300
3	固砂体抗压强度（MPa）	≥0.2
4	遇水膨胀率（%）	≥30

表 6-79　速凝型无机防水堵漏材料性能要求　　JG/T 316—2011

序号	项目		性能要求
1	凝结时间（min）	初　凝	≤5
		终　凝	≤10
2	抗压强度（MPa）	1h	≥4.5
		3d	≥15
3	抗折强度（MPa）	1h	≥1.5
		3d	≥4.0
4	抗渗压力（7d）（MPa）		≥1.5
5	粘结强度（7d）（MPa）		≥0.6
6	冻融循环（50 次）		无开裂、起皮、脱落

6.3.2　无机防水堵漏材料

无机防水堵漏材料代号为 FD，是指以水泥为主要组分，掺入添加剂经一定工艺加工制成的用于防水、抗渗、堵漏的一类粉状无机材料。适用于建筑工程及土木工程防水、抗渗、堵漏用的无机防水堵漏材料已发布国家标准《无机防水堵漏材料》（GB 23440—2009）。

1. 产品的分类和标记

（1）产品的分类

无机防水堵漏材料产品根据凝结时间和用途分为缓凝型（Ⅰ型）和速凝型（Ⅱ型）：

① 缓凝型（Ⅰ型）主要用于潮湿基层上的防水抗渗。

② 速凝型（Ⅱ型）主要用于渗漏或涌水基体上的防水堵漏。

（2）产品的标记

产品按其产品代号、类别、标准号的顺序进行标记。

示例：

缓凝型无机防水堵漏材料标记为：FDⅠ GB 23440—2009。

2. 产品的技术性能要求

（1）外观

产品外观为色泽均匀、无杂质、无结块的粉末。

（2）物理力学性能

产品的物理力学性能应符合表 6-80 的要求。

表 6-80　无机防水堵漏材料的物理力学性能　　GB 23440—2009

序号	项目		缓凝型（Ⅰ型）	速凝型（Ⅱ型）
1	凝结时间	初凝（min）	≥10	≤5
		终凝（min）	≤360	≤10
2	抗压强度（MPa）	1h	—	≥4.5
		3d	≥13.0	≥15.0
3	抗折强度（MPa）	1h	—	≥1.5
		3d	≥3.0	≥4.0
4	7d 涂层抗渗压力（MPa）		≥0.4	—
	7d 试件抗渗压力（MPa）		≥1.5	
5	7d 粘结强度（MPa）		≥0.6	
6	耐热性（100℃，5h）		无开裂、起皮、脱落	
7	冻融循环（20 次）		无开裂、起皮、脱落	

6.3.3　水泥基灌浆材料

水泥基灌浆材料是以水泥为基本材料，掺加外加剂和其他辅助材料，加水拌和后具有大流动度、早强、高强、微膨胀等性能的一类干混材料。适用于设备基础二次灌浆，柱脚底板、地脚螺栓锚固、混凝土结构加固、修补、钢筋连接套筒等使用的水泥基灌浆材料已发布建材行业标准《水泥基灌浆材料》（JC/T 986—2018）。

1. 产品的分类和标记

产品按其流动度分为四类：Ⅰ类、Ⅱ类、Ⅲ类和Ⅳ类。

产品按其抗压强度分为四个等级：A50、A60、A70 和 A85。

产品按其名称、类别、标准号顺序进行标记。

示例：

Ⅰ类、A50 水泥基灌浆材料的产品标记为：水泥基灌浆材料Ⅰ A50 JC/T 986—2018。

2. 产品的技术性能要求

（1）一般要求

本标准包括的产品的生产与应用不应对人体、生物与环境造成有害的影响，所涉及的安全与环保要求，应符合我国相关国家标准和规范的要求。

（2）技术要求

① 细度：流动度Ⅰ类、Ⅱ类和Ⅲ类水泥基灌浆材料 4.75mm 筛筛余为 0，流动度Ⅳ类水泥基灌浆材料最大粒径大于 4.75mm，且不超过 25mm。

② 流动度：水泥基灌浆材料流动度应符合表 6-81 的要求。

表 6-81　流动度　　JC/T 986—2018

项目		技术指标			
		Ⅰ	Ⅱ	Ⅲ	Ⅳ
截锥流动度	初始值	—	≥340mm	≥290mm	≥650mm[a]
	30min	—	≥310mm	≥260mm	≥550mm[a]

续表

项目		技术指标			
		Ⅰ	Ⅱ	Ⅲ	Ⅳ
流锥流动度	初始值	≤35s	—	—	—
	30min	≤50s	—	—	—

a　表示坍落扩展度。

③ 抗压强度：水泥基灌浆材料抗压强度应符合表 6-82 的要求。

④ 其他性能要求：水泥基灌浆材料的其他性能应符合表 6-83 的要求。

表 6-82　抗压强度　　JC/T 986—2018

项目	技术指标			
	A50	A60	A70	A85
1d（MPa）	≥15	≥20	≥25	≥35
3d（MPa）	≥30	≥40	≥45	≥60
28d（MPa）	≥50	≥60	≥70	≥85

表 6-83　其他性能要求　　JC/T 986—2018

项目		技术指标
泌水率		0
对钢筋锈蚀作用		对钢筋无锈蚀作用
竖向膨胀率[a]	3h	0.1%～3.5%
	24h 与 3h 膨胀率之差	0.02%～0.50%

a　抗压强度等级 A85 的水泥基灌浆材料 3h 竖向膨胀率指标可放宽至 0.02%～3.5%。

6.3.4　混凝土裂缝用环氧树脂灌浆材料

环氧树脂灌浆材料是指以环氧树脂为主剂加入固化剂、稀释剂、增韧剂等组分形成的，A 组分是以环氧树脂为主的体系，B 组分为固化体系的一类双组分商品灌浆材料。适用于修补混凝土裂缝用的环氧树脂灌浆材料已发布建材行业标准《混凝土裂缝用环氧树脂灌浆材料》（JC/T 1041—2007）。

1. 产品的分类和标记

（1）产品的分类

① 类型：环氧树脂灌浆材料（代号 EGR）、按初始黏度分为低黏度型（L）和普通型（N）。

② 等级：环氧树脂灌浆材料按其固化物力学性能分为Ⅰ、Ⅱ两个等级。

（2）产品的标记

环氧树脂灌浆材料产品按其产品代号、类型、等级和标准号的顺序进行标记。

示例：

黏度为普通型 N，等级Ⅰ，混凝土裂缝用环氧树脂灌浆材料，标记为：EGRNⅠ JC/T 1041—2007。

2. 产品的技术性能要求

（1）一般要求

本标准包括的产品不应对人体、生物与环境造成有害的影响，所涉及与使用有关的安全与环保要求，应符合我国相关标准和规范的规定。

（2）技术要求

① 外观：A、B组分均匀，无分层。

② 物理力学性能：环氧树脂灌浆材料浆液性能与固化物性能应符合表6-84、表6-85的规定。

表6-84　环氧树脂灌浆材料浆液性能　　JC/T 1041—2007

序号	项目		浆液性能	
			L	N
1	浆液密度（g/cm³）	>	1.00	1.00
2	初始黏度（mPa·s）	<	30	200
3	可操作时间（min）	>	30	30

表6-85　环氧树脂灌浆材料固化物性能　　JC/T 1041—2007

序号	项目			固化物性能	
				Ⅰ	Ⅱ
1	抗压强度（MPa）		≥	40	70
2	拉伸剪切强度（MPa）		≥	5.0	8.0
3	抗拉强度（MPa）		≥	10	15
4	粘结强度	干粘结（MPa）	≥	3.0	4.0
		湿粘结[a]（MPa）	≥	2.0	2.5
5	抗渗压力（MPa）		≥	1.0	1.2
6	渗透压力比（%）		≥	300	400

a　湿粘结强度：潮湿条件下必须进行测定。

注：固化物性能的测定试龄期为28d。

6.3.5　丙烯酸盐灌浆材料

丙烯酸盐灌浆材料是指以丙烯酸盐单体水溶液为主剂加入适量交联剂、促进剂、引发剂、水和/或改性剂制成的双组分或多组分均质液体的一类灌浆材料。适用于水利、采矿、交通、工业及民用建筑等领域的防渗堵漏以及软弱地层处理的丙烯酸盐灌浆材料，已发布建材行业标准《丙烯酸盐灌浆材料》（JC/T 2037—2010）。

1. 产品分类和标记

丙烯酸盐灌浆材料（代号AG）按固化物理性能分为Ⅰ型和Ⅱ型。

丙烯酸盐灌浆材料产品按其产品代号、类型、标准编号顺序标记。

示例：

Ⅰ型丙烯酸盐灌浆材料，标记为：AGⅠ JC/T 2037—2010。

2. 产品的技术性能要求

（1）一般要求

本标准包括的产品不应对人体、生物与环境造成有害的影响，所涉及与生产、使用有关的安全与环保要求。应符合我国相关国家标准和规范的规定。当产品用于饮用水及灌溉等工程时，应达到实际无毒级。

（2）技术要求

① 丙烯酸盐灌浆材料浆液的物理性能应符合表 6-86 的规定。

② 丙烯酸盐灌浆材料固化物的物理性能应符合表 6-87 的规定。

表 6-86　浆液物理性能　　JC/T 2037—2010

序号	项目		技术要求
1	外观		不含颗粒的均质液体
2	密度[a]（g/cm^3）		生产厂控制值±0.05
3	黏度（mPa·s）	≤	10
4	pH 值		6.0～9.0
5	凝胶时间（s）		报告实测值

a　生产厂控制值应在产品包装与说明书中明示用户。

表 6-87　固化物物理性能　　JC/T 2037—2010

序号	项目		技术要求	
			Ⅰ型	Ⅱ型
1	渗系系数（cm/s）	<	1.0×10^{-6}	1.0×10^{-7}
2	固砂体抗压强度（kPa）	≥	200	400
3	抗挤出破坏比降	≥	300	600
4	遇水膨胀率（%）	≥	30	

6.3.6　聚氨酯灌浆材料

聚氨酯灌浆材料是指以多异氰酸酯与多羟基化合物聚合反应制备的预聚体为主剂，通过灌浆注入基础或结构，与水反应生成不溶于水的具有一定弹性或强度固结体的一类浆液材料。适用于水利水电、建筑、交通、采矿等领域中混凝土裂缝修补、防渗堵漏、加固补强及基础帷幕防渗等工程所用的聚氨酯灌浆材料已发布建材行业标准《聚氨酯灌浆材料》（JC/T 2041—2010）。

1. 产品的分类和标记

（1）产品的分类

聚氨酯灌浆材料按产品的原材料组成分为两类：水溶性聚氨酯灌浆材料（代号 WPU）和油溶性聚氨酯灌浆材料（代号 OPU）。

（2）产品的标记

聚氨酯灌浆材料按产品代号、标准编号的顺序标记。

示例：

水溶性聚氨酯灌浆材料　WPU JC/T 2041—2010。

2. 产品的技术性能要求

（1）一般技术

本标准包括的产品不应对人体、生物与环境造成有害的影响，所涉及与使用有关的安全与环保要求，应符合我国相关国家标准和规范的规定。

（2）技术要求

① 外观：产品为均匀的液体，无杂质、不分层。

② 物理力学性能：产品的物理力学性能应符合表 6-88 的规定。

表 6-88　聚氨酯灌浆材料的物理性能指标　　JC/T 2041—2010

序号	试验项目		指标	
			WPU	OPU
1	密度（g/cm^3）	≥	1.00	1.05
2	黏度[a]（mPa·s）	≤	1.0×10^3	
3	凝胶时间[a]（s）	≤	150	—
4	凝固时间[a]（s）	≤	—	800
5	遇水膨胀率（%）	≥	20	—
6	包水性（10 倍水）（s）	≤	200	—
7	不挥发物含量（%）	≥	75	78
8	发泡率（%）	≥	350	1000
9	抗压强度[b]（MPa）	≥	—	6

a　也可根据供需双方商定。

b　有加固要求时检测。

6.3.7　混凝土裂缝修复灌浆树脂

灌浆树脂是指采用灌注工艺进行混凝土裂缝修复的一类树脂。适用于对混凝土裂缝进行修复的灌浆树脂已发布建筑工业行业标准《混凝土裂缝修复灌浆树脂》（JG/T 264—2010）。

1. 产品的分类和标记

（1）产品的分类

产品按施工环境温度可分为：常温（10～40℃）固化型，其代号为 N；低温（－10～－5℃）固化型，其代号为 L。

（2）产品的标记

灌浆树脂按产品代号（GR）和施工环境温度型号的顺序标记。

示例：

灌浆树脂，施工环境温度为常温固化型标记为：GR-N。

2. 产品的技术性能要求

（1）外观质量应色泽均匀，无结块，无分层沉淀。

（2）性能应符合表 6-89 的规定。

表 6-89　灌浆树脂性能指标　　JG/T 264—2010

性能项目	项目	指标
工艺性能	混合后初黏度（23℃）（mPa·s）	≤500
	适用期（23℃）（min）	≥30
胶体性能	拉伸强度（MPa）	≥20
	拉伸弹性模量（MPa）	≥1500
	伸长率（%）	≥1
	压缩强度（MPa）	≥40
	弯曲强度（MPa）	≥30，且不得呈脆性破坏
粘结性能	拉伸剪切强度（钢-钢）（MPa）	≥10
耐久性	2000h 人工加速湿热快速老化后，下降率（%）	拉伸剪切强度（钢-钢）下降不大于 15
	50 次人工加速冻融循环快速老化后，下降率（%）	拉伸剪切强度（钢-钢）下降不大于 15

注：适用期（23℃）指标是常温固化型灌浆树脂的性能指标，在施工现场不得通过加入溶剂来降低树脂的黏度。

6.3.8　混凝土裂缝修补灌浆材料

混凝土裂缝修补灌浆材料是指采用灌浆工艺进行混凝土裂缝修补以达到补强目的的一类材料。适用于以聚合物基料和水硬性基料为主要原料，加入颜料和填料、助剂等其他组分制得的混凝土裂缝修补灌浆加固材料已发布建筑工业行业标准《混凝土裂缝修补灌浆材料技术条件》（JG/T 333—2011）。

1. 产品的分类

混凝土裂缝修补灌浆材料按材料组成分为两类：聚合物基料类灌浆材料和水硬性基料类灌浆材料。

2. 产品的技术性能要求

聚合物基料类灌浆材料性能应符合表 6-90 的规定。

水硬性基料类灌浆材料的性能应符合表 6-91 的规定。

表 6-90　聚合物基料类灌浆材料性能指标　　JG/T 333—2011

序号	项目	指标
1	初始黏度（mPa·s）	<500
2	适用期（min）	≥30
3	灌注能力（min）	≤8
4	体积收缩率（%）	≤3
5	压缩强度（MPa）	≥50
6	弯曲强度（MPa）	≥30，且不应呈脆性破坏
7	粘结强度[a]（MPa）	≥2.5
8	与混凝土的相容性（MPa）	≥2.5

a　粘结强度指与混凝土的粘结强度。

表 6-91 水硬性基料类灌浆材料性能指标 JG/T 333—2011

序号	项目		指标
1	初凝时间（min）		≥120
2	泌水率（%）		≤1.0
3	流动度（mm）	初始流动度	≥260
		30min 流动度保留值	≥230
4	竖向膨胀率（%）		≥0.020
5	抗压强度（MPa）	1d	≥20.0
		3d	≥40.0
		28d	≥60.0
6	氯离子含量（%）		≤0.1

6.3.9 桥梁混凝土裂缝压注胶和裂缝注浆料

适用于桥梁混凝土裂缝压注胶和裂缝注浆料已发布交通运输行业标准《桥梁混凝土裂缝压注胶和裂缝注浆料》（JT/T 990—2015）。

1. 产品的分类

根据修补裂缝的宽度不同分为裂缝压注胶和裂缝注浆料，具体分类见表 6-92。

2. 产品的技术性能要求

（1）外观

① 封闭用压注胶、修复用压注胶和改性环氧基注浆料应色泽均匀，无分层，无沉淀。

② 改性水泥基裂缝注浆料为 A、B 双组分，A 组分为粉体，无结块；B 组分为聚合物乳液，无沉淀。

（2）技术性能

① 桥梁混凝土裂缝封闭用压注胶的性能应符合表 6-93 的规定。

② 不中断交通施工条件下的桥梁混凝土裂缝封闭用压注胶的部分性能应符合表 6-94 的规定。

③ 桥梁混凝土裂缝修复用压注胶性能应符合表 6-95 的规定。

④ 桥梁混凝土改性环氧基裂缝注浆料性能应符合表 6-96 的规定。

⑤ 桥梁混凝土改性水泥基裂缝注浆料性能应符合表 6-97 的规定。

表 6-92 裂缝压注胶和裂缝注浆料分类表 JT/T 990—2015

分类				裂缝宽度 ω（mm）
压注胶	按其修补裂缝的方法	封闭用压注胶		$\omega<0.1$
		修复用压注胶		$0.1\leqslant\omega<1.5$
注浆料	按其所用粘结材料不同	改性环氧基注浆料	室温固化	$1.5\leqslant\omega<3$
			低温固化	
		改性水泥基注浆料	室温环境用	$3\leqslant\omega<5$
			高温环境用	

表 6-93　桥梁混凝土裂缝封闭用压注胶性能要求　　JT/T 990—2015

性能			检测条件	要求
胶体性能	抗拉强度（MPa）		在（23±2）℃、（50±5）%RH 条件下，以 2mm/min 加荷速度进行测试	≥30
	受拉弹性模量（MPa）			≥1500
	伸长率（%）			≥1.7
	抗弯强度（MPa）			≥30，且不得呈脆性破坏
	抗压强度（MPa）			≥50
粘结性能	钢对钢拉伸抗剪强度（MPa）	标准值	（23±2）℃	≥10
		平均值	（60±2）℃、10min	≥12
	钢对钢对接粘结抗拉强度（MPa）		在（23±2）℃、（50±5）%RH 条件下，按所执行试验方法标准规定的加荷速度测试	≥32
	钢对钢 T 冲击剥离长度（mm）			≤35
	钢对 C45 混凝土正拉粘结强度（MPa）		在（23±2）℃、（65±5）%RH、基面含水率≥10%	≥2.5，且为混凝土内聚破坏
工艺性能	触变指数（23±0.5）℃			≥3.0
	25℃下垂流度（mm）			≤2.0
	在各季节试验温度下测定的适用期（min）		春秋用（23±2）℃	≥50
			夏用（30±2）℃	≥40
			冬用（5±2）℃	50～180
耐湿热老化			在（50±2）℃、（95±3）%RH 环境老化 90d 后，冷却至室温进行钢对钢拉伸抗剪强度试验	老化后的抗剪强度平均降低率应不大于 18%
热变形温度（℃）			使用 0.45MPa、弯曲应力的 B 法	≥60
不挥发物含量（%）			（105±2）℃、（180±5）min	≥99

表 6-94　不中断交通施工条件下桥梁混凝土裂缝封闭用压注胶性能指标要求

JT/T 990—2015

性能	检测条件	要求
伸长率（%）	在（23±2）℃、（50±5）%RH 条件下，以 2mm/min 加荷速度进行测试	≥3.0
钢对钢拉伸抗剪强度（MPa）	试件黏合完成后养护 7d，到期立即在（23±2）℃、（50±5）%RH 条件下进行测试	≥15（平均值）
无约束线性收缩率（%）	浇注完成后养护 7d，到期立即在（23±2）℃条件下测试	≤0.5

表 6-95　桥梁混凝土裂缝修复用压注胶性能要求　　JT/T 990—2015

性能		检测条件	要求
胶体性能	抗拉强度（MPa）	浇注完成后养护 7d，到期立即在（23±2）℃、（50±5）%RH 条件下测试	≥30
	受拉弹性模量（MPa）		≥1500
	伸长率（%）		≥1.7
	抗弯强度（MPa）		≥30，且不得呈碎裂破坏
	抗压强度（MPa）		≥55
	无约束线性收缩率（%）	浇注完成后养护 7d，到期立即在（23±2）℃条件下测试	≤0.3

续表

性能		检测条件	要求
粘结性能	钢对钢拉伸抗剪强度（MPa）	试件黏合毕养护7d，到期立即在(23±2)℃、(50±5)%RH条件下进行测试	≥15
	钢对钢对接粘结抗拉强度（MPa）		≥20
	钢对C45混凝土的正拉粘结强度（MPa）		≥2.5，且为混凝土内聚破坏
耐湿热老化性能（MPa）		在50℃、(95±3)%RH环境中老化90d后，冷却至室温进行钢对钢拉伸抗剪强度试验	老化后的抗剪强度平均降低率应不大于18%
不挥发物含量（固体含量）		(105±2)℃、(180±5) min	≥99%

表6-96 桥梁混凝土改性环氧基裂缝注浆料性能要求 JT/T 990—2015

性能		检测条件	要求
浆体性能	劈裂抗拉强度（MPa）	浆体浇注完成后养护7d，到期立即在（23±2）℃、（50±5）%RH条件下，以2mm/min加荷速度进行测试	≥7.0
	抗弯强度（MPa）		≥25MPa，且不得呈碎裂状破坏
	抗压强度（MPa）		≥60
粘结性能	钢对钢拉伸抗剪强度标准值（MPa）	试件黏合完成后养护7d，到期立即在（23±2）℃、（50±5）%RH条件下进行测试	≥7.0
	钢对钢对接粘结抗拉强度（MPa）		≥15
	钢对C45混凝土的正拉粘结强度（MPa）		≥2.5MPa，且为混凝土内聚破坏
工艺性能	密度（g/cm^3）	采用GB/T 13354规定的试件尺寸和测试方法进行检测	＞1.0
	初始黏度（mPa·s）	采用GB 50728规定的试件尺寸和测试方法进行检测	≤1500
	23℃下7d无约束线性收缩率（%）	采用HG/T 2625规定的试件尺寸和测试方法进行检测	≤0.20
	25℃测定的可操作时间（min）	采用GB/T 7123规定的试件尺寸和测试方法进行检测	≥60
	适合注浆的裂缝宽度ω（mm）	—	$1.5<\omega\leqslant 3.0$
耐湿热老化性能（MPa）		在50℃、98%RH环境中老化90d后，冷却至室温进行钢对钢拉伸抗剪强度试验	老化后的抗剪强度平均降低率应不大于20%

表6-97 桥梁混凝土改性水泥基裂缝注浆料性能指标要求 JT/T 990—2015

性能		龄期（d）	检测条件	要求
浆体性能	抗压强度（MPa）	3	采用40mm×40mm×160mm的试件，按GB/T 17671规定的方法在(23±2)℃、(50±5)%RH条件下检测	≥25
		7		≥35
		28		≥55
	劈裂抗拉强度（MPa）	7	采用GB 50728附录E规定的试件尺寸和测试方法进行检测	≥3.0
		28		≥4.0
	抗折强度（MPa）	7	采用GB 50728附录S规定的试件尺寸和测试方法进行检测	≥5.0
		28		≥8.0

续表

性能			龄期（d）	检测条件	要求
粘结性能	钢对C45混凝土的正拉粘结强度（MPa）		28	采用GB 50728附录G规定的试件尺寸和测试方法进行检测	≥1.5
工艺性能	流动度（自流）	初始值（mm）		采用GB/T 50448规定的试件尺寸和测试方法进行检测	≥380
		30min保留率（%）			≥90
	竖向膨胀率	3h（%）		采用GB/T 7123规定的试件尺寸和测试方法进行检测	≥0.10
		24h与3h之差值（%）			0.02～0.20
	泌水率（%）			采用GB/T 50448及GB/T 50119规定的试件尺寸和测试方法进行检测	0
	25℃测定的可操作时间（min）			采用GB/T 50080规定的试件尺寸和测试方法进行检测	≥90
	适合注浆的裂缝宽度ω（mm）			—	$3.0<\omega\leqslant 5.0$
耐施工负温作用性能（抗压强度比）（%）			（−7+28）	采用GB/T 50448规定的养护条件和测试方法进行检测	≥80
			（−7+56）		≥90

注：（−7+28）表示在规定的负温下养护7d再转标准养护28d，余类推。

6.3.10　混凝土接缝防水用预埋注浆管

适用于混凝土结构接缝防水用的预埋注浆管已发布国家标准《混凝土接缝防水用预埋注浆管》（GB/T 31538—2015）。

1. 产品的分类和标记

（1）产品的分类

产品按其骨架结构分为两类：

① 不锈钢弹簧骨架注浆管，用B表示，结构示意图如图6-2所示。

② 硬质塑料或硬质橡胶骨架注浆管，用Y表示，结构示意图如图6-3所示。

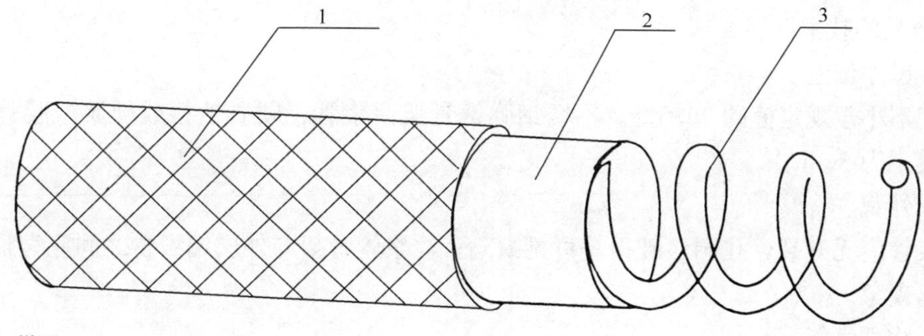

说明：

1—外层保护材料；
2—滤布；
3—不锈钢弹簧骨架

图6-2　不锈钢弹簧骨架注浆管的结构示意图

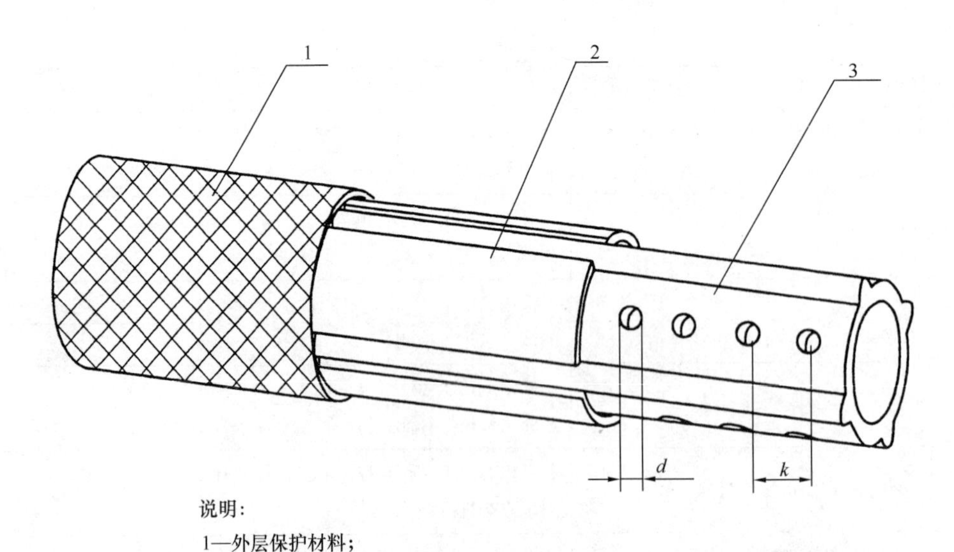

说明：

1—外层保护材料；
2—弹性覆盖材料；　　d—出浆孔直径；
3—硬质塑料或硬质橡胶骨架；　k—出浆孔间距。

图 6-3　硬质塑料或硬质橡胶骨架注浆管的结构示意图

（2）产品的规格

不锈钢弹簧骨架注浆管外径规格为 12mm，其他外径规格由供需双方商定。

不锈钢弹簧骨架注浆管内径规格为 8mm，其他内径规格由供需双方商定。

硬质塑料或硬质橡胶骨架注浆管外径规格为 18mm，其他外径规格由供需双方商定。

硬质塑料或硬质橡胶骨架注浆管内径规格为 8mm，其他内径规格由供需双方商定。

（3）产品的标记

按产品标准、名称、外径、内径和长度顺序标记。

示例：

外径 12mm 内径 8mm 长度 100m 不锈钢弹簧管骨架注浆管标记为：GB/T 31538—2015 不锈钢弹簧管骨架注浆管 12/8×100。

2. 产品的技术性能要求

（1）尺寸偏差

长度不小于规定值的 99.5%。不锈钢弹簧骨架注浆管、硬质塑料或硬质橡胶骨架注浆管内径最小为 8mm。

（2）外观

注浆管应无开裂、孔洞、破损等可见缺陷；注浆管骨架与外层编织物之间应完整，无松开和脱离现象。

（3）物理性能

① 不锈钢弹簧骨架注浆管的物理性能应符合表 6-98 的规定。

表 6-98　不锈钢弹簧骨架注浆管的物理性能　　GB/T 31538—2015

序号	项目	指标
1	注浆管外径偏差（mm）	±1.0

续表

序号	项目	指标
2	注浆管内径偏差（mm）	±1.0
3	不锈钢弹簧钢丝直径（mm）	≥1.0
4	滤布等效孔径 O_{95}（mm）	<0.074
5	滤布渗透系数 K_{20}（mm/s）	≥0.05
6	抗压强度（N/mm）	≥70
7	不锈钢弹簧钢丝间距（圈/10cm）	≥12

② 硬质塑料或硬质橡胶骨架注浆管的物理性能应符合表 6-99 的规定。

表 6-99　硬质塑料或硬质橡胶骨架注浆管物理性能　GB/T 31538—2015

序号	项目	指标
1	注浆管外径偏差（mm）	±1.0
2	注浆管内径偏差（mm）	±1.0
3	出浆孔间距（mm）	≤20
4	出浆孔直径（mm）	3～5
5	抗压变形量（mm）	≤2
6	覆盖材料扯断永久变形（%）	≤10
7	骨架低温弯曲性能	−10℃，无脆裂

附录A　建筑防水材料标准题录

A.1　基础标准

GB/T 2705—2003　涂料产品分类与命名；
GB/T 8075—2017　混凝土外加剂术语；
GB/T 13553—1996　胶粘剂分类；
GB/T 13759—2009　土工合成材料　术语和定语；
GB/T 14682—2006　建筑密封材料术语；
GB 18378—2008　防水沥青与防水卷材术语；
GB/T 22083—2008　建筑密封胶分级和要求；
GB 30184—2013　沥青基防水卷材单位产品能源消耗定额；
GB/T 35609—2017　绿色产品评价　防水与密封材料；
JGJ/T 191—2009　建筑材料术语标准；
JC/T 1072—2016　防水卷材生产企业质量管理规程；
JC/T 2351—2016　预制混凝土衬砌管片安全生产规格。

A.2　产品标准

A.2.1　沥青产品标准

GB/T 494—2010　建筑石油沥青；
GB/T 2290—2012　煤沥青；
GB/T 15180—2010　重交通道路石油沥青；
GB/T 26510—2011　防水用塑性体改性沥青；
GB/T 26528—2011　防水用弹性体（SBS）改性沥青；
GB/T 30516—2014　高粘高弹道路沥青；
JC/T 2218—2014　防水卷材沥青技术要求；
SH/T 0002—1990　防水防潮石油沥青；
SH/T 0734—2003　聚合物改性道路沥青；
NB/SH/T 0522—2010　道路石油沥青；
NB/SH/T 0881—2014　道桥用环氧沥青；
YB/T 5194—2015　改质沥青。

A.2.2　建筑防水卷材产品标准

GB 326—2007　石油沥青纸胎油毡；
GB 12952—2011　聚氯乙烯（PVC）防水卷材；
GB 12953—2003　氯化聚乙烯防水卷材；
GB/T 14686—2008　石油沥青玻璃纤维胎防水卷材；
GB/T 14798—2008　土工合成材料现场鉴别标识；
GB/T 17638—2017　土工合成材料　短纤针刺非织造土工布；
GB/T 17639—2008　土工合成材料　长丝纺粘针刺非织造土工布；
GB/T 17640—2008　土工合成材料　长丝机织土工布；
GB/T 17641—2017　土工合成材料　裂膜丝机织土工布；
GB/T 17642—2008　土工合成材料　非织造布复合土工膜；
GB/T 17643—2011　土工合成材料　聚乙烯土工膜；
GB/T 17689—2008　土工合成材料　塑料土工格栅；
GB/T 17690—1999　土工合成材料　塑料扁丝编织土工布；
GB/T 17987—2000　沥青防水卷材用基胎聚酯非织造布；
GB 18242—2008　弹性体改性沥青防水卷材；
GB 18243—2008　塑性体改性沥青防水卷材；
GB 18173.1—2012　高分子防水材料　第1部分　片材；
GB/T 18744—2002　土工合成材料　塑料三维土网垫；
GB/T 18840—2018　沥青防水卷材用胎基；
GB/T 18887—2002　土工合成材料　机织非织造复合土工布；
GB 18967—2009　改性沥青聚乙烯胎防水卷材；
GB/T 19274—2003　土工合成材料　塑料土工格室；
GB/T 20474—2015　玻纤胎沥青瓦；
GB/T 21897—2008　承载防水卷材；
GB/T 23260—2009　带自粘层的防水卷材；
GB 23441—2009　自粘聚合物改性沥青防水卷材；
GB/T 23457—2017　预铺防水卷材；
GB/T 26518—2011　高分子增强复合防水片材；
GB 27789—2011　热塑性聚烯烃（TPO）防水卷材；
GB/T 32748—2016　渠道衬砌与防渗材料；
GB/T 35467—2017　湿铺防水卷材；
GB/T 35468—2017　种植屋面用耐根穿刺防水卷材；
GB/T 35470—2017　轨道交通工程用天然钠基膨润土防水毯；
JC/T 504—2007　铝箔面石油沥青防水卷材；
JC 505—1992　煤沥青纸胎油毡；
JC/T 841—2007　耐碱玻璃纤维网布；
JC/T 863—2011　高分子防水卷材胶粘剂；

JC/T 974—2005　道桥用改性沥青防水卷材；
JC/T 1067—2008　坡屋面用防水材料　聚合物改性沥青防水垫层；
JC/T 1068—2008　坡屋面用防水材料　自粘聚合物沥青防水垫层；
JC/T 1069—2008　沥青基防水卷材用基层处理剂；
JC/T 1070—2008　自粘聚合物沥青泛水带；
JC/T 1071—2008　沥青瓦用彩砂；
JC/T 1076—2008　胶粉改性沥青玻纤毡与玻纤网格布增强防水卷材；
JC/T 1077—2008　胶粉改性沥青玻纤毡与聚乙烯膜增强防水卷材；
JC/T 1078—2008　胶粉改性沥青聚酯毡与玻纤网格布增强防水卷材；
JC/T 2046—2011　改性沥青防水卷材成套生产设备通用技术要求；
JC/T 2054—2011　天然钠基膨润土防渗衬垫；
JC/T 2112—2012　塑料防护排水板；
JC/T 2289—2014　聚苯乙烯防护排水板；
JC/T 2290—2014　隔热防水垫层；
JC/T 2291—2014　透汽防水垫层；
JC/T 2377—2016　聚乙烯丙纶防水卷材用聚合物水泥粘结料；
JG/T 193—2006　钠基膨润土防水毯；
JG/T 166—2016　纤维片材加固修复结构用粘结树脂；
JG/T 167—2016　结构加固修复用碳纤维片材；
JT/T 536—2018　路桥用塑性体改性沥青防水卷材；
JT/T 664—2006　公路工程土工合成材料防水材料；
JT/T 992.1—2015　公路工程土工合成材料　土工布　第1部分　聚丙烯短纤针刺非织造土工布；
HJ 455—2009　环境标志产品技术要求　防水卷材；
CJ/T 234—2006　垃圾填埋场用高密度聚乙烯土工膜；
CJ/T 276—2008　垃圾填埋场用线性低密度聚乙烯土工膜；
CJ/T 430—2013　垃圾填埋场用非织造土工布；
CJ/T 452—2014　垃圾填埋场用土工排水网；
FZ/T 64036—2013　钠基膨润土复合防水衬垫。

A.2.3　建筑防水涂料产品标准

GB/T 19250—2013　聚氨酯防水涂料；
GB/T 20623—2006　建筑涂料用乳液；
GB/T 23445—2009　聚合物水泥防水涂料；
GB/T 23446—2009　喷涂聚脲防水涂料；
GB/T 35602—2017　绿色产品评价　涂料；
JC/T 408—2005　水乳型沥青防水涂料；
JC/T 864—2008　聚合物乳液建筑防水涂料；
JC/T 975—2005　道桥用防水涂料；

JC/T 998—2006　喷涂聚氨酯硬泡体保温材料；
JC/T 1017—2006　建筑防水涂料用聚合物乳液；
JC 1066—2008　建筑防水涂料中有害物质限量；
JC/T 2217—2014　环氧树脂防水涂料；
JC/T 2251—2014　聚甲基丙烯酸甲酯（PMMA）防水涂料；
JC/T 2252—2014　喷涂聚脲用底涂和腻子；
JC/T 2253—2014　脂肪族聚氨酯耐候防水涂料；
JC/T 2254—2014　喷涂聚脲用层间处理剂；
JC/T 2317—2015　喷涂橡胶沥青防水涂料；
JC/T 2415—2017　用于陶瓷砖粘结层下的防水涂膜；
JC/T 2428—2017　非固化橡胶沥青防水涂料；
JC/T 2435—2018　单组分聚脲防水涂料；
JG/T 335—2011　混凝土结构防护用成膜型涂料；
JG/T 337—2011　混凝土结构防护用渗透型涂料；
JG/T 349—2011　硅改性丙烯酸渗透性防水涂料；
JG/T 375—2012　金属屋面丙烯酸高弹防水涂料；
JT/T 535—2015　路桥用水性沥青基防水涂料；
JT/T 983—2015　路桥用溶剂性沥青基防水粘结涂料；
HJ 457—2009　环境标志产品技术要求　防水涂料；
HG/T 3831—2006　喷涂聚脲防护材料；
科技基〔2009〕117号　客运专线铁路桥梁混凝土桥面喷涂聚脲防水层暂行技术条件。

A.2.4　建筑防水密封材料产品标准

GB/T 12002—1989　塑料门窗用密封条；
GB/T 14683—2017　硅酮和改性硅酮建筑密封胶；
GB 16776—2005　建筑用硅酮结构密封胶；
GB/T 18173.2—2014　高分子防水材料第2部分：止水带；
GB/T 18173.3—2014　高分子防水材料第3部分：遇水膨胀橡胶；
GB 18173.4—2010　高分子防水材料第4部分：盾构法隧道管片用橡胶密封垫；
GB/T 23261—2009　石材用建筑密封胶；
GB/T 23660—2009　建筑结构裂缝止裂带；
GB/T 23661—2009　建筑用橡胶结构密封垫；
GB/T 23662—2009　混凝土道路伸缩缝用橡胶密封件；
GB/T 24266—2009　中空玻璃用硅酮结构密封胶；
GB/T 24267—2009　建筑用阻燃密封胶；
GB/T 24498—2009　建筑门窗、幕墙用密封胶条；
GB/T 29755—2013　中孔玻璃用弹性密封胶；
GB 30982—2014　建筑胶粘剂中有害物质限量；
GB/T 31061—2014　盾构法隧道管片用软木橡胶衬垫；

AQ 1088—2011 煤矿喷涂堵漏风用高分子材料技术条件；
JC/T 207—2011 建筑防水沥青嵌缝油膏；
JC/T 482—2003 聚氨酯建筑密封胶；
JC/T 483—2006 聚硫建筑密封胶；
JC/T 484—2006 丙烯酸酯建筑密封胶；
JC/T 485—2007 建筑窗用弹性密封胶；
JC/T 798—1997 聚氯乙烯建筑防水接缝材料；
JC/T 881—2017 混凝土接缝用建筑密封胶；
JC/T 882—2001 幕墙玻璃接缝用密封胶；
JC/T 884—2016 金属板用建筑密封胶；
JC/T 885—2016 建筑用防霉密封胶；
JC/T 914—2014 中空玻璃用丁基热熔密封胶；
JC 936—2004 单组分聚氨酯泡沫填缝剂；
JC/T 942—2004 丁基橡胶防水密封胶粘带；
JC/T 976—2005 道桥嵌缝用密封胶；
JC/T 1004—2017 陶瓷砖填缝剂；
JC/T 1022—2007 中空玻璃用复合密封胶条；
JC/T 2053—2011 非金属密封材料；
JC/T 2255—2014 混凝土接缝密封嵌缝板；
JG/T 141—2001 膨润土橡胶遇水膨胀止水条；
JG/T 312—2011 遇水膨胀止水胶；
JG/T 372—2012 建筑变形缝装置；
JG/T 386—2012 建筑门窗复合密封条；
JG/T 471—2015 建筑门窗幕墙用中空玻璃弹性密封胶；
JG/T 475—2015 建筑幕墙用硅酮结构密封胶；
JG/T 488—2015 建筑用高温硫化硅橡胶密封件；
JG/T 501—2016 建筑构件连接处防水密封膏；
JG/T 542—2018 建筑室内装修用环氧接缝胶；
JT/T 203—2014 公路水泥混凝土路面接缝材料；
JT/T 589—2014 水泥混凝土路面嵌缝密封材料；
JT/T 740—2015 路面加热型密封胶；
JT/T 969—2015 路面裂缝贴缝胶；
JT/T 970—2015 沥青路面有机硅密封胶；
JT/T 1124.1—2017 公路工程土工合成材料防水材料 第1部分：塑料止水带。

A.2.5 刚性防水和堵漏材料产品标准

GB/T 2938—2008 低热微膨胀水泥；
GB 8076—2008 混凝土外加剂；
GB/T 14902—2012 预拌混凝土；

GB/T 18046—2017　用于水泥、砂浆和混凝土中的粒化高炉矿渣粉；
GB 18445—2012　水泥基渗透结晶型防水材料；
GB/T 18736—2017　高强高性能混凝土用矿物外加剂；
GB/T 21120—2018　水泥混凝土和砂浆用合成纤维；
GB/T 22082—2008　预制混凝土衬砌管片；
GB/T 23439—2017　混凝土膨胀剂；
GB 23440—2009　无机防水堵漏材料；
GB/T 25181—2010　预拌砂浆；
GB/T 31538—2015　混凝土接缝防水用预埋注浆管；
GB/T 34557—2017　砂浆、混凝土用乳胶和可再分散乳胶粉；
AQ 1087—2011　煤矿堵水用高分子材料技术条件；
AQ 1089—2011　煤矿加固煤岩体用高分子材料；
AQ 1090—2011　煤矿充堵密闭用高分子发泡材料；
JC/T 311—2004　明矾石膨胀水泥；
JC 474—2008　砂浆、混凝土防水剂；
JC 475—2004　混凝土防冻剂；
JC 901—2002　水泥混凝土养护剂；
JC/T 902—2002　建筑表面用有机硅防水剂；
JC/T 907—2018　混凝土界面处理剂；
JC/T 984—2011　聚合物水泥防水砂浆；
JC/T 985—2017　地面用水泥基自流平砂浆；
JC/T 986—2018　水泥基灌浆材料；
JC/T 1018—2006　水性渗透型无机防水剂；
JC/T 1041—2007　混凝土裂缝用环氧树脂灌浆材料；
JC/T 2037—2010　丙烯酸盐灌浆材料；
JC/T 2041—2010　聚氨酯灌浆材料；
JC/T 2090—2011　聚合物水泥防水浆料；
JC/T 2235—2014　混凝土用硅质防护剂；
JC/T 2237—2014　无震动防滑车道用聚合物水泥基材料；
JC/T 2361—2016　砂浆混凝土减缩剂；
JC/T 2379—2016　地基与基础处理用环氧树脂灌浆料；
JC/T 2381—2016　修补砂浆；
JG/T 223—2017　聚羧酸系高性能减水剂；
JG/T 231—2007　建筑玻璃采光顶；
JG/T 264—2010　混凝土裂缝修复灌浆树脂；
JG/T 316—2011　建筑防水维修用快速堵漏材料技术条件；
JG/T 333—2011　混凝土裂缝修补灌浆材料技术条件；
JG/T 336—2011　混凝土结构修复用聚合物水泥砂浆；
JG/T 468—2015　墙体用界面处理剂；

JG/T 472—2015　钢纤维混凝土；

JT /T 859—2013　水泥混凝土结构渗透型防水材料；

JT/T 990—2015　桥梁混凝土裂缝压注胶和裂缝浆料；

HJ 456—2009　环境标志产品技术要求　刚性防水材料；

TB/T 3435—2016　铁路混凝土桥梁梁端防水装置。

A. 2. 6　瓦材

GB/T 9772—2009　纤维水泥波瓦及其脊瓦；

GB/T 21149—2007　烧结瓦；

GB/T 36145—2018　建筑用不锈钢压型板；

GB/T 34200—2017　建筑屋面和幕墙用冷轧不锈钢钢板和钢带；

GB/T 34489—2017　屋面结构用铝合金挤压型材和板材；

JC/T 567—2008　玻璃纤维增强水泥波瓦及其脊瓦；

JC/T 627—2008　非对称截面石棉水泥半坡瓦；

JC/T 746—2007　混凝土瓦；

JC/T 747—2002　玻纤镁质胶凝材料波瓦及其脊瓦；

JC/T 851—2008　钢丝网石棉水泥小波瓦；

JC/T 944—2005　彩喷片状模塑料瓦；

JC/T 2470—2018　彩石金属瓦；

JG/T 346—2011　合成树脂装饰瓦。

A. 2. 7　其他防水材料产品标准

GB/T 20219—2015　绝热用喷涂硬质聚氨酯泡沫塑料；

GB/T 22789. 1—2008　硬质聚氯乙烯板材分类、尺寸和性能　第1部分　厚度1mm以上板材；

JC 937—2004　软式透水管；

JG/T 478—2015　建筑用穿墙防水对拉螺栓套具；

JT/T 665—2006　公路工程土工合成材料　排水材料；

TB/T 2965—2011　铁路混凝土桥面防水层技术条件。

A. 3　方法标准

A. 3. 1　建筑防水卷材方法标准

GB/T 328. 1—2007　建筑防水卷材试验方法　第1部分　沥青和高分子防水卷材　抽样规则；

GB/T 328. 2—2007　建筑防水卷材试验方法　第2部分　沥青防水卷材　外观；

GB/T 328. 3—2007　建筑防水卷材试验方法　第3部分　高分子防水卷材　外观；

GB/T 328. 4—2007　建筑防水卷材试验方法　第4部分　沥青防水卷材　厚度、单位面积质量；

GB/T 328.5—2007　建筑防水卷材试验方法　第 5 部分　高分子防水卷材　厚度、单位面积质量；

GB/T 328.6—2007　建筑防水卷材试验方法　第 6 部分　沥青防水卷材　长度、宽度和平直度；

GB/T 328.7—2007　建筑防水卷材试验方法　第 7 部分　高分子防水卷材　长度、宽度和平直度；

GB/T 328.8—2007　建筑防水卷材试验方法　第 8 部分　沥青防水卷材　拉伸性能；

GB/T 328.9—2007　建筑防水卷材试验方法　第 9 部分　高分子防水卷材　拉伸性能；

GB/T 328.10—2007　建筑防水卷材试验方法　第 10 部分　沥青和高分子防水卷材　不透水性；

GB/T 328.11—2007　建筑防水卷材试验方法　第 1 部分　沥青防水卷材耐热性；

GB/T 328.12—2007　建筑防水卷材试验方法　第 12 部分　沥青防水卷材尺寸稳定性；

GB/T 328.13—2007　建筑防水卷材试验方法　第 13 部分　高分子防水卷材尺寸稳定性；

GB/T 328.14—2007　建筑防水卷材试验方法　第 14 部分　沥青防水卷材低温柔性；

GB/T 328.15—2007　建筑防水卷材试验方法　第 15 部分　高分子防水卷材低温弯折性；

GB/T 328.16—2007　建筑防水卷材试验方法　第 16 部分　高分子防水卷材耐化学液体（包括水）；

GB/T 328.17—2007　建筑防水卷材试验方法　第 17 部分　沥青防水卷材矿物料粘附性；

GB/T 328.18—2007　建筑防水卷材试验方法　第 18 部分　沥青防水卷材撕裂性能（钉杆法）；

GB/T 328.19—2007　建筑防水卷材试验方法　第 19 部分　高分子防水卷材撕裂性能；

GB/T 328.20—2007　建筑防水卷材试验方法　第 20 部分　沥青防水卷材接缝剥离性能；

GB/T 328.21—2007　建筑防水卷材试验方法　第 21 部分　高分子防水卷材接缝剥离性能；

GB/T 328.22—2007　建筑防水卷材试验方法　第 22 部分　沥青防水卷材　接缝剪切性能；

GB/T 328.23—2007　建筑防水卷材试验方法　第 23 部分　高分子防水卷材接缝剪切性能；

GB/T 328.24—2007　建筑防水卷材试验方法　第 24 部分　沥青和高分子防水卷材　抗冲击性能；

GB/T 328.25—2007　建筑防水卷材试验方法　第 25 部分　沥青和高分子防水卷材　抗静态荷载；

GB/T 328.26—2007　建筑防水卷材试验方法　第 26 部分　沥青防水卷材可溶物含量（浸涂材料含量）；

GB/T 328.27—2007　建筑防水卷材试验方法　第27部分　沥青和高分子防水卷材吸水性；

GB/T 12954.1—2008　建筑胶粘剂试验方法　第1部分：陶瓷砖胶粘剂试验方法；

GB/T 17146—2015　建筑材料及其制品水蒸气透过性能试验方法；

GB/T 17630—1998　土工布及其相关产品　动态穿孔试验　落锥法；

GB/T 17631—1998　土工布及其相关产品　抗氧化性能的试验方法；

GB/T 17632—1998　土工布及其相关产品　抗酸、碱液性能的试验方法；

GB/T 17633—1998　土工布及其相关产品　平面内水流量的测定；

GB/T 17634—1998　土工布及其相关产品　有效孔径的测定　湿筛法；

GB/T 17635.1—1998　土工布及其相关产品　摩擦特性的测定　第1部分：直接剪切试验；

GB/T 17636—1998　土工布及其相关产品　抗磨损性能的测定　纱布/滑块法；

GB/T 17637—1998　土工布及其相关产品　拉伸蠕变和拉伸蠕变断裂性能的测定；

GB/T 18244—2000　建筑防水材料老化试验方法；

GB 13761.1—2009　土工合成材料　规定压力下厚度的测定　第1部分　单层产品厚度的测定方法；

GB 13762—2009　土工合成材料　土工布及其土工布有关产品单位面积质量的测定方法；

GB/T 19979.1—2005　土工合成材料　防渗性能　第1部分　耐静水压的测定；

GB/T 19979.2—2006　土工合成材料、防渗性能第2部分　渗透系数的确定；

GB/T 31543—2015　单层卷材屋面系统抗风揭试验方法；

GB/T 32373—2015　反渗透膜测试方法；

JG/T 309—2011　外墙涂料水蒸气透过率的测定及分级；

JG/T 343—2011　外墙涂料吸水性的分级与测定；

CCGF 405.1—2015　建筑防水卷材产品质量监督抽查实施规范。

A.3.2　建筑防水涂料方法标准

GB/T 16777—2008　建筑防水涂料试验方法；

CCGF 405.2—2015　建筑防水涂料产品质量监督抽查实施规范。

A.3.3　建筑防水密封材料方法标准

GB/T 7125—2014　胶粘带厚度的试验方法；

GB/T 13477.1—2002　建筑密封材料试验方法　第1部分　试验基材的确定；

GB/T 13477.2—2018　建筑密封材料试验方法　第2部分　密度的测定；

GB/T 13477.3—2017　建筑密封材料试验方法　第3部分　使用标准器具测定密封材料挤出性的方法；

GB/T 13477.4—2017　建筑密封材料试验方法　第4部分　原包装单组分密封材料挤出性的测定；

GB/T 13477.5—2002　建筑密封材料试验方法　第5部分　表干时间的测定；

GB/T 13477.6—2002　建筑密封材料试验方法　第6部分　流动性的测定；

GB/T 13477.7—2002　建筑密封材料试验方法　第7部分　低温柔性的测定；

GB/T 13477.8—2017　建筑密封材料试验方法　第8部分　拉伸粘结性的测定；

GB/T 13477.9—2017　建筑密封材料试验方法　第9部分　浸水后拉伸粘结性的测定；

GB/T 13477.10—2017　建筑密封材料试验方法　第10部分　定伸粘结性的测定；

GB/T 13477.11—2017　建筑密封材料试验方法　第11部分　浸水后定伸粘结性的测定；

GB/T 13477.12—2018　建筑密封材料试验方法　第12部分　同一温度下拉伸-压缩循环后粘结性的测定；

GB/T 13477.13—2002　建筑密封材料试验方法　第13部分　冷拉-热压后粘结性的测定；

GB/T 13477.14—2002　建筑密封材料试验方法　第14部分　浸水及拉伸-压缩循环后粘结性的测定；

GB/T 13477.15—2017　建筑密封材料试验方法　第15部分　经过热、透过玻璃的人工光源和水暴露后粘结性的测定；

GB/T 13477.16—2002　建筑密封材料试验方法　第16部分　压缩特性的测定；

GB/T 13477.17—2017　建筑密封材料试验方法　第17部分　弹性恢复率的测定；

GB/T 13477.18—2002　建筑密封材料试验方法　第18部分　剥离粘结性的测定；

GB/T 13477.19—2017　建筑密封材料试验方法　第19部分　质量与体积变化的测定；

GB/T 13477.20—2017　建筑密封材料试验方法　第20部分　污染性的测定；

GB/T 2794—2013　胶粘剂黏度的测定；

GB/T 7123.1—2015　多组分胶粘剂可操作时间的测定；

GB/T 7123.2—2015　胶粘剂适用期和贮存期的测定；

GB/T 22307—2008　密封垫片高温抗压强度试验方法；

GB/T 22308—2008　密封垫板材料密度试验方法；

GB/T 23262—2009　非金属密封填料试验方法；

GB/T 23654—2009　硫化橡胶和热塑性橡胶　建筑用预定型密封条的分类、要求和试验方法；

GB/T 30774—2014　密封胶粘连性的测定；

GB/T 30776—2014　胶粘带拉伸强度与断裂伸长率的试验方法；

GB/T 30777—2014　胶粘带闪点的测定　闭环法；

GB/T 31113—2014　胶粘剂抗流动性试验方法；

GB/T 31125—2014　胶粘带初粘性试验方法　环形法；

GB/T 31850—2015　非金属密封材料热分解温度测定方法；

GB/T 31851—2015　硅酮结构密封胶中烷烃增塑剂检测方法；

GB/T 32368—2015　胶粘带耐高温高湿　老化的试验方法；

GB/T 32369—2015　密封胶固化程度的测定；

GB/T 32370—2015　胶粘带长度和宽度的测定；

GB/T 32371.1—2015　低溶剂型或无溶剂型胶粘剂涂覆后释放特性的短期测量方法

第 1 部分：通则；

GB/T 32371.2—2015　低溶剂型或无溶剂型胶粘剂涂覆后释放特性的短期测量方法 第 2 部分：挥发性有机化合物的测定；

GB/T 32371.3—2015　低溶剂型或无溶剂型胶粘剂涂覆后释放特性的短期测量方法 第 3 部分：挥发性醛类化合物的测定；

GB/T 32371.4—2015　低溶剂型或无溶剂型胶粘剂涂覆后释放特性的短期测量方法 第 4 部分：挥发性异氰酸酯的测定；

GB/T 32448—2015　胶粘剂中可溶性重金属铅、铬、镉、钡、汞、砷、硒、锑的测定；

GB/T 35495—2017　弹性密封胶暴露于动态人工气候老化后内聚形态变化的试验方法；

GB/T 36878—2018　密封胶抗撕裂强度的测定；

GB/T 37126—2018　结构装配用建筑密封胶试验方法；

JC/T 749—2010　预应力和自应力混凝土管用橡胶密封圈试验方法。

A.3.4　刚性防水和堵漏材料方法标准

GB/T 8077—2012　混凝土外加剂匀质性试验方法；

GB/T 36584—2018　屋面瓦试验方法；

JC/T 312—2009　明矾石膨胀水泥化学分析方法；

JC/T 313—2009　膨胀水泥膨胀率试验方法；

JC/T 1053—2007　烧结砖瓦产品中废渣掺和量测定方法；

DL/T 5126—2001　聚合物改性水泥砂浆试验规程；

DL/T 5150—2017　水泥混凝土试验规程；

DL/T 5152—2017　水工混凝土水质分析试验规程。

A.3.5　其他防水材料方法标准

GB/T 15227—2007　建筑幕墙气密、水密、抗风压性能检测方法；

GB/T 34555—2017　建筑采光顶气密、水密、抗风压性能检测方法；

JC/T 2057—2011　膨润土过滤速度试验方法；

JC/T 2058—2011　膨润土活性度试验方法；

JC/T 2059—2011　膨润土膨胀指数试验方法；

JC/T 2060—2011　膨润土脱色率试验方法；

JC/T 2061—2011　膨润土游离酸含量试验方法；

JC/T 2062—2011　膨润土铅、砷吸附量试验方法；

JTG E50—2006　公路工程土工合成材料试验规程；

JTS 257—2008　水运工程质量检验标准。

附录 B　新型建筑防水堵漏修缮材料介绍

B1　南京康泰建筑灌浆科技有限公司材料介绍

科学堵漏 科学加固

南京康泰建筑灌浆科技有限公司，成立于 1994 年，拥有防水防腐保温工程专业承包国家二级资质和特种工程（结构补强）资质，与中科院广化所、东南大学、北京交通大学、西南交通大学等高校建立了长期战略合作伙伴关系。

本公司主要针对建筑结构病害、缺陷、渗漏、裂缝等问题提供“6S”式——检测、诊断、方案、材料、施工、后评估为一体化的维修、抢修、抢险“全科医生式”服务。公司拥有各类专利技术 10 多项，自主核心施工技术 8 项，研发生产各类建筑施工维修专用材料 40 多种。其中国家发明专利包括《运营期盾构隧道管片接缝渗漏区封堵方法和根治维修方法》（专利号：ZL 201710937657.4）、《震动扰动环境下的地下工程混凝土结构变形缝堵漏方法》（专利号：ZL 201610514728.5）。

公司先后参与《地下工程防水技术规范》修订，《江苏省建筑防水工程技术规程》《中国建筑防水堵漏修缮定额标准 2019 版》等编制工作，被相关行业评为全国防水专家型企业、中国建筑防水行业“科技创新企业”，2018 年被评为“江苏省工程质量信得过企业”，2015 年被中央电视台发现之旅《品质》栏目做过专访，2014 年公司获得第十二届“詹天佑”奖参与奖单位、被聘为《铁道建筑技术》杂志理事单位。

公司拥有高水平的工程技术人员和施工管理人员，还有专业的施工队伍，现在北京、昆明、佛山、三亚、盐城等市都设有办事机构。公司 2014 年施工产值达 1.25 亿元。

公司主要服务行业包括：普通铁路、高速铁路、公路、地铁、隧道、城市地下综合管廊、水利水电工程、工业民用建筑等，主要服务项目包括：盾构隧道防水系统恢复、施工缝（变形缝）渗漏病害治理、隧道防水堵漏、补强加固、纤维布补强加固、粘钢补强加固、混凝土表面防腐、回填灌浆、基坑围护灌浆、帷幕灌浆、基础固结灌浆加固、混凝土破损快速修补、抗冻胀防护涂层、混凝土防腐保护、隧洞围岩初支堵漏等各类病害和缺陷工程的治理修复工作。

公司主要产品包括：混凝土防水防护、堵漏用化学灌浆材料、水泥基无收缩微膨胀高强度灌浆材料、水泥基渗透结晶材料、水主要泥类结构自防水添加剂、水中不分散水泥基灌浆材料、高性能防水涂料、各种环保型高性能建筑密封胶系列、防爆胶泥、电子通讯用防水密封胶泥、建筑结构胶、伸缩缝用特种胶泥、建筑密封结构胶、双组分手涂聚脲防水涂料等。

公司已完成的重点工程包括：

（1）普通铁路：先后参加过南昆、京九、宝中等 30 多条铁路的堵漏、加固等维修项目。

（2）高速铁路：京沪高铁、京沈高铁、沪昆高铁等 25 条高铁线路的堵漏、补强、加固、缺陷修复、病害整治等维修项目。

（3）公路：抚通、丹通、桓永等 40 多条高速公路的隧道和桥梁的堵漏、补强、加固、缺陷修复等项目。

（4）地铁隧道：北京、乌鲁木齐、哈尔滨等 10 座城市地铁的堵漏和加固项目。

（5）城市地下综合管廊：武汉机场、沈阳、郑州等多座城市地下综合管廊的维修堵漏项目。

（6）水利水电工程：南水北调河南段、河北段、山东段，四川大渡河猴子岩水电站，陕西秦岭引汉济渭等水利水电隧洞堵漏和加固项目。

（7）其他：参与部分军队洞库、人防工程、汕头苏埃通道海湾隧道、南京长江五桥夹江大盾构隧道等应急抢险、抢修、维修工程。

中科康泰牌 KT-CSS 系列堵漏和加固材料

主要产品简介

（1）KT-CSS-8，盾构管片接缝堵漏用改性环氧灌浆材料，水中可以固化，结构补强，固化时间 50min，固化体有 20％的延伸率，有韧性，无溶剂，高黏度。

（2）KT-CSS-18，高渗透改性环氧灌浆材料（底涂液），潮湿基层固化，结构补强，固化时间 120min，无溶剂，低黏度，可以灌注 0.1mm 左右的微细裂缝，通常作为界面剂、底涂液，也可以作为微细裂缝的低压、中压、高压灌缝胶。固化体有 8％～10％的延伸率，有韧性，无溶剂，低黏度，耐盐分，抗冻胀。

（3）KT-CSS-4F，高渗透改性环氧灌浆材料，水中可以固化，潮湿基层固化，结构补强，固化时间 180min，无溶剂，低黏度，可以灌注 0.1mm 以下的微细裂缝，普通混凝土渗透达 1cm 以上，接近水的渗透性，也可以作为微细裂缝的低压、中压、高压灌缝胶，强度高达 C60 以上。

（4）KT-CSS-1016，高渗透改性环氧灌浆材料（底涂液），潮湿基层固化，结构补强，固化时间 40min，无溶剂，低黏度，可以灌注 0.2mm 左右的微细裂缝，通常作为界面剂、底涂液，适合于环氧改性聚硫密封胶底涂液、非固化橡胶沥青密封胶底涂液，也可以作为裂缝的低压、中压、高压灌缝胶。固化体有 5％～8％的延伸率，有韧性，无溶剂，低黏度，耐盐分，抗冻胀。

（5）KT-CSS-5，聚合物水泥防水型修补砂浆用乳液材料，潮湿基层可以粘接，粘接强度高，防水，不开裂，有韧性，有延展性，抗渗性好，抗压强度达 C30 以上。

(6) KT-CSS-1019，非固化橡胶沥青密封胶，填塞型，加热基层粘接或涂刷界面剂后粘接，不垂挂，不流淌，触变性好，延伸率大于 300%。

(7) KT-CSS-1013，双组分环氧改性聚硫密封胶，高触变型，每组 12.5，A 组分 10kg，B 组分 2.5kg。耐潮湿，防水，粘接强度高，延伸率 200%，高弹性，耐－40℃的严寒，耐盐分 5%～8%。

(8) KT-CSS-17，超细水泥基无收缩灌浆料，无收缩，高强度，超细度，可以灌注 0.5mm 的缝隙。

(9) KT-CSS-18A，高强水泥基无收缩灌浆料，无收缩，高强度，快固化，60min 固化。

(10) KT-CSS-19，抗冻胀水泥基无收缩灌浆料，无收缩，高强度，快固化，60min 固化，耐严寒，抗冻胀。

(11) KT-CSS-20，水中不分散水泥基无收缩灌浆料，无收缩，高强度，水中不分散。

(12) KT-CSS-21，弹性水泥基无收缩灌浆料，无收缩，快固化，有弹性，延伸率 20%。

(13) KT-CSS-22，无收缩自流平细石混凝土成品灌浆料，无收缩，高强度，快固化，60min 固化，耐严寒，抗冻胀，石子颗粒在 10～15mm，适用于抢修、抢险。

(14) KT-CSS-3107，水中不分散水泥基无收缩灌浆母料，无收缩，高强度，水中不分散，耐盐分，耐低温，耐腐蚀，适合海边、海底、江底等复杂周边环境的地下工程结构后面灌浆。

(15) KT-CSS-3019，单组分聚脲；KT-CSS-4019，双组分聚脲。可以刮涂和喷涂，潮湿基层可以施工，粘接性好，快速固化，耐磨，耐老化。

联系方式：

公司名称：南京康泰建筑灌浆科技有限公司

公司地址：南京市栖霞区万达茂中心 C 座 1608

联系人及电话：陈森森 139 0510 5067，139 5184 5748 ，025-52636576

公司网址：http：//www.kangtaiguanjiang.com

B2　苏州佳固士新材料科技有限公司材料介绍

B2.1　佳固士®SK-II 纳米硅酸盐混凝土养护修复增强一体防水剂(简称佳固士®一体剂)

区别于传统防水材料（SBS 卷材、聚氨酯涂料等）表面物理成膜型的防水方式，佳固士®一体剂能深入渗透到混凝土内部 30～50mm，与混凝土中的钙离子发生化学反应，生成的水化硅酸钙结晶体充分填充到混凝土内部孔隙和细微裂缝，使混凝土致密性更好，从而能够抑制混凝土裂缝的产生，提高防水等级，切断渗水通道，是三维结晶治本型的防水方式，能根本性解决建筑渗漏水的问题。在防水的同时，使普通混凝土的抗折强度、抗压强度、耐腐蚀、抗冻融、抗氯离子等多方面性能得到提升，从而转化为高性能抗渗混凝土。由于生成物与混凝土组分属于同一种物质，因此认为该材料与混凝土同寿命。

佳固士®一体剂主要成分为无机纳米硅酸盐，适用于所有水泥混凝土或砂浆的迎水面、背水面防水抗渗。

佳固士®一体剂荣获国家发明专利，专利号ZL 201710111284.5。

特征优点：

（1）迎水面和背水面均可，基面干燥或潮湿时均可施工；

（2）提高混凝土抗渗等级3倍以上；

（3）无机防水层与建筑同寿命；

（4）适合基面出汗（慢渗）及注浆不能解决的大面积阴渗；

（5）施工简单，见效快，不需要做找平层和保护层；

（6）一道施工，兼具养护、修复和增强三重作用；

（7）水性产品，绿色环保，可用于饮用水及食品工程。

B2.2 佳固士®AE-900渗透结晶型高弹聚合物改性沥青防水涂料(简称佳固士®高弹涂料)

佳固士®高弹涂料是由乳化沥青、特殊聚合物乳液、特殊橡胶及塑性体制成的一款可暴露型防水乳液，固含量55%～60%，断裂延伸率超过900%，拉伸强度1.5MPa，耐－20℃低温。产品具有优异的弹性、粘结力和抗紫外线性能，是一种可以直接贴砖的高弹防水涂料，特别适用于卫生间、厨房间等需要贴砖的防水工程，以及地下室、水池等长期浸水部位的防水工程和直接外露的混凝土屋面、沥青屋面、金属屋面等屋面系统。

佳固士®高弹涂料是佳固士®一体剂的姊妹产品，佳固士®一体剂可治疗混凝土“内伤”，佳固士®高弹涂料可弥补混凝土的缺陷和裂缝等“外伤”；“佳固士®一体剂＋佳固士®高弹涂料”刚柔结合，双重防护，相辅相成，可解决混凝土所有“渗”和“漏”的问题。

佳固士®高弹涂料的特点：

（1）高弹——延伸率超过900%，轻松应对建筑沉降、伸缩。

（2）超黏——粘结强度超过0.8MPa，墙面与地面可整体施工，贴砖不掉砖。

（3）长寿——耐候性好，实用寿命超过20年。

B2.3 佳固士®姚铂士-不砸砖防水剂

佳固士®姚铂士-不砸砖防水剂包含A组分和B组分，组分A主要由无机硅酸盐及助剂组成，组分B主要由碱土金属盐溶液及助剂组成，利用A、B两组分的化学反应在瓷砖下方的渗水通道中生成稳定耐久的水化硅酸钙结晶体（C—S—H）来堵住漏水，可解决厨卫间垂直渗漏和水平窜水问题。特别适用于已贴好地砖的卫生间、厨房、淋浴间、游泳池等地面的渗水（包括管根部分渗水），无需砸砖，一倒一泡一扫，轻松堵漏，可DIY。

佳固士®姚铂士-不砸砖防水剂与目前市场上“果冻型”不砸砖产品和“分浸式”不砸砖产品相比优势明显，操作简单，耗费时间短，见效时间快，绿色环保。

佳固士®姚铂士-不砸砖防水剂的特征优点：

（1）不砸砖，省时省力省钱；

（2）黏度极小，流动性好，能够深入渗透到瓷砖下方每条渗水通道中；

（3）结晶物稳定不收缩，凝胶体强度高；

（4）生成物是水化硅酸钙结晶体，耐老化，耐酸碱，耐高低温，使用寿命10年以上；

（5）纯无机物，安全环保，达到饮用水标准，提供检测报告。

B2.4　佳固士®HW-80 高强抗渗砂浆

佳固士® HW-80 高强抗渗砂浆主要成分是水泥基、高强纤维，适用于所有水泥混凝土基面，适合于注浆没法解决的背水面渗漏难题和岩石隧洞、砖墙渗漏问题；混凝土基面孔洞、蜂窝麻面的补平与深度修复，混凝土裂缝的填充，海上建筑物的维护。

佳固士® HW-80 高强抗渗砂浆施工后 1d 抗压强度 23MPa，7d 抗压强度 62 MPa，28d 抗压强度 83 MPa。

佳固士® HW-80 高强抗渗砂浆的特征优点：

（1）结构致密，抗渗性好，最大抗渗压力可达 2.0MPa 以上；

（2）纤维增强，高强度，粘结性好，不收缩，不开裂；

（3）具有触变性，在建议使用厚度下不会发生流挂；

（4）不含氯化物，不会腐蚀钢筋。

联系方式：

公司名称：苏州佳固士新材料科技有限公司

公司地址：苏州相城经济技术开发区澄阳街道澄阳路 116 号阳澄湖国际科技创业园 1 号楼 A 座 1202 室

联系人：姚国友

电　话：18210191663

参 考 文 献

［1］ 苏州非金属矿工业设计研究院防水材料设计研究所．中国标准出版社第五编辑室编．建筑防水材料标准汇编 基础及产品卷[M]. 北京：中国标准出版社，2007.

［2］ 苏州非金属矿工业设计研究院防水材料设计研究所，建筑材料工业技术监督研究中心，中国标准出版社编．建筑材料标准汇编 防水材料 基础及产品卷[M]. 北京：中国标准出版社，2013.

［3］ 苏州非金属矿工业设计研究院防水材料设计研究所．中国标准出版社编．建筑防水材料标准汇编(2017)[M]. 北京：中国标准出版社，2017.

［4］ 苏州非金属矿工业设计研究院防水材料设计研究所．中国标准出版社编．建筑防水卷材产品生产许可相关标准汇编(第2版)[M]. 北京：中国标准出版社，2017.

［5］ 苏州非金属矿工业设计研究院防水材料设计研究所．中国标准出版社编．建筑材料 标准汇编 建筑涂料(第3版)[M]. 北京：中国标准出版社，2018.

［6］ 苏州非金属矿工业设计研究院防水材料设计研究所．中国标准出版社编．建筑材料标准汇编 密封材料(第3版)[M]. 北京：中国标准出版社，2018.

［7］ 苏州非金属矿工业设计研究院防水材料设计研究所. 中国标准出版社编．建筑材料标准汇编 刚性防水材料和堵漏灌浆材料[M]. 北京：中国标准出版社，2018.

［8］ GB/T 8075—2017 混凝土外加剂术语[S]. 北京：中国标准出版社，2017.

［9］ GB/T 18046—2017 用于水泥．砂浆和混凝土中的粒化高炉矿渣粉[S]. 北京：中国标准出版社，2017.

［10］ GB/T 21149—2007 烧结瓦[S]. 北京：中国标准出版社，2008.

［11］ GB/T 23439—2017 混凝土膨胀剂[S]. 北京：中国标准出版社，2017.

［12］ GB/T 23457—2017 预铺防水卷材[S]. 北京：中国标准出版社，2017.

［13］ GB/T 18840—2018 沥青防水卷材用胎基[S]. 北京：中国标准出版社，2019.

［14］ GB/T 34557—2017 砂浆. 混凝土用乳胶和可再分散乳胶粉[S]. 北京：中国标准出版社，2017.

［15］ GB/T 35467—2017 湿铺防水卷材[S]. 北京：中国标准出版社，2018.

［16］ GB/T 35468—2017 种植屋面用耐根穿刺防水卷材[S]. 北京：中国标准出版社，2017.

［17］ GB/T 35470—2017 轨道交通工程用天然钠基膨润土防水毯[S]. 北京：中国标准出版社，2017.

［18］ JC/T 746—2007 混凝土瓦[S]. 北京：中国建材工业出版社，2008.

［19］ JC/T 881—2017 混凝土接缝用建筑密封胶[S]. 北京：中国建材工业出版社，2018.

［20］ JC/T 986—2018 水泥基灌浆材料[S]. 北京：中国建材工业出版社，2018.

［21］ JC/T 1004—2017 陶瓷砖填缝剂[S]. 北京：中国建材工业出版社．

［22］ JC/T 1022—2007 中空玻璃用复合密封胶条[S]. 北京：中国建筑工业出版社，2007.

［23］ JC/T 2377—2016 聚乙烯丙纶防水卷材用聚合物水泥粘结料[S]. 北京：中国建材工业出版社，2016.

［24］ JC/T 2381—2016 修补砂浆[S]. 北京：中国建材工业出版社，2017.

［25］ JC/T 2415—2017 用于陶瓷砖粘结层下的防水涂膜[S]. 北京：中国建材工业出版社，2017.

［26］ JC/T 2435—2018 单组分聚脲防水涂料[S]. 北京：中国建材工业出版社，2018.

［27］ JGJ/T 191—2009 建筑材料术语标准[S]. 北京：中国建筑工业出版社，2010.

［28］ JG/T 223—2017 聚羧酸系高性能减水剂[S]. 北京：中国标准出版社，2017.

[29] JG/T 542—2018 建筑室内装修用环氧接缝胶[S]. 北京：中国标准出版社，2018.

[30] JT/T 203—2014 公路水泥混凝土路面接缝材料[S]. 北京：人民交通出版社股份有限公司，2015.

[31] JT/T 536—2018 路桥用塑性体改性沥青防水卷材[S]. 北京：人民交通出版社股份有限公司，2018.

[32] JT/T 740—2015 路面加热型密封胶[S]. 北京：人民交通出版社股份有限公司，2015.

[33] JT/T 969—2015 路面裂缝贴缝胶[S]. 北京：人民交通出版社股份有限公司，2015.

[34] JT/T 970—2015 沥青路面有机硅密封胶[S]. 北京：人民交通出版社股份有限公司，2015.

[35] JT/T 1124.1—2017 公路工程土工合成材料防水材料　第1部分：塑料止水带[S]. 北京：人民交通出版社股份有限公司，2017.

[36] CJ/T 430—2013 垃圾填埋场用非织造土工布[S]. 北京：中国标准出版社，2013.

[37]《建筑施工手册》(第四版)编写组．建筑施工手册　第四版 3[M]. 北京：中国建筑工业出版社，2003.

[38]《建筑施工手册》(第五版)编委会．建筑施工手册. 第五版 4[M]. 北京：中国建筑工业出版社，2012.

[39] 本书编委会编．防水工程施工与质量验收实用手册[M]. 北京：中国建材工业出版社，2004.

[40] 项桦太．防水工程概论[M]. 北京：中国建筑工业出版社，2010.

[41] 李钰．建筑工程概论　第二版[M]. 北京：中国建筑工业出版社，2014.

[42] 高峰，朱洪波．建筑材料科学基础[M]. 上海：同济大学出版社，2016.

[43] 孙凌．土木工程材料[M]. 北京：人民交通出版社股份有限公司，2014.

[44] 杨帆．建筑材料[M]. 北京：北京理工大学出版社，2017.

[45] 刘祥顺．建筑材料　第四版[M]. 北京：中国建筑工业出版社，2015.

[46] 万小梅，全洪珠．建筑功能材料[M]. 北京：化学工业出版社，2017.

[47] 沈春林．建筑防水设计与施工手册[M]. 北京：中国电力出版社，2011.

[48] 中国建筑工业出版社，中国建筑学会总主编. 建筑设计资料集(第三版)　第1分册　建筑总论[M]. 北京：中国建筑工业出版社，2017.